封德屏◎主編

台灣人文出版社18家及其出版環境

前言

◎封德屏

在社會文化的發展遞嬗上，出版一項，往往扮演著動見觀瞻的關鍵角色。它不僅具結人類智慧的結晶，更能反應時代脈動，更可能化身為導航者，走在潮流的前端，牽引文化的走向，進而掀起或大或小的影響力。

也因此，出版歷史與現象的整理觀察，不啻為文化研究裡相當重要的一環；尤其在人文領域上，出版的整體趨勢與個別內容，更是不可或缺的觀照面向。然而，遲至現今，台灣出版史料的蒐羅、個別出版社經營脈絡的整理與探究、整體出版版圖的重構與再現、時代性發展的更迭與影響等，皆仍付之闕如，實為相當可惜。

二〇〇〇年歲末，由中國大陸國家出版署的辛廣偉先生執筆、河北教育出版社發行的《台灣出版史》，以堂堂四百六十頁的規模，呈現在我們的眼前。面對著談了許久卻遲遲沒人動筆、自己的出版史，由中國大陸的學者先完成，心中五味雜陳。辛廣偉在該書

〈跋〉中敘述寫此書的緣起：一九九四年來台灣蒐集出版相關資訊與書籍，觀察到「台灣出版業雖較發達，但出版研究尚有缺憾」，對自己費時三年，辛苦蒐集資料、訪尋、撰述的大作，也十分謙虛的說：「然隔岸觀景，霧裡看花，畫貓類虎，自是必然。惟一人之思，一身而為，一家之言，雖或大謬，亦無大礙。引玉之磚而已。」

《文訊》自創刊以來，即以專題、專欄方式，彙整出版史料，觀察出版現象，報導出版訊息。其中「出版史話」、「文學新書」、「書評書介」等專欄，幾乎和《文訊》創刊的歷史相當。此外，還有數十個與出版史料、現況、研究相關的專題報導，呈現作為一個文學傳播媒體對出版持續的觀察與關心。

也許辛廣偉的《台灣出版史》給了我們刺激與提醒，也給我們很好的參照與思考。發覺唯有先建立各個重要的出版社歷史，我們才有可能連結整個台灣的出版發展史。我們計畫從逐漸散逸的，已停業的，或已有三十年歷史的資深出版社做起，於是有了「資深人文出版社系列報導」的構想。

自二〇〇五年一月起，迄二〇〇八年六月，計三年半的時間，《文訊》以「資深人文出版社系列報導」專欄為名，分三個階段，對總計三十家資深人文出版社，進行深入的蒐羅、探訪與報導，陸續刊載，並於二〇〇八年十二月結集出版《台灣人文出版社30家》一書。

五百頁的篇幅，承載了台灣人文出版史開創前輩的心血結晶及心路歷程。但我們知道這個工作尚未結束，於是二〇〇九年十月起，繼續進行「台灣人文出版史料調查與研究」計畫，迄二〇一三年十二月完成水牛出版社、里仁書局、雄獅圖書公司、正中書局、麗文文化事業機構、春暉出版社、遠東圖書公司、大安出版社、允晨文化公司、前衛出版社、國語日報、出版家與《愛書人》、瑞成書局、第一出版社、仙人掌出版社、星光出版社、文星（書店、出版與雜誌）、《大學雜誌》與環宇出版社共十八家，以及圖書出版展售場域的探討，以「國際學舍」、「中國書城」這兩個與圖書出版關係密切的場域，探討台灣書展演進過程，並記載許多文化人當年買書、閱讀的記憶。

在方向籌謀與內容規畫上，我們希望能涵蓋出版社的創社因緣、成立宗旨、歷史演變、靈魂人物、重要書系、發展特色、時代新局，以及對學術領域、文化發展的影響等；並佐以主要人物小傳、綜合性報導、珍貴歷史照片、重要出版品書影等。

我們自期記錄下的，是第一手且具基礎認識意義的資料，是兼括總體發展與出版細節的，期能呈現台灣出版的歷史軌跡，突顯出版事業與社會脈動、文化發展間牢密不可分的交鋒互動，為台灣出版軌跡留下具實而全面性的紀錄。

然而，在實際執行過程中，我們往往必須克服諸多問題。例如：必須四處蒐羅較早時期的人文出版社的相關史料，實地探訪相關耆老，請益當年經營情形與出版細目；面對多家迄今猶蓬勃發展的出版社，亦須自琳瑯滿目的出版書系與書籍中，勾勒出一具時間脈絡與文化意義的圖象。

這十八家資深人文出版社，成立迄今俱已超過三十年，其中或有的已不再經營並出版著作，有的仍在台灣出版領域上奮力不懈、貢獻心力，並且持續勇敢的面對現今被視為寒冬時節的文化環境、出版市場。然而它們在台灣文化史上所代表的，俱為參與台灣出版走向、影響文化發展、見證時代社會至深且鉅的主要角色。

於今，我們將內容結集出版，亦是希望將台灣出版歷史與現象觀察成果，做出更為集中的整理匯編，延長此專題的整體效益，利於之後的研究者、文化評論者、出版相關業者參考；並為後繼研究者與文化人留下紮實的資料紀錄，期待能對日後更詳實的、更宏觀的「台灣出版史」巨大工程，貢獻棉薄。

藉此，我們特地感謝多位值得敬重的出版人，提供許多珍貴的史料，他們俱是建構台灣文化資產的重要人物；辛苦的執筆人，他們在蒐羅資料、採訪整理、反覆修正補充上付出不少心力；以及「資深人文出版社系列報導」推出後，受到多位史料學家如張錦郎先生等的指正意見，在此致上誠摯的謝意。

「台灣人文出版史料調查與研究、座談暨出版計畫」，承蒙臺北市政府文化局贊助，特此申謝。

目次

前言　封德屏　3

輯一　「文星」與她的時代

星火能燎原也能蔓延——《文星》的發聲與停刊　黃文成　15
與時並進／禁——嚮導一代文運的《文星》　張俐璇　27
異質他者．文化鏡像——《文星》與中西文化論戰　劉淑貞　40
時代的裂痕，世代的反思——《文星》、外省第二代、與戰後台灣文化政治變遷　蕭阿勤　50

美運推手——藝術的《文星》 蕭瓊瑞 62
音樂的文星‧文星的音樂 顏綠芬 72
文星對我栽培 劉國松 80
文星和我的一段往事 何肇衢 86
談談我小時候所聽所聞的文星 陳衛平 91
「文星」雜憶 鄭清文 101
從文星雜誌到催生新潮文庫的心路歷程 林衡哲 106
播種者文星 信懷南 113
「文星叢刊」與六〇年代台灣文學風景 應鳳凰 120

輯二　回顧《大學雜誌》

另一種台港交流——我與《大學雜誌》 鄭樹森 133

一粒麥粒落在地裡——簡論《大學雜誌》 高永謀 154
我為什麼編「域外集」 張系國 169
我與《大學雜誌》的兩段因緣 劉君燦 174
知識分子的天空
——訪東海大學文學院院長丘為君談當年的《大學雜誌》 金儒農 177

輯三 中國書城與國際學舍全國書展

七〇年代的出版通路——中國書城與國際學舍 丁希如 185
六〇至七〇年代的書店、書展、書城 隱 地 199
閱讀印記 陳銘磻 204
國際學舍：記憶的煙塵與書香 游常山 209
那些年，在台北晃盪尋書
——從「中國書城」到「國際學舍書展」 傅月庵 214

跑文學的青春藏 顏艾琳 220

輯四　人文出版社傳記

耕犁出版一片天：水牛出版社 蘇惠昭 227
以精進編輯實力為目標：里仁書局 秦汝生 245
理想，永遠是另一生機的啟端：雄獅圖書公司 周　行 259
擦亮傳家寶的時代：正中書局 秦汝生 279
守候南方的文化傳承：麗文文化事業機構 簡弘毅 299
寸草心，泥土情：春暉出版社 陳學祈 317
英語專業出版一甲子：遠東圖書公司 秦汝生 335
長安傳奇：大安出版社 秦汝生 351
「早起」的好眼光：允晨文化公司 巫維珍 367

在台灣文化的最前端：前衛出版社　鄭順聰　383
貼近孩子　永續推動語文教育：國語日報　周行　401
那些年，閱讀的重量：回顧「出版家」與《愛書人》　張耀仁　423
百年老招牌，照亮人間路：瑞成書局　顧敏耀　443
夢想和理想的堅持：第一出版社　蔡明原　457
歷史的開創者：仙人掌出版社　陳逸華　469
像海一樣的包容：星光出版社　蔡明原　491

〔附錄〕
如何建構台灣人文出版史？
——從「台灣人文出版史料調查與研究」談起　廖宏霖　505

輯一

「文星」與她的時代

星火能燎原也能蔓延

《文星》的發聲與停刊

◎黃文成（靜宜大學台文系副教授）

一、知識的星火，開始啟蒙

由葉明勳當發行人，蕭孟能當社長，何凡、林海音及陳立峰當編輯的《文星》，自一九五七年十一月五日正式發刊。《文星》雜誌出刊，係因文星書店負責人蕭孟能，自一九五七年起至一九六五年，八年多時間，共出刊九十八期。創刊以後，皆為每月五日出版，但因讀者反應，自二卷一期起，改為每月一日出版。從編目型式與內容上來看，第三十九期在編排上，有了型式上的轉變。其中，〈編輯室報告〉已從原來在雜誌封底，轉而在第二頁出現。第二，內容增加了「畫苑」及「樂會」兩個專欄；第三，增加國畫畫頁的篇幅；第四，電影批評專欄的設置等項目的小幅改版。至第四十九期以後，《文星》的整個風格走向，則是更大幅度的轉變，也因為這樣的轉變，因雜誌言論過於尖銳得罪當局，最終遭到停刊命運。

對於《文星》雜誌的評價，多以它的思想性來論其定位，雜誌的發聲是來自非官方的異聲，立即引起當時知識界的迴響。在何凡所寫的代發刊詞〈不按牌理出牌〉一文中，提及此刊發行意義：「智慧可以創造人生，指導人生，因此我們希望這本雜誌能啟發智慧並供給知識，使讀者讀後，不至於感覺毫無所得。」此文對於雜誌的性質，亦有多方的陳述：「在生活方面，我們將請富有人生經驗的學人，撰述有指引性的文章，以供青年人在求學與做人方面的參考。此外將刊登遊記、傳記，各地人情風俗介紹，科學新知，體育常識，藝文動態等。在翻譯方面，我們將儘量採用最新的，較不常見的資料，並配合圖片，以提高興趣。在文學方面將包括長短篇小說、散文隨筆、詩歌、書評等。在藝術方面，將包括音樂、繪畫、攝影、木刻、舞蹈、影劇等藝術的欣賞，批評和研究。我們有四頁畫頁，在這一方面可能有些貢獻。」由上所述，可看出《文星》的讀者群是設定於全方位的，雜誌內容從知識面到文學創作及各種藝文活動，尤其是在第四期的《文星》曾明言：「雜誌本身是非政論性的刊物，亦無助於此項目的達成，時評亦非《文星》的主要內容，……事實上，一本月刊也不適

不按牌理出牌
代發刊詞

《文星》創刊，何凡所寫的代發刊詞〈不按牌理出牌〉。

合於和人做文字論爭，那將把作者憋死，也把讀者急死。」只是立意本是溫厚的精神，在後來也有了很大的轉變。轉變的原因並非來自於外在的力量，而是與內部作者群的意識路線有關。

《文星》對於讀者群的自我定位，設定在當時年輕知識分子階級，且確實引起六〇年代青年知識分子間高度的興趣。尤其是對於爭取言論自由的議題上，《文星》的內容皆能引起多方關注，一如在第三期刊出成舍我〈「狗年」談「新聞自由」〉一文，他著文對於台灣政治當局的建言，顯然有相當的壓力出現。不過此時期的《文星》內容是十分多元的。編輯內容在早期偏向於菁英分子的生活態度，而這生活態度是全面性的引進與論述。其中除思想、政治議題是重要核心之外，知識界各種層面議題都是雜誌的主要內容，包括了世界醫療、疾病的介紹、西方運動發展、科學新知等各種知識的傳遞，亦是編輯走向。尤其是關於科學及醫學上的報導，是相當具有深度及時代意義。殷海光在第十六期發表了〈科學及其基本〉，其中便談到科學知識的建立，是有助於破除當時台灣提倡狹隘的民族主義教育和玄談歷史文化等等態度問題。二卷二期張忠信〈嬰兒痲痺症簡說〉、第二十二期劉秉輝〈對抗生素有抵抗性的細菌所引起傳染病問題〉，第十二期封面人物是沙克，以其為討論對象且有深入的剖析，對於小兒痲痺這一疾病，也有相當篇幅的介紹。第十四期黃驤譯〈核射線——敵乎友乎？〉一文，談核子對生育的危害問題，文中對於經濟利益與核能使用之間角力現象，引了西方觀念與論述，第二十四期介紹了德國核能專家鄂圖漢的生平故事。

而文學作品的刊登，以小說、現代詩的數量最為豐富與多元性。其中，台灣現當代重要代表作家，多曾在《文星》發表過文章。包括孟瑤的小說〈黯別〉、林海音〈吹簫的人〉、於梨華〈雪夜〉、聶華苓〈中根舅媽〉、朱西甯的〈楔子〉，都在此時期的《文星》發表。「地平線詩選」文學欄中，出現了台灣重要現代詩人及其詩作，尤其以藍星詩社的詩人及作者群的出現比例最高。諸如：周夢蝶、余光中、洛夫、楊牧、瘂弦、夏菁、張健、張秀亞、敻虹等人詩作，都會在「地平線詩選」固定出現；甚至於在一九六〇年一月第三十期的「詩的研究問題」專號，在其〈編輯室報告〉說明這一專題的意義與目的為何：「『五四』以後，由於新文化運動的激盪，文學起了革命，白話詩隨著白話文應運而生，講求平仄韻律的舊體詩的生存，因之受到威脅，愛好舊體詩者乃起而衛道，從那時起，就發生新舊詩體的爭論，既然有辯論，必有其所以發生辯論的因素。如果大家認真的把問題攤開來痛快地談談，也可以多少幫助一般人對新舊體詩的了解，這對沉悶的台灣文壇未始無益。」

於是我們可以很清楚地辨識《文星》的藝文性，在前三十期是高於第三十一期至停刊前的雜誌內容。這與《文星》自我定位，有絕對的關係。就像創刊號所強調的編輯方向是「生活的、文學的、藝術的」，到第三十期轉而強調「思想的、生活的、藝術的」，有根本性的轉變。但在此之前，改版的態勢已出現，如第二十五期〈「不按牌理出牌的繼續與嘗試」——「文星」踏進第三年〉一文所說的：「『地平線詩選』將化整為零，以不固定的地位，儘量選刊現代詩，以求版面活潑。於此，我們對兩年來贊助我們的藍星詩社諸君子，謹致衷忱的感謝。」對於現代詩專欄的取消，轉而對書籍的介紹為主。除以上版面的更動之外，編輯群則一再確認地將「思想」成為雜誌主軸，「文學／藝文」則落於配角角色：「既往兩年間『文星』所標揭的性質是『生活的、文學的、藝術的』，編輯方針亦即秉此性質運行。檢討既往，從第三年起，我們調整所標揭為『思想的、生活的、藝術的』。將『文學』化合於藝術與生活之中。而加強『思想的』比重；這樣，將使『文星』的性質表現更為明朗，使『文星』以思想的探討為重要的編輯方向之一。」第二十六期的〈編輯室報告〉則再次強調刊物編輯風格，將以主義、思潮為主要的方向：「『文星』是綜合性的刊物，過去兩年來對於思想、生活、藝術、文學的諸種內容，大致作了平衡的安排，以顧及讀者的多種興趣。今後除繼續維持這個風格外，擬儘可能兼採重點主義的編輯原則，對某一特殊問題作專題報告和研究，以加強我們對讀者的服務。」

此外，體壇集錦在早期的《文星》編輯內容中，就一直扮演重要角色，且都搭配圖片來報導。第三期有世界桌球縱橫談、第七期〈一九五六年世界體壇大事〉、第十二期〈羽球的源流與技術〉等文來看，《文星》認為當時的知識菁英分子除在思想領域方面能夠掌握外，對於科技新知的更新、體能的健康，也是當代知識分子必備的要件之一。

二、星火燎原——《文星》問學論戰的年代

李敖於一九六三年七月進入《文星》編輯核心之後，對於自己參與雜誌編輯甚而改造雜誌風格，是極有信心的，他說：「在李敖出現前四年的文星裡，它只是一個正派而普通的刊物……大體上說，它是非常『按牌理出牌』的，而不是『不按牌理出牌』的。一個雜誌那樣溫吞吞的辦上四年，不能鼓動風潮，不能造成時勢，不能一言而為天下法……所以文星生命的起算，不始於第一年，而是始於第五年。」確實，也因此雜誌風格更為明顯與明確，同時也讓讀者群與市場更加穩定與擴張，第四十九期〈編輯室報告〉便說明其中改變及改版後的企圖心為何：「從本期起，『文星』進入第五年。我們深感對於本刊物嚴肅平實的外貌，容易使廣大的讀者見而卻步，因此曾經反復考慮，改變一種討好的姿態出現，以迎合大眾的廣泛趣味。但是，思維再四，覺得一本刊物的存在，應有其本身的思想和獨立的生命。阿諛，迎合一般趣味的刊物，社會上已經很多，無須『文星』去做，事實上也不易做得更好；而『文星』在創刊的時候，就已抱定『不按牌理出牌』的宗旨，來走別人不走的路子，四年來一直保持這種面貌和讀者見面。」

《文星》引發的論戰，從沒停歇過。但烽火引燃的爆發點，當與第五十期將胡適演講稿全文刊登有關。胡適〈科學發展所需要的社會改革〉一文中談到：「我們東方人應當開始承認那些老文明中很少精神價值或完全有精神價值得時候了；那些老文明本來只屬於

人類衰老的時代，——年老身衰了，心智也頹唐了，就覺得沒法子對付大自然的力量了。的確，充分認識那些老文明中並沒有多大精神成分，甚或已沒有一點生活氣力，似乎正是對科學和技術近代文明要有充分了解所必需的一種智識上的準備；因為這個近代文明正是歌頌人生的文明，正是要利用人類智慧改善種種生活條件的文明。」胡適這番言論引起胡秋原的不同看法，第五十一期胡秋原發表了一篇〈超越傳統派西化派俄化派而前進〉，對於當時的西化主義進行評述：「『復古派』『西化派』，相爭已百年以上。我是在兩派相爭最烈之時開始思想的。最初我認為兩派各有是非，可以調和。後來我覺得兩派不能自圓其說，且各走極端，皆為不滿。終於看出兩派都有基本錯誤，而且在理論上實際都有極大害處。我便覺得中國必須在思想上首先拒絕這兩派，以及拒絕由此二派相爭而起的『俄國派』，中國才有出路。這是我在民國二十五年以後一以貫之見。」李敖則在第五十二期發表〈給談中西文化的人看看病〉一

《文星》早期專欄「地平線詩選」，出現許多台灣重要現代詩人及其詩作。

《文星》第53期以「特大號」製作「追思胡適之先生專號」，同時出版原定討論的「中西文化」問題。

文，文中對於抱守中國傳統價值觀的人，給予嚴厲批評，他說：「三百年來，我們民族的感情變成這種細菌的函數。在思想上，我們不是一個正常發展的有機體。在別人都朝著現代化的跑道競走的時候，我們卻一直發著怪病，一直在跑道起點逡巡不前。我們總想找點理由來拒絕賽跑，奚落賽跑，同時斷言賽跑的終點將是一個悲劇。」

因胡適而引起的中西文化論戰，在第五十三期有一個結束的態勢出現。因本期正逢胡適於一九六二年二月二十四日過世，於是以「特大號」方式出版胡適專刊。在〈編輯室報告〉中，亦說明了之前的中西文化論戰《文星》的態度為何：「第一，編者不是擺擂臺，而是借出講臺，雖然我們是臺上的主人，卻並不是裁判。第二，論壇不在於擁護誰與打倒誰，基本態度是對事不對人。第三，我們一貫態度是求『新』、求『真』，這也是文星的基本精神。」第五十八期刊出三個啟示：「第一，本社原任發行人葉明勳先生，因事務繁忙，主編陳立峰先生，因健康欠佳，已分別辭職。從本年八月一日起，發行人由社長蕭孟能兼任，編輯事務由編輯委員會處理。」此外，本期亦辦理「文星雜誌創刊五週年紀念徵文」活動，在《文星》的所有刊物發行年代裡，這啟示與徵文活動，算是具有歷史傳承與意義的。

即便李敖當編輯的年代，編輯內容還是可見文學的影子，包括鄭清文、聶華苓、於梨華、張菱舲、王尚義、周夢蝶、胡品清等人作品都曾一再出現。只是文學整體篇幅在每期刊物內容所占的比例上，不是很高的，編輯內容多以文學／文藝評論為主軸。包括余光中於第七十九期的〈下五四的半旗〉、第八十期的〈儒家駝鳥的錢穆〉等文，都是大鳴大放之作。翻譯文學在此時期，也多見佳作出現，如芥川龍之介〈橘子〉等作品。不過，此時期「文學」相關的專欄，理論性與知識性的論述文章，確實也強過文學作品的比例甚多。相較於其他時期《文星》內容，此時期「文學味」淡了些許。

對於突破傳統的《文星》，除在對政治體制進行批判之外，對於「性」觀念的啟發與態度，也是前衛的，包括刊登全裸女性照片。第八十七期刊登當時台灣第一個職業模特兒林絲緞裸體照片。在第五十六期以後的《文星》亦開始對外徵稿，徵稿內容以思想的、生活的、藝術的最合需要。

《文星》在中西文化論述的辯論上，確實引起台灣知識圈裡重新詮釋中西文化價值在台灣的定位與意義。這場爭戰星火，點燃文化議題的戰火，同時也延燒至《文星》言論已逾越當局可忍受的範圍之外，一九六五年十二月終走向被迫停刊運途。在第九十八期「文星號外」以〈我們對「國法黨限」嚴正表示——以謝然之的作風為例〉一文，對統治者國民黨進行言論上的撻伐，文中正面且強烈抨擊國民黨的一黨專政作風。可見此時期《文星》言論的剽悍性格。

三、走向大眾的《文星》

一九八〇年代以後的《文星》社長由蕭孟能擔任，總經理為林聖曄，編輯方向大致與復刊時的方針相同，但對於文學作品及電影影評篇幅，則容納了更多的空間，此時期的《文星》不管在刊物版面上、編排印刷，或是刊物內容中的討論議題與關懷角度，較之以往，更為豐富與多元。其中也包括了中國大陸文學／藝文界的引介與評述，包括對張賢亮、李澤厚等人作品及其思想，做一闡述。復刊後的《文星》，對於電影相關的論述及引介比重，亦較復刊前的內容篇幅與深度不可同日而語。王墨林、焦雄屏、黃建業的電影評述，各討論了第三世界及台灣新電影浪潮的相關議題。第一〇二期以更大的篇幅報導了台灣金馬獎所引發的爭議及台灣電影文化存在的危機與現象。第一〇四期刊登了「民國七十六年台灣電影宣言」，文中對執政當局介入台灣電影的態度，提出嚴厲批判。

復刊後的《文星》對於過往以男性觀點或文化一元論下的政治議題為觀點的內容，也多所轉變。女性議題的開發與重視是其中一項重要的論述，如在第一一〇期以台灣文學中的女性書寫討論台灣女性處境的困境與轉變，第一一六期封面人物為蘇珊·宋妲，對其相關的文化評論有深刻的介紹。同期編輯內容，亦介紹了陳若曦的小說與女性自覺部分；此外，第一一七期則是「女詩人專號」。

對大陸知識界的探索與專題，在復刊後的《文星》也成為重要的編輯一環。尤其在第一〇五期以特刊的方式對大陸知識界的各種文學內在精神，多有論述剖析，包括了阿城小說世界的論述、大陸現代詩的介紹等，都有相當篇幅呈現。此時期雜誌內容對大陸文藝思潮的關注，亦著力甚深。如第一〇一期刊登魯迅〈狂人日記〉全文，且請王德威寫下

〈重識狂人日記〉一文，周玉山則以〈從「左聯」人物的結局論「左聯」起沒在中國當代文化史上的意義〉來回應魯迅小說的主角人物與當時大陸情況。一一一期對大陸女作家的書寫空間，專文論及。一一五期介紹了大陸改革先鋒者溫元凱。一一五期歷史唯物主義、一一七期馬克思主義思想、一一九和一二〇兩期皆有北大專題等內容，都可看出此時期的《文星》對大陸的文藝思潮的態度，基本上是採取正向思考來報導。第一一九期封面人物是張藝謀，刊物內容對張藝謀的電影美學有全面性的介紹。我們也可發現，早期的《文星》對於大陸各種政治層面、意識形態、文化形態，多所批判。但晚期的《文星》則對大陸現狀，有更多引介的文章與態度，第一二〇期以專題方式介紹了北大的相關文化、校風議題。兩岸之間的歷史問題，在此時期的《文星》似乎沒有任何隔離。對於國民黨為主的政治領導階層的批判性，也同時降低不少，或者換個角度來說，晚期的《文星》編輯概念與走向，政治批判色彩已淡褪不少，能引起讀者閱讀興趣的軟性議題，反成為編輯主軸。

在政治氛圍更寬鬆的年代，《文星》卻逃不過第二次且是真正停刊的命運。雖然蕭孟能一再說明，整個雜誌精神是承續過往的風格與批判性，但整體編輯內容與走向，與李敖主編時期，事實上有相當大的出入。復刊後的《文星》注入了更多的藝文內容，它所要含括與設定的讀者群，是更趨於廣大與多元。只是這樣的定位走向，在政治評述雜誌與藝文雜誌之間想取得平衡點，但事實上可能造成了之前李敖所認為的綜合性雜誌表現的就是不專業性。以至於後來雜誌發行量無法支撐發行成本，遂在一九八八年六月停刊。

儘管身居《文星》社長之位的蕭孟能，在《文星》發聲的次數及比例是極少的，最大的現身時刻，是在《文星》停刊時寫了停刊原委及訊息。他說：「這一次告別的原因，與二十二年前不同，所以除了同樣無奈之外，更有另一種無限的沉痛。財務的沉重負擔，個人年紀和健康，都是促成停刊的一些因素。但最重要的還是在泛政治意識高漲的今天，社會上對長遠性的文化思想問題寄以深切關懷的人，似乎越來越少；知識青年的品味已普遍變質，整個社會的走向，與我們一向所懷抱的理想，好像距離愈來愈遠，這些才是像《文星》這樣一份雜誌，難以為繼的真正原因。」

《文星》停刊原因，除蕭孟能所說的之外，八〇年代後期的台灣，對於資訊的取得，已呈現多元狀態。《文星》一直以來所積累出來屬於大時代性的社會資產，在多元的社會變動下，已變稀薄到不得不走向停刊的路途。對於一份自詡為「綜合性」雜誌的內容來看，在現今以大眾閱讀為導向的雜誌風格來說，八〇年代的《文星》確實是將讀者群從政治領域往閱聽大眾市場奔去。只是這一改變，反而將《文星》原有獨特的風格，完全集中於知識分子、菁英主義路線的風格給沖淡，以致於後來二度停刊。或許，這是台灣知識／出版界的一個極大損失，但同時，《文星》的發聲與停刊，其實也見證及記錄下了從五〇年代到八〇年代台灣政治、文化發展的概況與部分寫真。

（原發表於二〇一一年十一月《文訊》三一三期）

與時並進／禁

響導一代文運的《文星》

◎張俐璇（台南大學國文系兼任講師）

在東西神話故事中，都有關於主管文運的星宿傳說。杜甫有詩云：「北風隨爽氣，南斗避文星」；希臘神話中有美少男阿波羅，掌管詩歌與音樂。一九五七年十一月五日，一群文化人在出版界「生之慾」的鼓動下，兼採東西故事元素，創刊《文星》雜誌。夏承楹（何凡）所撰寫的〈不按牌理出牌〉，是《文星》非常有名的發刊詞。「不按牌理出牌」源出於國外的一則漫畫，漫畫中一個旁觀者在牌局終了時，忿忿地對勝利者說：「如果照牌理出牌的話，你們沒有贏的道理！」既然不照牌理出牌也可以取得贏面，文化人於是決定，不依循「生意經」的牌理常規，獨立經營一份綜合性刊物，箇中沒有低級趣味的譁眾版面，代之以「啟發智慧，供給知識」為目的。這群文化人包括了發行人葉明勳、社長蕭孟能、主編何凡、文藝編輯林海音以及行政編輯陳立峰（小魯）。截至一九六五年十二月二十五日，台北市長下達停刊的行政命令為止，《文星》共發刊九十八期；一九八六年九月至一九八八年六月間，復刊二十二期，兩階段合計一二〇期。其中以第二十五期、四十九期、五十八期，以及復刊的第九十九期為分野，可做五個階段來看。

穿過文化的荒野

《文星》雜誌的前二十四期，以「文學的、藝術的、生活的」為標榜，第一期第一篇文章由毛子水〈書籍和修養〉開始，展現出雜誌的基本信念。藝術方面，當時先後擔任國立台灣藝專校長以及教育部國際文教處長的張隆延，為《文星》的「藝術欣賞」專欄撰稿十二篇，從〈樂之在「得」〉、〈得意而忘言〉、〈摹擬與創造〉到〈象「形」與寫「意」〉，論述包含國畫筆墨與書道藝術。每期並設有「文星畫頁」，囊括攝影、藝術作品以及體壇集錦。新詩部分，每期設有「地平線詩選」，由余光中主編，覃子豪、夏菁、黃用、周夢蝶、張健、辛鬱、羅門等藍星詩社成員贊助參與。小說部分，有許多女性小說佳作，諸如童真〈穿過荒野的女人〉、林海音〈吹簫的人〉、〈驢打滾兒〉、〈瓊尼〉、聶華苓〈中根舅媽〉、於梨華〈雪夜〉以及孟瑤〈黯別〉。當時兼任《文星》文藝編輯的，是任職於《聯合報》副刊的主編林海音，這個時期的女性小說，大抵有一「轉型」或曰「過渡」的特色，多著墨在新舊時代交替間的婦女遭遇的描摹。

《文星》的第一階段較重視文學，可從封面人物的介紹一窺其貌。「永遠奔向戰爭的海明威」是創刊號的封面人物，其後依序有「靜候死亡的毛姆」、「尚仁慕真反抗極權的卡繆」、哲學家羅素、西班牙詩人希梅耐茲（Jimenez），以及人道主義者史懷哲。根據瑞麟〈談雜誌封面人物〉一文中的統計，在《文星》前三十一期的封面人物中，文學家佔十二人，科學家六人，藝術家三人，政治家三人，哲學家三人，體育家二人，宗教家一人，新聞評論家一人。文學家占有相當的比重。

戒嚴年代裡，《文星》訴求言論自由做禁忌的衝撞，大抵可以溯源自第三期，著名報人成舍我發表〈「狗年」談「新聞自由」〉一文，該文引來官報予以「新亡國主義者」的批評。第四期的《文星》立即回以〈互信團結，不必自擾〉，作為雜誌立場的答覆。不過第七期仍有陶百川〈緊箍咒與新聞自由〉的持續討論，第八期的《文星》開始增設「群言堂」一欄，簡評時事，以盡言責。

文學批評理論的建制

《文星》雜誌發刊兩年後，調整編輯方針為「思

創辦《文星》雜誌的蕭孟能。

想的、生活的、藝術的」，加強「思想的」比重，將「文學」化合於藝術與生活之中。置放在文學史脈絡中，這個階段較重要的，是對於本省籍作家的記錄報導，以及批評理論建制的探索。《文星》第二十六期有王鼎鈞〈作品充滿鄉土色彩的台灣作家〉、林海音〈台籍作家的寫作生活〉，介紹了鍾理和、施翠峰、廖清秀、許炳成（文心）、鍾肇政（九龍、鍾正、路家）、陳火泉（耿沛）、鄭清文、何明亮、鄭清茂、林文月、李榮春、林鍾隆、何瑞雄等作家。介紹報導之餘，同期並刊有林文月〈論謝靈運的山水詩〉、鄭清茂翻譯〈友誼的護照〉（譯自犬養道子《小姐流浪記》一書）、文心〈土地公的石像〉等作品，使讀者能由實際閱讀中體認省籍作家的成就。一九六〇年，鍾理和過世，《文星》第三十五期刊有其生前未經

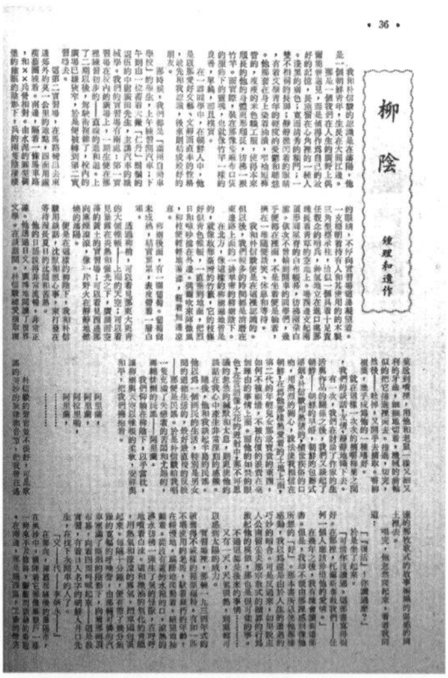

鍾理和過世後，《文星》第35期刊出其生前未經發表的遺作〈柳陰〉。

《文星》以人物做封面，創刊號是「永遠奔向戰爭的海明威」。

發表的遺作〈柳陰〉，茲以為記。

雜誌自第二十五期開始，過往的「地平線詩選」化整為零，以不固定的位置做「文星詩選」。而有感於詩的興廢與文化的盛衰相關，《文星》將第二十七期設定為「詩的問題研究專號」，由余光中介紹美國詩人艾略特（T.S Eliot），文中強調「反叛傳統，但同時並不忽視傳統，是艾略特對於詩的一貫態度」。余光中同時撰文〈新詩與傳統〉，同期並有陳紹鵬〈略論新詩的來龍去脈〉、黃用〈論新詩的難懂〉、夏菁〈以詩論詩——從實例比較五四與現代的新詩〉、覃子豪〈從實例論因襲與獨創〉等文，針對五四以來的新舊詩體進行討論。

《文星》邁入刊行的第四年，第三十七期以「知識份子的責任問題」為中心，選擇德國「反極權的鬥士」阿多諾（Adorno）作為封面人物，由各種角度思考國家、文化的現狀與未來。余光中〈論半票讀者的文學〉、王文興〈論台灣的短篇小說〉、顧獻樑〈論我們有沒有文藝批評〉是其中對於台灣文學批評理論建制的思考。第三十九期增加「電影批評」與「書刊小引」專欄，試圖通過影評與書評，建立嚴格的批評風氣，將彼時「文化沼澤」（居浩然語）的台灣耕耘為「綠洲」。

在《文星》的第二階段裡，最特別的封面人物是第四十三期的梅貽琦博士（一八八九～一九六二）。一九六一年，適逢清華大學原子爐啟用，《文星》因應介紹清華大學校長梅貽琦，是《文星》以國人為封面人物的第一次。該期強調梅貽琦的教育方針是民主與科學，並視原子爐為「自由中國的現代產業」，在現代性的驅力下，試圖往原子時代推進。

五四舊文・意識新刊

邁入第四十九期的《文星》由於李敖的加入成為關鍵性的轉折。甫退伍的李敖，投稿〈老年人和棒子〉一文，受到主編陳立峰的賞識。彼時是一九六一年，孔孟學會成立，發行《孔孟月刊》，黨國體制確定以儒家思想作為復興中華文化的重點。但是在《文星》雜誌上，先是刊出徐高阮翻譯的胡適講稿〈科學發展所需要的社會改革〉，接之又有李敖〈播種者胡適〉、〈給談中西文化的人看看病〉等文。

《文星》對於自由中國應走現代化道路的主張，引起胡秋原等人的回應，是為一九六二年的中西文化論戰。

《文星》自創刊以來，一直是約莫四十頁的小刊物，第五十三期因為出版「中西文化」問題專號，加上胡適之先生的追思文章，因此構成厚達八十頁的「特大號」。後來的《文星》，就以如是「變形」為常態，持續發刊。因為中西文化論戰的緣故，《文星》自第五十五期起，出現許多的「舊文新刊」。第五十五期出刊於一九六二年五月，既是「五四」運動的紀念專號，同時也是「中西文化問題與胡適」的討論專題，載有新月月刊社的創刊詞〈《新月》的態度〉（一九二八），以期《文星》能如《新月》「接下歷史的一棒」，參與一個時代思想和新文化的創造。同期在孫德中〈「五四」與新文化運動〉一文中，摘錄了陳獨秀為《新青年》所撰寫的〈本誌罪案之答辯書〉（一九一九）。其後，《文星》陸續刊有梁實秋〈自信力與誇大狂〉、張佛泉〈西化問題之批判〉、胡適〈充分世界化與全盤西化〉以及陳序經〈全盤西化的理由〉等新刊舊文。

凡此種種新刊舊文，為《文星》雜誌「離經叛道」、追求第二次啟蒙運動的「全盤西化」論，找到歷史例證——是以《新月》為代表的對「現代」的追索；而為了「現代」，類似《新青年》的「破壞」就成了必要之惡。同時，透過舊文新刊，《文星》也間接承繼了《自由中國》對於五四啟蒙精神的未竟之業。

檢視社會現狀

一九六二年，《文星》原發行人葉明勳因事務繁忙，主編陳立峰因健康欠佳，分別辭職。第五十八期起，發行人由社長蕭孟能兼任，編輯事務由編輯委員會處理，每期的〈編輯室報告〉由李敖、陸嘯釗等人負責撰寫。該期除卻人事異動，較大的改變是「學人零墨」專欄的增設，基於「言為心聲，書為心畫」的理由，陸續刊載胡適之、傅斯年、蔡元培等人的墨跡。

六〇年代初期，港台文學／文化場域十分熱鬧，大抵來說，首先是一九六一年，余光中和洛夫之間發生的天狼星論戰，以及一九六一～一九六二年徐復觀和劉國松的現代藝術論戰。現代詩／畫論戰，以藍星詩社的余光中和五月畫會的劉國松為中心，其後分別在

《文星》撰文詮釋對於現代詩與現代藝術的看法，包括了余光中〈古董店與委託行之間——談談中國現代詩的前途〉、〈迎中國的文藝復興〉、〈從靈視主義出發〉，以及劉國松〈過去．現在．傳統〉、〈無畫處皆成妙境——寫在五月美展前夕〉等文，可以看見在現代詩畫發展方向上——融合西方的現代以及中國的傳統——的共識。

郭良蕙小說《心鎖》以及女性人體攝影《林絲緞影集》在六〇年代相繼被禁，沸騰一時。陸嘯釗有文〈從《心鎖》到《林絲緞影集》——談談書刊的禁扣問題〉論查禁的不合法，爭取言論出版的自由。一九六三年香港邵氏電影公司的《梁山伯與祝英台》在台轟動上映，風靡台北城。《文星》第六十九期開設「《梁祝》以外的問題」討論專題，刊有余光中〈楚歌四面談文學〉、姚一葦〈從看電影談到電影的欣賞〉、吳心柳〈從梁祝看香港的國語片〉、許常惠〈從梁祝片談電影音樂〉以及莊靈〈由電影藝術的獨立性看「梁祝」〉等文，由不同的角度進行電影藝術的檢視。

邁入創刊的第五年，《文星》自第五十七期登出徵文啟事，第六十一期公布「創刊五週年紀念徵文」結果，共計來稿四百多篇，選出門偉誠〈我的情人〉、鄭清文〈我的「傑作」〉特選二篇，以及李洪舉〈我的帽子〉、陳火泉〈我的老伴兒〉佳作二篇。徵文以「我的……」為題，藉由如是的題目，觀看時代裡的「個人」，再通過「個人」，反映出整個時代的心聲與餘韻。

這個階段雖以檢視現狀的「時論」著稱，但不乏重要的文學著作，創作方面，有朱西甯〈也是滋味〉、余光中〈逍遙遊〉、張系國〈鮀鳥〉、景新漢〈作品第一號〉、隱地〈霧〉、鄭清文〈芍藥的花瓣〉，以及於梨華〈黃昏，廊裡的女人〉、忻易〈天花板上的壁虎〉、荊棘〈南瓜——獻給母親十二週年忌辰〉、江玲〈七星雨〉、李渝〈夏日滿街的木棉花〉、張菱舲〈第二夏〉、鍾玲〈陰影〉等女性散文與小說。論述方面，第八十期刊出〈論現代小說的轉變〉，由曾任香港《好望角》文藝半月刊的編輯李英豪執筆；第九十七期刊出〈台灣的鄉土文學〉一文，是甫復出文學江湖的葉石濤述作台灣文學史的基點。

　　這個階段的《文星》，主要發生三項問題的討論，一是第五十六至七十二期間的「文白夾雜」問題，二是第七十三至八十三期間的「高等教育」問題，以及第九十三至九十八期的「閨秀文學」論戰。文白論戰由劉永讓〈文字形式的現

1963年電影《梁山伯與祝英台》在台轟動上映，《文星》第69期「《梁祝》以外的問題」專題，由不同的角度進行電影藝術的檢視。

代化〉、王鼎鈞〈也談白話文的「純淨」〉開始，陸續有林良、張白帆、高陽、周棄子、余光中、王玉川等人撰文參與討論。「高等教育」問題，由李敖提出〈高等教育的一面怪現狀〉開始，第七十四期以「高等教育問題」作為推動現代化的項目之一，新刊梁實秋舊文〈整頓高等教育的幾點意見〉予以支援；其後陸續有孟祥柯與孫智燊的對話錄〈從一巴掌看輔仁大學〉、沈沉〈從三文件看輔仁大學文學院〉，以及周棄子〈師父們和徒弟們——也算是大學中文系的問題〉加入討論之列，將高等教育的怪現狀視為現代思潮裡「一個非狠狠地開刀一次不可的膿瘡」。「閨秀文學」論戰則始於一九六五年，瓊瑤小說《窗外》改編電影前夕，李敖撰文〈沒有窗，哪有「窗外」？〉批評。其後陸續有張潤冬、劉金田、吳建加入筆戰，然女作家部分，僅有蔣芸〈象牙塔外是什麼？——讀「沒有窗哪有窗外」有感〉回應。

從「文白夾雜問題」到「閨秀文學論戰」，可以說是在現代化的前提以及啟蒙意識之下，對於「怎麼寫」與「寫什麼」的秩序探索。以「閨秀文學論戰」為例，在第九十六期的論戰期間，刊出殷海光〈自由的倫理基礎〉長文，談自由主義與個人主義。因為君不見浪漫愛作為象徵個人主義以及自由主義的現代意識形態，君不見前衛與進步，這些重要主題。從對「媽媽管不著」的反叛期待，看到的卻是「母愛至上」的變形光輝。在這場閨秀文學論戰中，可以說是試圖在文學表現裡，看見對既有僵固體制叛逃的期待。

《文星》的第九十期，因為張湫濤〈陳副總統和中共禍國文件的攝製〉一文附刊「中華蘇維埃共和國婚姻條例」原文，被當局認為有為匪宣傳之處，而予以查禁。第九十七期「紀念國父百年冥誕」專號，因為李敖〈新夷說——《孫逸仙和中國西化醫學》代序〉一文，再次遭禁。到了第九十八期的「文星號外」刊出〈我們對「國法黨限」的嚴正表示——以謝然之先生的作風為例〉，直指黨國體制的獨裁問題。一九六五年十二月底，雜誌因之受到停刊處分，自此「在高壓之下殉難小島」。德國鋼琴家巴克豪斯（Wilhelm Backhaus）於焉成為最後一次譯介的封面人物；王敬羲〈康同的歸來〉則是雜誌刊載的最後一篇小說；而《文星》的再次歸來與發聲，則是二十年後的事了。

解嚴前後的文藝譯介

《文星》有兩份第九十九期雜誌，一是原訂於一九六六年一月上市的查禁版；第二份是一九八六年九月面世的《文星》復刊號。第一份第九十九期雜誌以「行動的美國自由主義者韓福瑞（Humphrey）」作為封面人物；然而到了一九八六年，韓福瑞已過世，基於《文星》例不以過世人為封面的原則，復刊號於是成為沒有封面人物的一期，以資為念。

《文星》復刊號第99期沒有封面人物，以蕭孟能的背影做封面。

復刊後的《文星》，仍由蕭孟能擔任發行人，編輯委員則包含文學欄主編余光中、詩頁主編張香華、美術主編林惺嶽，以及林鐘雄、周碧瑟、梁光明、張己任、焦雄屏、廖仁義等人。在編輯理念上，著重「如何在整個世界潮流之中建立中國人自己的時空立足點」，每期推出一個以上的特輯，題材涵蓋文學、電影、美術、音樂、攝影、建築、思想等各領域，標舉前瞻性與反省性，將自身定位為多元設計的雜誌。

復刊號的《文星》雜誌，首先舉辦「文星詩頁」二十年回顧聯展，由過去的《文星》中，選出蘇紹連、胡品清、張健、羅門、向明、朵思等三十位詩人作品。文學創作，由余光中散文〈風吹西班牙〉率先登場；論述部分，有李石〈台灣閨秀文學的社會問題〉、張恆豪〈超越民族情結．重回文學本位——楊逵何時卸下「首陽農園」？〉、蔡源煌〈新的文化思想如何扎根？〉、馬漢茂〈就算是歷史開了一個玩笑——大陸作家馮驥才側寫〉、王兆徽〈痛苦的高爾基——俄國大文豪高爾基逝世五十年〉等文。大抵而言，復刊後的《文星》，在文學專欄的呈現，以論述譯介文章居多；持續耕耘創作園地的，僅有「文星詩頁」以及第一一〇期開始推出的「星星小詩」迷你詩頁。

文學論述與文化批評在復刊後的《文星》大致有三個方向，一是在台灣作家作品的部分，有「沒有出路的反叛英雄——王文興論」、「重估白先勇」、「陳映真，當今文壇的焦點人物」、「王禎和——難解的小說家？」、「隱遁的受難者——七等生」、「疏離的回歸者——陳若曦」等專輯的設計；以議題區分，也有「政治小說的歧途」、「結束第二性，迎接第三性——從「『女性主義』的理論到實際」、「婦女文學，妳往何處去？——從丁玲到李昂」等討論，第一一七期為「女詩人專號」，刊有曉鋼（大陸女詩人）、敻虹、胡品清、朵思、席慕蓉、謝佳樺、蓉子、萬志為、夏宇、白雨、黃國溍（華裔美國人）等作家作品。

從上述的耙梳，可以發現大陸作家的入列。有王德威撰文評析魯迅、巴金、沈從文，第一〇一期同時刊出魯迅〈狂人日記〉一文；一〇五期為「大陸新探」特輯，介紹小說家阿城以及北島、舒婷、梁小斌等詩人；一一一期為「大陸女作家初探」，以張潔、諶容兩位女作家為焦點。此外還有「張賢亮與《感情的歷程》」、「香港啟示錄」與「文化中國與中國文化」等特輯。第三個方向是文化批評理論家的譯介，包含了韋伯（Weber）、盧卡奇（Lukacs）、馬庫色（Marcuse）、葛蘭西（Gramsci）、蘇姍・宋姐（Susan Sontag）、哈伯瑪斯（Habermas）等專輯設置。

如是的三個方向，大致符合革新後的《文星》以「落實本土、胸懷中國、放眼天下」為宗旨的關懷視野。一九八八年，有感於社會環境的改變，蕭孟能撰文宣布停刊。走過一九六〇年代的出版原野，以及解嚴前後的社會變遷，兩個歷史階段的星升星沉，記錄了一代知識分子對於人文思想的尋索與行動。

（原發表於二〇一一年十一月《文訊》三一三期）

異質他者．文化鏡像

《文星》與中西文化論戰

◎劉淑貞（政治大學台文所博士生）

一、誰的鬼牌？

發行於一九五七年的《文星》，封面副標是「生活的、文學的、藝術的」，打著代發刊詞「不按牌理出牌」的口號，《文星》倒是與當時的台灣文化場域相安無事了數年，並且始終維持著極為穩定自制的發行（儘管是極拮据的）／發言水平。早期《文星》致力於西洋文學的譯介，也提供當代作家創作發表的平台，如於梨華、林海音、瘂弦、余光中等人，皆為刊物之重點作者。而自第二十五期起，副標移去「文學的」一項，更替為「思想的、生活的、藝術的」，日後文學作品的比重趨緩，現代思潮的評介反隨之增重。一般而言，和當時《自由中國》的倒台及其周邊效應不無關連。《自由中國》積累了五〇年代被國家體制與思想檢查所壓抑的雜音，共伴影響著其周圍屬於同一文化場域的刊物，核心人物如胡適、殷海光等人所發表的論述，皆替日後持續延長的中西文化論戰，提供有力的論述和理論資源。一九六〇年，《自由中國》因雷震被捕而宣告停刊。這張打著思想（「自由」）超越國體（「中國」）的自由主義「鬼牌」終究是移形換位——輾轉輪替到了《文星》的發言場域；[1] 某種意義上它亦是應許了《文星》於發刊號中所寫的，成為此後其刊物上一張「不按牌理出牌」的牌。

一九六二年，李敖在《文星》第四十九期上發表〈老年人與棒子〉，第五十期則翻譯了胡適的英文講稿〈科學發展所需要的社會改革〉，此乃其後中西文化論戰的肇端——隨後李敖的〈播種者胡適〉、〈給談中西文化的人看看病〉、胡秋原的〈超越傳統派俄化派西化派而前進〉等，是為論戰升溫的開始。事實上，縱觀此次論戰的文章——尤其以李敖為核心，輻射著對立者胡秋原、徐道鄰等人的論述，對於共同的命題「中西文化的趨向」所提出的策略，其實都相當浮泛與表面，最後

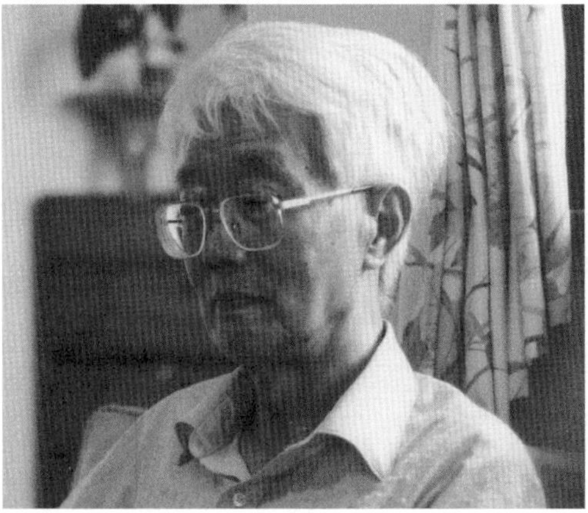

1985年時的胡秋原。

甚至皆流於語義與意氣之爭。論辯最終因李敖入獄、《文星》停刊、雙方對簿公堂而終致失焦，西化派與傳統派所提出的策略——無論是全盤西化抑或中體西用，皆以不了了之收場——更何況不如此收場也沒有用，因為隨即而來的七〇年代國際情勢、與加劇的現代化傾向，不是一場論戰能主導與決定的；歷史以它的實存告訴我們：現代性從來不是一個選擇的問題，只是時間上的遲早刻度；某種意義上一九六三年的李敖是說對了：文化移植不是「買櫝還珠」；「要櫝就得要珠，不要珠也休想要櫝，櫝中沒珠也不成其為櫝，要就得全要，不要也得全要」——「因為全世界的『時間空間』有『特殊性』了」[2]。

李敖手中的這張自由主義的鬼牌大抵被認為接收自他的私淑胡適。也確實，在整個論戰的脈絡中，胡適「全盤西化」的論調都是李敖語境的依傍。然而就李敖在論戰中最核心的文章〈給談中西文化的人看看病〉中列舉的病根與策略，其實都無法令人不想及同為西化派的另一思想家——殷海光。侯立朝曾經列表指出李敖與殷海光寫作基線上的相似性，並指出李受殷海光的影響其實更勝於胡適。[3] 侯的論述固然有其國民黨派的意識形態，然而這個判斷卻是極正確的；事實上，殷海光雖未真正參與《文星》論戰交鋒，然而他發表於其上的數篇文章包括〈論科際整合〉、〈自由的倫理基礎〉，以及稍後出版的重要著作《中國文化的展望》，都相對於李敖更有系統地表達其對中西文化的整體性思維。今日我們重看《文星》這場「不按牌理出牌」的中西文化論戰，恐怕其背後真正操持自由主義這張「鬼牌」的正是殷海光而非李敖。

二、異質與鏡像

殷海光的自由主義顯然走得比《文星》上的這場論戰更遠。這和他的《自由中國》血統不無關聯。李敖所提出的包括泛祖宗主義在內的十一大病根，在殷的《中國文化的展望》中皆可找到相似甚或相同的批判模組。在台灣自由主義的發展脈絡中，殷是串連《自由中國》到《文星》軸線的重要鏈結，同時也是今日重新審視《文星》論戰時的視域延展者，在一定程度上甚至可以協助我們跳脫「中體西用」與「全盤西化」僵硬且無交集的對峙立場，從文化演進史的意義上來理解論戰的層次。

李敖發表〈給談中西文化的人看看病〉後，再度針對其時中西文化的討論者提出回應，其中，他的批評對象之一徐道鄰提出的意見是極富意義的：

……一個科學的社會，一定要設法維持各種行為和反應中最高度的差異性（當然也不可以達到一個接近混亂和不穩的程度）。因為有了多原性（heterogeneity），才有進步可言。而單純的同原性homogeneity，對於人類的危險不亞於原子性的戰爭。……所以怎樣抵制文化的同原化，怎樣保存人類文化的差異，正是目前人類的一個生死關頭的重要問題。[4]

徐道鄰在五〇年代末便已注意到西方文化相對於中國的異質性，並極正確地使用heterogeneity指稱之。雖然徐的這種異質性的概念乃是置放在整個文化本體相對於西方的位置，是一種內／外的概念；對於文化本體的內部他仍堅持一定程度的文化本位主義，[5] 然而論文裡對「西方」與「現代」的概念不再停留於過去中體西用脈絡下的「器用」層次，而是在形上的意義上高度自覺地將之視為一個與「我」相異的「異質文化」來處理。在李敖的回應〈我要繼續給人看看病〉中卻對此未著一字。〈我〉文中沒有對同／異的概念進行辯證——也許是疏懶於辯證（對李敖而言也許這些僅是多餘的概念們），而直接進入實踐的層次；在「全面西化」的策略以外，只能戲謔地將之貶為「世界博物館館長」。

徐道鄰於五〇年代即已意識到的異質性問題，也同樣出現在殷海光的焦慮之中。在《中國文化的

《自由中國》停刊後，《文星》接續了自由主義的發言場域。

展望》中，殷海光用「濡化」解釋兩種文化基線接觸的過程，並且明確地指出「通體社會」（Gemeinschaft society）的結構相對於「聯組社會」（Gesellschaft society）是來得更為同質的（homogeneous）、且不太容忍異質（heterogeneity）。[6] 殷海光同樣注意到異／同的問題，更重要的是他首度將本土（native）的概念帶進中西文化運動的知識場域。他將「文化再組合」的反應區分為兩種，一是堅持保存傳統符號、制度和生活方式的「存續式的本土運動」（perpetuative nativistic movement），另一種則是從器物到文化、政治、制度皆全面更新的「同化式的本土運動」（assimilative nativistic movement）。跳脫論戰的框架重讀殷發表於其時的論文——尤其是《中國文化的展望》諸篇章，已開始透露其時知識場域上已有「他者」／「異質」與「本土」之間的協商焦慮。一般而言，殷被視為與李敖同屬西化派的陣線，但兩人在文化的省思與策略上卻有明顯程度上的差異。李敖認為文化移植不是一種選擇，必須全面性地接納。相較於李敖看似強烈的實踐論述，殷海光在實踐的層次上有更為細緻的考量。殷屏除民族主義的立場，將文化交接的過程放置在一個單純的方法論框架，指出在文化「濡化」的過程中全面性地洗刷「中國文化」、以接受「西方文化」在實際的情況中是根本不可能的事。殷對五四以來全盤西化的「陳序經們」下如此評論：「熱心有餘，認知不足」。這個批評其實也同樣適用於《文星》上的李敖，原因是「全盤西化」最重要的敵人並非中國民族主義——即使沒有「中國民族主義」的阻擋，全面性的現代化仍是不可能之事——因為文化並非塊狀物件、能隨時割離自身；文化也亦非衣服飾物，可以說脫就脫、說戴就戴。殷海光的論述暴露了李敖等人在《文星》上的中西文化論戰其實是一種高調，同時也是一種焦慮；它曝現了西方作為他者進到台灣（中國？）文化的場域之際，這個異質之物其實也同樣衝擊著五〇年代以降固著僵化的國民黨政體，以及其伴隨著專制政體所搭建的文化同一性邏輯；使其反身重省自身所攜帶的文化，究竟屬於什麼位置？這一反身性的姿勢正如同以西方為鏡，探照自身的倒影；使「我」忍不住詢問：「我」（中國文化）是什麼？問句本身就是一條裂隙，指向「中國」符號在現代性衝擊之下政體與倫理的龜裂。某種意義上，這或許亦可說是《文星》作為中西文化論戰史上的一個標記，所抵達的重要刻度。

三、國體、文化、倫理

事實上，中西文化論戰的脈絡早源自於前清，從大學士倭仁與恭親王奕訢的論辯初始，到孫家鼐明確提出「中學為體、西學為用」的論述，始終維持著傳統與（選擇性地）西化的對峙立場。「中體西用」的關鍵在於其時帝國的倫常之體乃與國體緊密維繫、不可分割，因此中國的政治文化制度將是西化派的最後基線——一旦僭越，就會威脅撼搖到被倫常禮教所推至頂端的君主政體——而那也是國體的根基。[7] 舊中國終於覆亡，進入民國以後，「西化派」在五四運動的護翼之下，乃有胡適與陳序經的激進姿態；此時他們所拋卻的「中體」已不再維繫著「國體」與「政體」，漸漸進入了一個空泛的倫理層次。陳序經《中國文化的出路》通篇所言，皆在如何以「全盤西化」打造全新的、同時也是未來的「中國」的倫理工程。這裡面懷揣著一定程度的、對現代化下的新中國想像。而一旦這與國體關係向來宛如手心手背的「文化」失去了「君國」的國土，「文化」的概念便形同被架空；我們看到一九三五年何炳松等十教授所提出的〈中國本位的文化建設宣言〉，都在在圍繞著文化／倫常在脫離了舊中國的政治本體以後、與作為異質文化的現代性遭逢的焦慮。胡適與李敖都先後批評過「十教授宣言」，認為他們高舉著「不滿意洋務時期的中體西用學說」，事實上所提出的「文化本位」建設策略卻正恰恰是「中體西用」[8]：存其所當存，去其所當去。對此，殷海光的註腳下得極好：「……他們太恐惶了。他們恐惶在這一大變動時代中國文化特徵之消失。」「『中體西用』說的實際作用，是為的在對西方讓步中求存。」

殷海光對十教授的批評其實也正是《文星》論戰上正反兩方的共同焦慮。胡秋原與徐道鄰等人所提出的文化協商策略，恰是步步踏在中國／西方文化的基線上，進退維谷；而李敖所構築的文化圖景——徹底清除傳統文化的殘餘、全面進行現代化，又何嘗不是建立在一個超未來的現代性想像之上？而正因為它的想像性質如此強烈，以致於它掏空了所有的「現在」——那條尚須「未來的時間」去進行彌補縫合的文化界線——而讓整篇論文的時間性，指向了一種想像的「未來」。二者皆反映了六〇年代初文化場域上對異質與自我的重要反思。而驚人的是，相對於同時代的文學場域如《現代文學》汲汲於西方理論的全面性接收，《文星》的論戰極早就進入了對「現代」概念的思索與遲疑；胡秋原與徐道鄰，甚至是立場與之相對的殷海光等人，都已注意到西方現代性的餘債（如視之為唯物文明的），這中間固然有中國民族主義作為參照的籌碼與顧忌，才逼顯對照出現代性的負面性質，然而在六〇年代一片美援文化的呼聲之中，這些重要的文化概念，包括倫理、差異、他我、同質與民族主義之間的關係，乃是一個重要的門檻。它在一定程度上有效地協助台灣文化場域從五〇年代強固的、依附於國民政府的「中國」概念，越過被「現代」淘洗的六〇年代、從而踏進七〇年代「台灣」的土地。在半世紀後的今日，重新觀看《文星》上這場終至不了了之的論戰，這些脫離文化同一性邏輯的概念延續至七〇年代，隨著「國家」概念的變遷（「台灣」與「鄉土」的概念浮出），「文化」意義的地層也被隨之疊加，更換為全新的倫理架構。這恐怕也是敵對關係的李敖與胡秋原始料未及的。總的而言，它的概念層次乃是超越其結果論，為其後文化與國體之間的辯證對位關係，提供了一幅思考的路徑與圖景。

註釋

1.《自由中國》和《文星》之間的思想血緣關係，已有學者論及。如簡明海：「由於在此之前《自由中國》領袖雷震的被捕，有「青年導師」之稱的殷海光，失去言論舞台離開台大。《文星》無疑在此台灣自由言論的低潮中，填補了《自由中國》所象徵的五四傳統。」見簡明海，《五四傳統在台灣》，國立政治大學歷史所博士論文，二〇〇九。

2.李敖，〈給談中西文化的人看看病〉，《文星》第五十二期，一九六三年二月。

3.侯立朝，《文星集團想走哪條路？》，台北：上海印刷廠，一九六六，頁五三—八六。侯立朝並在文末下這樣的結論：「殷海光如果是個『老八路』，李敖不過是個『紅領巾』的小鬼。」

4.徐道鄰，〈轉變中的文化觀念〉，《論政治與社會》，台北：中央文物供應社，一九五八，頁四二。

5.同上。

6.殷海光，〈文化的重要概念〉，《中國文化的展望》，頁五四—五五。

7.關於晚清西化派的「中體西用論」，可參見薛化元的討論：《晚清「中體西用」思想論（一八六一～一九〇〇）——官定意識型態的西化理論》，台北：稻鄉，一九九一。

8.胡適，〈試評所謂的「中國本位的文化建設」〉，《胡適文存》卷四。李敖，〈給談中西文化的人看看病〉，《文星》第五十二期，一九六三年二月。

（原發表於二〇一一年十一月《文訊》三一三期）

時代的裂痕，世代的反思

《文星》、外省第二代、與戰後台灣文化政治變遷

◎蕭阿勤（中央研究院社會所研究員）

《文星》雜誌在一九五七年十一月創刊，於一九六五年十二月發行第九十八期後被查禁。《文星》發行八年多的時光，橫跨戰後台灣的五〇年代末與六〇年代上半葉，承載著當時一股渴望突破現狀的社會伏流，既挑戰文化，也衝撞政治。就《文星》在當時的定位與意義而言，論者已多。不過將近半世紀後回顧，我們有必要一問：《文星》與現在的我們有何關係？

《文星》不只是一份刊物，也標誌著一個時代、一個世代。李敖在其中發表的文章所激起的中西文化論戰，參戰者來自各方，遍及港台，是《文星》發行期間所引起而最受人矚目、影響最大的事件。這個論戰既起於時代的裂痕，也糾結著世代的衝突。讓我們從世代的角度，回顧戰後台灣三個時期的「外省第二代」現象，看看《文星》的時代與當前的

我們有何關連。

六〇年代初外省籍知識階層的世代衝突

戰後流亡來台的外省人，隨著時間流逝，逐漸顯現內部的世代差異。五〇、六〇年代之交，外省籍年輕知識分子是創作現代詩、現代小說、現代藝術、現代音樂風潮的主力。這股追求「現代」的動力，有著他們對上一代的刻意區隔與不滿，浮現他們自己的世代認同。一九六一年春，外省籍年輕知識分子提出世代「接棒問題」，議論紛紛。一九六二年發生「中西文化論戰」，外省籍年輕知識分子以「現代化」為題的論述，批判保守的上一代知識分子，間接挑戰與這些上一代的世界觀親和的黨國。這是戰後外省籍年輕知識分子第一次向上一代的公開激烈挑戰。

外省人離鄉背井，有家恨，有國仇。到六〇年代初，對外省人來說，被迫渡海來台，不過發生在十幾年前而已，記憶猶新，創傷無比重大，難以排解。中西文化論戰中年輕知識分子對上一代的攻擊，與這個重大創傷密切相關。不管老少，他們激情爭辯，透露流亡者的焦慮與挫折，糾結著對過去、現在、與未來的回憶或想像。

論戰中，李敖所代表的外省籍年輕知識分子，來台時差不多是十幾歲的中學年紀。六〇年代初，他們在二、三十歲之間，大都接受了大專以上的教育。他們挑戰那些在中國大陸時已經成年、而在六〇年代初四、五十歲以上的上一代知識階層。李敖認為「充滿了失敗經驗的上一代人們」必須為年輕一代所處猶如「文化沙漠」的貧乏環境負責。他吶喊：年輕一代「今日的缺乏營養與氣魄是戰亂流離的必然結果，這個責任，要由上一代來負！」

以李敖為首的外省籍年輕知識分子，支持當時中央研究院院長胡適提倡的自由主義與西化理念，追求進步、嚮往西方為代表的現代文化。他們將所抨擊的上一代知識分子劃歸為傳統、崇古、保守、退步的陣營。那些被李敖等所批判的對象，以及與國民黨有各種深淺關係的外省籍知識分子，則詆毀這些年輕一代屬於胡適所指導的陰謀集團，與當時兩年前被捕的雷震為同路人。

清末民初中國飽受外國強權欺凌的一段痛苦的歷史，深深影響論戰中的外省籍年輕知識分子。他們有著強烈的國族認同，運用現代化論述來批判上一代，認為要追求國族富強，必須學習西方的現代文化。那些上一代外省籍知識分子指責李敖主張

李敖在其回憶錄中，剖析「文星」與他的一頁歷史。

「西化」，他則斬截地回應說：「這一代的青年們對跟那些時代的泡沫們窮纏並沒有興趣，因為他們志不在此！他們有他們真正的遠景和抱負，有他們現代化中國的藍圖。」懷抱強烈的中國民族主義，渴望中國的現代化與強大，外省籍年輕知識分子的夢想所寄，不在寓居的台灣，而在等待重返的大陸。李敖宣稱他所屬的「迷失一代的青年人必將回歸到憤怒的一代」，而「他們的轉變成功之日，就是中國的前途開明之時。救國建國是百年大計，他們的眼光不在這彈丸小島，他們的眼光是在光復大陸之後」！

七〇年代回歸現實世代中的外省籍年輕知識分子

冷戰與國共對峙的格局確立，外省人的歸鄉夢逐漸難以實現。到了七〇年代初，他們已歷經二十幾年在異地的徬徨與調適。釣魚台主權爭議事件、美國尼克森總統訪問中華人民共和國、中華民國喪失在聯合國的席位、對日斷交等政局的劇變，使那些比李敖年輕、完全在台灣出生或開始接受學校教育的外省籍年輕知識分子，萌生鮮明積極的世代意識，開始公開批判自己與父祖輩的流亡漂泊心態，企圖更瞭解台灣的歷史文化，並融入社會現實。當時外省籍年輕知識分子批判國民黨統治下的政治與文化、要求改革與民主等，其人數之眾多與態度之激烈，不亞於本省籍者。他們具體的社會政治改革要求（例如要求全面改選中央民意代表），充滿了對上一代的不滿，以及「回歸現實」的理念。

例如七〇年代初一位外省籍年輕知識分子陳漳生談到上一代流亡來台者的游移心態與

當時留學移民的風氣時，直率地批評：「從大陸來台的這些家長們，他們曾有過與共產黨爭鬥的經驗，但這個經驗是慘痛的，是失敗的。雖然在台灣高唱了二十多年的中興大業，但最不具中興信心的是他們。他們在基本上不願意子女再捲入政治鬥爭的漩渦中，甚而希望其子女逃離台灣這塊政治鬥爭的是非之地。二十年來的留學熱潮就是這些人攪起來的。他們是失敗主義者，並且將其失敗主義的情緒傳播給他們下一代。」

外省籍詩人高準則談到他也關心大陸的人民與土地，「但一九四九年以來的大陸我沒有生活過，而要認識任何事物，除生活在那個環境中，是難於真正洞悉的。」對他而言，台灣與大陸之間已有巨大的「文化矛盾」。他說：「然余既生為中華民國之人民，自八歲抵台灣，生平絕大部分時間在台灣渡過，是以不能不熱切的關懷台灣的人民與社會，盼望它能進入較好的境地。」當時的南方朔（王杏慶）在放棄出國留學後，誠摯地說道：「我是個出生在大陸，成長在台灣的中國人。對於這塊養我、育我的土地和人民有著無比的感受和熱愛。」

曾經熱心參與台大學生保釣運動的馬英九，也受到回歸現實與鄉土潮流的影響，他後來留美，八〇年代初返國前夕寫道：「我常想，我們這一代，既不是『失落的一代』，也不是『無根的一代』，而應是『反哺的一代』。我們上一代把青春埋葬在連年的烽火中，才使我們卅年來享受到中國近代史上空前的承平與繁榮。對於台灣這個母社會，我們虧欠得實在太多了，任何一個在台灣生長的人都應該時時以反哺為念。」二〇〇〇年左右，馬英九也曾回憶指出，保釣運動對台灣島內的知識分子而言，是一種「本土的省思運動」。

九〇年代本土化趨勢中的外省人第二代現象

一九八〇年代之後，以本省人為主的「黨外」與民主進步黨領導的政治反對運動積極宣揚台灣意識，台灣民族主義運動顯著發展。一九八八年，本省籍的李登輝繼承蔣經國，成為國民黨主席與總統。在國民黨黨國決策階層中，本省籍的人數逐漸超過外省籍者。一九九一年，原本於中國大陸選出的第一屆未定期改選之中央民意代表終止行使職權，國會全面改選。九〇年代初，國民黨黨內反李登輝的「非主流派」與親李的「主流派」鬥爭而失勢。以外省籍年輕一代為主而反李、懷疑他傾向於支持台灣獨立的國民黨內「新國民黨連線」人士，於一九九三年另組「新黨」，與民進黨及其他支持台灣民族主義者之間的衝突激烈。一九九六年，台灣舉行戰後首次的總統民選，國民黨候選人李登輝獲得過半票數而連任。伴隨上述政治變化的，則是過去由國民黨威權統治所教化、基於中國民族主義的歷史敘事、集體記憶、文化象徵等，在國家的文化教育政策與公共領域的文化論述中，都備受挑戰。

上述政治、文化的「本土化」或「台灣化」變遷，對許多外省人來說，代表他們在政治、文化上實質的或象徵的地位逐漸式微。九〇年代初，許多外省籍的政治或文化菁英，尤其是年輕一代者，開始公開表達他們認為在政治、文化上被排斥所帶來的焦慮。台灣社會的公共輿論、學術研究、文學書寫，也逐漸觸及所謂「外省第二代」的現象，探討他們面對政治、文化本土化或台灣化時客觀的社會處境，以及主觀認同上的疏離、抗拒、或調整、接受等不同的反應。比較之下，九〇年代以來「四大族群」概念中，福佬、客家、原住民的年輕世代可能面對的問題並沒有受到類似的關注，而外省第二代在晚近政治、文化變遷中面對的問題則備受矚目。這是由於他們屬於實質上或象徵上原來居於優勢社會地位的少數族群，因而他們在變遷中重新適應調整、面臨實際與心理困境的表現，格外引人注意。

以本省籍人士為主的政治反對運動，歷經黨外時期到成立政黨的三十年左右對國民黨統治的挑戰，終於在二〇〇〇年由陳水扁、呂秀蓮當選為中華民國第十任總統、副總統，使掌握政權超過半世紀的國民黨成為在野黨，也使戰後台灣出現第一次的政黨輪替執政。二〇〇八年三月二十二日的總統、副總統選舉，由國民黨的候選人馬英九、蕭萬長以將近六比四的得票優勢當選。歷經民進黨陳、呂兩個任期八年的主政，國民黨重新取得政權。

二〇〇八年大選的第二天，各種媒體都以相當多的篇幅報導結果。其中，在政治立場上一向較偏於反對國民黨的《自由時報》，在當天的社論中，像其他許多媒體一樣，認為這次總統大選過程平和，以及產生政黨執政的二度輪替，代表了台灣民主發展的深化與成熟。除此之外，這篇社論特別闡述國民黨重新獲得選民支持，「外來政權已經取得正當性與合法性」，並接著強調：「台北市縣、桃園縣及台中市現今都由外省族群擔任首長。昨天，同為外省籍的馬英九進一步當選總統，足見多數族群未以省籍選人，則近年所謂少數族群的危機感，既屬向壁虛構而莫須有，禁不起事實檢定，應可休矣。」九〇年代初以來外省人的「少數族群的危機感」，包括第二代的心裡困境，由於馬英九的主政，如今似乎相對地減低，但是否會完全消除，則像歷史上的許多社會變遷一樣，難以預料。

三個時期，有同有異

上述三個不同時期的現象，都可以歸為「外省第二代」問題，理由在於：從客觀身分來看，它們都牽涉到流亡者的後代反思他們與上一代、故鄉（中國大陸或台灣？）、異地（中國大陸或台灣？）的關係；同時從主觀認同而言，這些現象也都顯示流亡者後代具有清楚的世代意識、從世代角度反思本

《文星》不只是一份刊物，也標誌著一個時代、一個世代。

身的過去、現在與未來。但是三個時期中的思考出發點、焦慮所在與追求的目的，各自不同。

第一，五〇、六〇年代之交，外省籍知識階層內部浮現世代緊張，言論衝突重點圍繞在大陸到台灣的國仇家恨，追求「現代化（西化）」的年輕世代反思的問題在於「我們為何失敗？為何流亡？為何受苦？」進而溯及中國百年國恥的傷痛，反思「我們為何不如人？為何受辱？為何受苦？」他們批判那些被譏諷為傳統保守的上一代需為國仇家恨負責，主張中國文化必須徹底現代化，但未觸及台灣的現實政治，個人所寄託的國族理想實現的天地並不在台灣。

第二，七〇年代外省籍知識階層內部的世代衝突中，年輕的「回歸現實」世代反思的問題仍然在於「我們為何失敗？為何受辱？為何受苦？」但具體問題圍繞在國民黨政府的重大外交挫敗，逐漸喪失國際承認與支持。他們的反省轉向內政，批判的對象為戰後二十年國民黨政府「反攻大陸」的宣傳、以台灣為臨時復興基地的政治體制，以及充滿流亡游移心態的上一代。他們開始觸及台灣的現實政治與文化，要求政治革新與民主，呼籲重視鄉土文化。他們認為個人所寄託的國族理想首先必須在台灣實現。

第三，九〇年代之後的外省第二代現象，與前兩個時期不同，不再是外省籍知識階層內部的世代緊張。年輕世代針對的，不再是他們自己的上一代，而是本省人為主所推動的政治、文化本土化。他們反思「我們為何受辱？為何受苦？」的問題，關懷的是他們本身當前與未來的社會處境，而反思的結果多樣，對於政治、文化本土化有疏離、抗拒者，也有自我調整、接受者。

時代裂痕的試煉，世代反思的轉變

世代不是純粹生物年齡的現象，而是與特定歷史階段的政治與文化有關。人們在特殊的時空會以世代來思考，這種現象事實上統合了許多迥然不同的、似乎不相關連的事情，反映的是一種歷史關係。英國史學家Edward P. Thompson強調：「階級是人們在走過其自身的歷史時定義出來的，而最終，這也是它唯一的定義」。他對於階級的觀點，同樣適用於世代。

戰後三個時期的外省人第二代現象中的年輕世代，並不是同一批年輕知識分子。歲月推移，前一個時期的年輕世代，到了下個時期可能已成了上一代。許多外省人至今在台灣也可能已有了第三代，甚至第四代也開始呱呱墜地。然而從五〇、六〇年代之交，到七〇年代，乃至於九〇年代之後的晚近，戰後台灣的外省人「第二代」現象持續浮現。這種「第二代」現象所涉及的，與其說是實際的人口年齡層與生物傳衍的具體世代關係，毋寧說是不同時期的年輕世代者與台灣社會變遷的關係、他們對變化中的社會關係的反思，以及反思之後所發展的認同。外省人第二代現象牽涉的，不僅是客觀身分的問題，更多的是主觀認同的問題。

戰後台灣的外省人「第二代」現象持續浮現，反映流亡者後代與上一代、故鄉、異地，以及與過去、現在、未來的關係，一直缺乏相對的穩定。戰後台灣不同時期成長的外省籍年輕世代，受到不同政治、文化議題激發，面對不同社會情境，從世代角度思考自己與外在世界與社會變遷而有所主張時，即使他們可能已經是第三代之後，但都彷彿仍然是與異地、現在、未來的關係還不確定的流亡者「第二代」，反思著他們與「上一代」的故鄉與過去的關係。這些反思在不同的（三個）時期有所差異，亦即外省「第二代」做為一種意識或認同，在不同時期，其內容並不相同。

法國學者高格孚（Stéphane Corcuff）曾根據訪談調查，指出一九八八到一九九七年李登輝總統主政期間政治與文化的本土化或台灣化過程中，愈來愈多的外省人認同台灣，他們本身產生明顯的台灣化，亦即「外省人的台灣趨向性」。高格孚強調外省人經歷了視台灣為「異鄉」到視之為「家鄉」的轉變，但外省人本身沒有完全承認這種變化，而其他族群也未曾充分瞭解。外省人並非同質的群體，他們關於國族認同與兩岸關係的看法並無共識，其中尤其呈現明顯的世代差異。愈年輕的外省人，顯示更高程度的台灣認同。在理解社會變遷上，研究年輕世代顯得特別重要。徐永明與范雲也曾運用抽樣調查資料，研究一九八六到一九九六年間台灣認同的變化，指出世代會影響個人對於外在環境變遷的調適差異，年輕世代要比年老世代更能接受新的政治資訊、吸收新的政治衝突，因此進行自我調整而改變政治認同。這兩位作者發現他們所研究的這段期間，本省籍或外省籍者都一致朝「台灣人認同」的方向移動，或是離開「中國人」的單一認同。年輕世代認同變化的幅度、速度與持續性，不分省籍差異，都較其他年齡者更顯著。這兩位作者強調，「在政治變動劇烈的環境中，年輕世代因此將成為學習新認同並予以發展的最可能攜帶者」。

二〇一二年的總統大選即將來臨。外省人的「少數族群的危機感」是否真的會逐漸削減，不再有「永遠的外省第二代」？這一點，我們難以預知。人們關於我是誰，關於自己與社會、國族等外在世界關係的思考，既屬於特定歷史的，也屬於特定政治的。特定認同的建構發展與相關行動的出現，有賴特定歷史條件的機遇幅輳。人們各有其客觀的社會身分，但足以激發人們集體行動的認同發展，卻不是任何時候都存在，也不是永遠存在於任何具有相關的客觀身分的人們身上。戰後台灣三個時期的外省第二代「問題」，不是當時所有外省籍年輕世代的問題，不是他們都一致關懷的。回顧《文星》以來的半世紀，未來是否還會有引人矚目的「外省」加上「第二代」的現象出現，我們不得而知。世代認同反映人們特殊的歷史意識，以及他們對於自己社會存在的感受。時代的裂痕不斷考驗我們，逼問我們要成為怎樣的世代，創造怎樣的台灣歷史。我們無從閃躲，但終究有成敗。

（原發表於二〇一一年十一月《文訊》三一三期）

美運推手

藝術的《文星》

◎蕭瓊瑞（成功大學歷史系教授）

一九五七年，是戰後台灣美術史關鍵性的一年，在諸多美術史家的分期中，一九五七年被共同認為是「現代繪畫運動」展開的起點。這一年，做為日後推動「現代繪畫運動」最重要的前衛團體「五月畫會」與「東方畫會」，先後成立並推出首屆畫展；而也就在這一年，標舉「生活的、文學的、藝術的」《文星》雜誌，適時推出，成為美術運動最有力的推手。

一九五七年，距離一九四九年國民政府的全面退守台灣，才僅僅六年的時間，其間由於韓戰的爆發（一九五三），引發美國當局瞭解到台海形勢的重要，訂定了「中（台）美協防條約」（一九五五），中華民國這個一度被西方人稱為「瀕死的政權」，才又重新在台灣站穩了腳步，一切較積極的建設，也陸續展開。國立歷史博物館在一九五六年首先開館，而「五月」與「東方」畫會在一九五七年的相繼成立並推出首展，以及《文星》的創刊，也都是在這股「退此一步、即無死所」的思危心態下，展現的一股精神奮進的力量。

張隆延「藝術欣賞」專欄

《文星》一卷一期，發刊於一九五七年的十一月五日，發行人蕭孟能一開始就找到了書法美學家，也是當年七月甫接國立台灣藝專校長的張隆延主筆「藝術欣賞」的專欄。張隆延是一位思想開放、態度謙和的長者；他出身金陵世家，家中收藏頗豐，自幼耳濡目染，又在金陵大學求學期間，從胡小石、黃侃（季剛）等大師學習國學，對金石書畫均有造詣。後留學法國，取得法學博士學位，並在柏林大學、牛津大學、哈佛大學等名校從事研究，因此視野恢宏、謙和平易，頗受敬重。

一九五七年七月，受教育部聘派擔任國立台灣藝專（今台灣藝術大學）第二任校長，有「書法家校長」之美稱。張氏為文清淡雋永、寓意深長，

張隆延在《文星》主筆「藝術欣賞」專欄，對當時正在興起的「現代繪畫」，有一些導引的作用。

正是「生活的、文學的、藝術的」《文星》精神最佳的典範。他的「藝術欣賞」專欄，題目分別為：〈樂之在「得」〉（一：一（一）期）、〈得意而忘言〉（一：二（二）期）、〈無限清娛〉（一：三（三）期）、〈六相融圓〉（一：四（四）期）、〈溫故而知新〉（一：五（五）期）等，充分顯示他清淡超塵的道家本性，著重在生命態度的涵養。一九五八年四月之後，他開始有一些較偏重「藝術」本質的討論，如〈書道〉（一：六（六）及一：七（七）期），及〈「古典」與「摩登」〉（二：二（八）期）、〈「摹擬」與「創造」〉（二：三（九）期）、〈征服太空〉（二：四（十）期）、〈象「形」與寫「意」〉（二：五（十一）及二：六（十二）期）等文，逐漸對當時正在興起的「現代繪畫」，尤其是「抽象畫」的爭議，有一些導引、啟蒙的用心展現。俟一九五九年，隨著「新詩論戰」達於高峰，抽象畫的爭議也逐漸白熱化的時刻，張隆延結束《文星》「藝術欣賞」專欄的寫作，但仍先後以筆名「壘翁」及本名，發表了幾篇和抽象藝術欣賞有關的文章在《文星》上，包括：〈八大山人與塞尚〉（三：六（十八）期）、〈一點塵劫、一墨大千〉（四：一（十九）期）、〈「印象派」與我〉（四：二（二十）期）、〈「現代畫選」附記〉（四：三（二十一）期），以及一九五九年十月（四：六（二十四）期）的一篇重要文章〈草書與抽象畫〉等。之後，又陸續發表了〈時代、思想與藝術〉（五：四（二十八）期）及〈東方畫展與國際前衛畫〉（七：二（三十八）期）、〈五月畫展小引〉（八：一（四十三）期）等，給予當時新興的前衛繪畫團體最直接的支援。

張隆延以中國書道比擬西方抽象繪畫的創作原理或欣賞之道，或許不見得是所有推動現代繪畫的人士所完全認同的說法，但在當時戒嚴體制的氛圍籠罩下，這種將前衛思想與傳統文化搭嘎的作法，確實是一種較為有效且又安全的策略，引導了一般觀眾，甚至也影響了實際的創作者。劉國松等「現代水墨」思想的形成，隱隱中也有著張氏思維的延續；而《文星》正是當年最重要的思想平台。

引介西方新興藝術家與思潮

對西方新興藝術思潮的引介，顯然是《文星》當時主要的編輯方針之一，如當時人在西班牙的「東方畫會」成員蕭勤，除大量為同年創立的《聯合報》撰寫「歐洲通訊」，介紹歐洲新興藝術思潮外，也先後為《文星》執筆〈馬德里和巴塞隆納美術界現況〉（一：二（二）期）、〈另藝術與沙伍拉〉（二：四（十）期）、〈評介第三十屆威尼斯國際二年美展〉

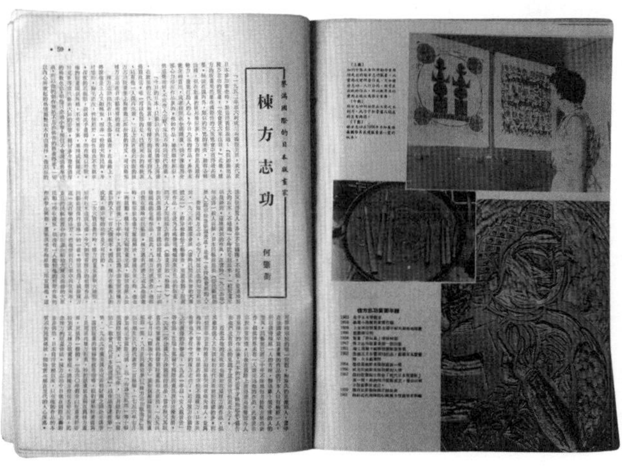

《文星》經常介紹一些海外新興藝術家的作品，例如日本木刻版畫家棟方志功。

（六：五（三十五）期）、〈評介威尼斯「藝術與靜觀」展〉（九：一（四十九）期）外，另有筆名怒弦者，撰有〈現代繪畫簡介〉（一：二（二）期），尋夢介紹〈原始文字與現代繪畫〉（六：六（三十六）、七：一（三十七）、七：二（三十八）期），王鎮庚介紹〈抽象畫〉（七：三（三十九）期），任嵐譯〈三十年來的紐約現代藝術館〉（四：三（二十一）期），陳慧〈現代、現代派，及其他〉（五：六（三十）期），雪恭譯〈寫實派與抽象派〉（七：一（三十七）期），余光中譯〈克利的早期生活〉（八：五（四十七）期）及〈畢卡索——現代藝術的魔術師〉（八：六（四十八）期），劉其偉譯〈現代繪畫之基本理論〉（九：二（五十）、九：四（五十二）、九：五（五十三）期），何肇衢介紹〈棟方志功〉（十：三（五十七）期）、〈畢費〉（十：四（五十八）期）、〈「厚塗」畫家杜布菲〉（十一：二（六十二）期），及〈現代作家簡介1：四位抽象畫家的藝術與技法〉（十一：三（六十三）期）、〈現代作家簡介2：四位怪異作家〉（十一：六（六十六）期）、〈畢卡索的私生活〉（十二：一（六十七）期）、〈世界畫家近訊〉（十三：六（七十八）期），何政廣介紹〈超現實主義與一九五〇年以後的新繪畫〉（十一：五（六十五）期），和〈英國現代雕刻家——巴特拉及其作品〉（十四：三（八十一）期），席德進介紹〈美國的普普藝術〉（十三：三（七十五）期）等。

此外，《文星》也經常以大幅圖片的方式，介紹一些海外新興藝術家的作品，如：一卷二期的〈現代繪畫四大師作品〉，介紹畢卡索、克利、馬蒂斯、達利，一卷三期的〈世界木刻傑作選〉，介紹日本木刻版畫家棟方志功等人的作品，六卷五期介紹〈美國廿世紀的繪畫一斑〉，並附張隆延的介紹小引等。

在當年美術雜誌較偏重國內傳統水墨畫家介紹的情形下，《文星》對西方當代藝術新潮的介紹，顯然對台灣新一代藝術界產生一定程度的啟蒙和影響。不過相對於現代繪畫的支持與倡導，當時的台灣畫壇無疑也是存在著一些質疑的雜音，其中尤其以一九六一年東海大學教授徐復觀所引發的「現代藝術最後的走向，就是為共產主義開路」的論述，引發巨大衝擊。

徐復觀原本也是《文星》的作者之一，他曾在一九五八年二卷三期的《文星》上，發表〈傳統的文學思想中詩的個性與社會性問題〉。不過，在徐氏引發的「現代畫論戰」中，《文星》顯然選擇站在支持現代繪畫的一方，在徐氏發表一連串將「現代藝術」和「共黨理論」劃上等號的論述之後，劉國松在一九六一年十月號的《文星》（八：六（四十八）期）發表〈現代藝術與匪俄的文藝理論〉一文，對徐氏的說法，加以辯駁；同期，另有居浩然〈徐復觀的故事〉，對徐氏加以撻伐。徐、劉之間論點的異同、對錯，姑且不論，劉氏的答辯刊載在《文星》上，代表《文星》的立場，也確立了劉氏日後成為「現代繪畫代言人」的地位。

事實上，《文星》對某些爭議性問題的不逃避，也正是《文星》在當時及日後能夠

《文星》創刊以來，對台灣現代繪畫運動的支持不遺餘力，第56期刊出「五月畫會」作品多幅。

余光中是「五月畫會」最有力的支持者，1960年代初與「五月畫會」畫家合影，左起余光中、范我存、胡奇中、莊喆、陳庭詩、馮鍾睿（右四）。（余光中提供）

在台灣文化史上占有一席之地的關鍵所在。引發社會巨大回響的李敖〈老年人和棒子〉一文，就發表在劉文發表後的一個月（九：一（四十九）期）。劉國松之敢於向威權挑戰，批判徐氏的觀點已非首例。一九六〇年代，他就有批評全省美展的一系列文章發表，一九六一年亦有〈繪畫的狹谷——從十五屆全省美展國畫部談起〉發表在《文星》（七：三（三十九）期）上；之後又有〈虹西方可以休矣〉（十：三（五十七）期）、〈過去、現在、傳統〉（十：五（五十九）期），一九六三年三月，再有〈看偽傳統派的傳統知識〉（十一：五（六十五）期）及〈無畫處皆成妙境——寫在五月畫展前夕〉（十二：二（六十八）期）、〈從龐圖藝展談中西繪畫之不同——兼評「龐圖」國際藝術運動展〉（十二：四（七十）期）、〈談筆墨〉（十五：六（九十）期）等；劉國松在《文星》發表的文章，雖不是很多，但他的文章，最後都由《文星》加以結集出版，一九六五年出版《中國現代畫的路》、一九六六年出版《臨摹．寫生．創造》，由此可見《文星》對「現代繪畫運動」支持的態度與行動。

為台灣現代繪畫運動出聲

《文星》對現代繪畫運動的支持，也清楚展現在對國內新興前衛團體或藝術家的強力推介；除前述張隆延之外，更重要的人士是余光中。做為詩人、文學學者的余光中，除了是這段期間，台灣新詩論戰最重要的發言人之一，也是現代繪畫，尤其「五月畫會」最有力的支持者。

一九六二年，台灣現代繪畫運動進入高峰期，余光中先後發表了幾篇重要的藝評，都是刊載在《文星》上，包括：〈樸素的五月——「現代繪畫赴美展覽預展」觀後〉（十：三（五十六）期，同時附刊以「五月畫展作品選輯」為題的五月畫會作品多幅），〈迎中國的文藝復興〉（十：四（五十八）期），甚至為「第七屆五月畫展作品」配詩多首（十二：二（六十八）期）。

而同為「五月」重要成員的莊喆，也是《文星》的寫手，他先後在《文星》發表的文章，有：〈聖保羅國際美展的評選工作〉（七：六（四十二）期）、〈由兩封信說起〉（十：一（五十五）期）、〈談現代畫的傳統問題〉、〈一個現代人看國畫傳統〉（十一：二（六十二）期）、〈替「中國現代畫」釋疑〉（十一：三（六十三）期）、〈從現代畫的多元性談幾個問題〉（十五：三（八十七）期）、〈從視覺出發看現實的再生〉（十五：四（八十八）期）、〈自我的發現與再認——談談我的繪畫思想〉（十六：一（九十一）期）等；後來，莊喆的文章也由《文星》結集，以《現代繪畫論》（一九六六）為名出版。

至於也是六〇年代台灣現代繪畫運動重要旗手之一的黃朝湖，早在一九六二年十一月，就有〈中國前衛畫壇的回顧與展望〉一文，刊於《文星》（十一：一（六十一）期）；之後陸續又有〈抽象畫是葡萄胎嗎？——謹向東洋畫家盧雲生先生請教〉（十一：

六（六十六）期）、〈龐圖國際藝術運動簡介〉（十二：四（七十）期）等文。最後，他的文集《為中國現代畫壇辯護》，也是由《文星》為其出版（一九六五）。

自一九五七年年底創刊以來，《文星》為台灣現代繪畫運動出聲、支持，幾乎不遺餘力，先後在此平台上為文的，尚有霍學剛（霍剛）介紹〈中國前繪畫先驅——李仲生〉（八：三（四十五）期）及〈介紹我國旅外青年現代畫家丁雄泉及其近作〉（七：五（四十一）期），燧人之〈「抽象畫聯展」觀後〉（七：六（六十二）期），方匀介紹〈整元性成長中的宇宙——韓湘寧及其繪畫〉（八：四（四十六）期），馮鐘睿〈化口號為行動——23屆美術節有感〉（十三：六（七十八）期）等，藝評家顧獻樑也曾發表〈種瓜得瓜、種豆得豆——論我們有沒有文藝批評〉（七：二（三十八）期）等文。

總之，一九五〇年代末期到一九六〇年代中期，是台灣剛剛脫離戰敗退守的陰影，人心亟思有所作為，但大環境還是籠罩在戒嚴體制下的一段時期。《文星》雜誌適時地為這個時期的藝文人士，開闢了一個窗口，許多的思潮、想法、作為，在這裡交會撞擊，產生了影響，也留下了紀錄。一九六五年十二月，《文星》在發刊九十八期後，宣布停刊；其真正的原因，還待釐清。但歷史的腳步，重重踏過，已然留下深刻的足跡，特別是在「藝術的」問題上。

（原發表於二〇一一年十一月《文訊》三一三期）

音樂的文星．文星的音樂

◎顏綠芬（台北藝術大學音樂系專任教授）

重讀半世紀前在《文星》雜誌上刊登的音樂文章，彷彿穿過時光隧道，回到那個似乎遙遠，卻又不是那麼遙遠的年代。《文星》創刊時（一九五七年十一月），我還在牙牙學語；它發光發熱的八年間，我還在懵懵懂懂的學習；當我成長到可以閱讀文藝雜誌時，《文星》早已被勒令停刊。一九八六～一九八八年《文星》的復刊、停刊，我正在柏林埋首博士論文。知道《文星》，是我留學德國十二年後回到台灣，開始閱讀故鄉之後。常常好奇著：怎麼早期許多精采論述，這篇也登在《文星》雜誌、那篇也登在《文星》雜誌。

音樂文章言人所不敢言

在《文星》雜誌的眾多文藝論述中，音樂文章並不算多，倒是當年的作者對我們後輩而言，都是鏗鏘響亮、擲地有聲的名家。翻閱著泛黃的書頁，印入眼簾的音樂作家，在我的腦海裡，都是赫赫有名的師長輩，如今卻都已經作古：國內的史惟亮（留歐音樂家、台師大教授）、劉德義（留德作曲家、台師大教授）、許常惠（留法作曲家、台師大教授）、侯俊慶（緬甸僑生，師大音樂系畢業）等都是充滿理想的音樂家，終其一生在創作、研究、教育上都卓然有成；文藝愛好者顧獻樑、吳心柳（張繼高）等則是資深音樂作家、樂評家；另有海外著名的華人音樂家李抱忱（華裔留美音樂家）、周文中（華裔留美作曲家）、黃友棣（香港音樂教育家，晚年定居高雄）等，他們的作品深受台灣音樂界喜愛，他們的音樂思想也影響著音樂學子。這些作者當年投稿時，大都正值青壯年，文筆犀利、言人所不敢言，即使今日讀來，仍令人回味無窮。

這些音樂文章有譯介西方重要音樂人物，例如世界大提琴泰斗卡沙斯（吳心柳：〈以音樂伸張人權的大提琴家卡沙斯〉，十四期）、在歐美樂壇日正當中的指揮家卡拉揚（Herber von Karajan）（吳心柳：〈音樂指揮的新霸王卡拉揚〉，八十二期）、諾貝爾文學獎得主也是貝多芬專家的羅曼羅蘭（吳心柳：〈羅曼羅蘭與音樂評論〉，九十五期）；有二十世紀重要作曲家的介紹，例如陳振惶的〈巴爾托克及其作品〉（三十五期）、〈興德密特及其作品〉（三十六期）等。

更多的是討論中國音樂創作的嚴肅論述，例如張真光的〈現代我國作曲家應走的路〉（三十四期）、許常惠的〈走上現代中國音樂的大路〉（三十九期）、周文中的〈論東西音樂合流和世界音樂前瞻〉（四十期）、劉德義的〈談現代中國音樂的建立〉（五十九期〉、黃柏榕的〈中國音樂往那裡走？〉（六十期）、劉德義的〈在發揚民族音樂的浪潮中略論黃自〉（八十期）等，從這些論述中，可以窺見當年的音樂民族主義的論點：標榜要作「中國作曲家」、主張我們需要代表民族的現代音樂創作、主張作品需具民族風格、主張應從傳統音樂擷取元素等等。雖然從一九八〇年代之後，文藝界強烈的民族主義觀點已漸漸式微，一九七〇年代的風潮卻是銳不可擋，從《文星》的幾篇文章，可以窺見之前的風起雲湧之一二。

針對音樂會、音樂比賽等的評論雖然不多，倒都是難得一見的精闢文章，例如針對「製樂小集」第一次發表會，顧獻樑有兩篇值得一讀再讀的評論：〈論製樂小集〉，四十二期；〈再論製樂小集〉，四十三期。其中第一篇語重心長的感嘆如下：

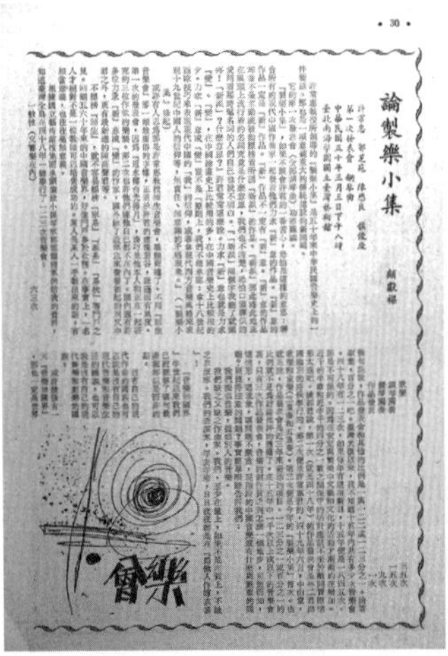
論製樂小集

顧獻樑

再論製樂小集

顧獻樑

針對「製樂小集」第一次發表會，顧獻樑在《文星》發表了兩篇語重心長的評論。

我們唱音樂，提倡別人的音樂。我們缺乏又缺乏作曲家。我們，至少在量上，如果不是在質上，不缺乏表演家。我們的表演家，年去年來，日日夜夜都是在「為他人作嫁衣裳」！「音樂無國界」，半世紀以來我們已經聽夠了這句最瀟灑卻似是而非的話。沒有自己的現代作曲的國族也可以說是沒有自己的現代音樂和音樂生活的國族，也可以說是沒有自己的現代樂舞和劇樂的國族。……「製樂小集」是第一次集體的，多麼教人興奮！那不是一次平平常常，可有可無的音樂會。希望從此扭轉「為他人作嫁衣裳」的趨勢！

——摘自〈論製樂小集〉，《文星》四十二期

這樣的感嘆，在五十年後的今天，音樂界的情況雖有改變，卻仍有很大改進的空間。評論文章不限西洋音樂或作品發表會，當年正值黃梅調電影風靡全台，尤其是「梁祝」，各報紙讚美之詞幾乎是一面倒，《文星》一系列的討論則令人耳目一新，有許常惠的〈從梁祝片談電影音樂〉、莊靈的〈由電影藝術的獨立性看『梁祝』〉、吳心柳的〈從梁祝看香港的國語片〉、姚一葦的〈從看電影談到電影的欣賞〉等，這些文章從電影娛樂談到電影藝術，也談到宣傳策略等等，如今讀來仍是精采異常。

出版銷售空間不大的音樂書籍

早年《文星》雜誌能發行至八年，實在不容易，與其存在的同時或前後，台灣的音樂期刊幾乎都是極其短命的：有的不到一年，像《樂學》（一九四七年三月～一九四七年十月）才撐了四期，《音樂學報》（一九六七年一月～一九六七年十二月）剛好一年；有的勉強撐過一年，像《音樂月刊》（一九五一年十二月～一九五二年十二月）發行了十三期。公家支持的《新選歌謠》月刊雖長達九十九期（一九五二年～一九六〇年），內容主要是徵選歌曲，不在論述文章。《功學月刊》（一九五九年～一九六九年）是龐大企業的機關刊物，則不在話下。

《文星》還不定期發行叢刊，即使銷售空間（比起文學類和美術類）不大的音樂書籍，仍照樣出版。其中至少有七本，分別是：

王沛綸的《音樂辭典》（一九六三年初版）

吳心柳校訂的《貝多芬研究》、《柴可夫斯基書簡集》

許常惠的《巴黎樂誌》、《中國音樂往哪裡去？》（一九六四年十月初版）

李抱忱的《李抱忱音樂論文集》、《李抱忱回國講學紀念集》

所發行的冊數雖不多，卻有著深厚的影響力。例如王沛綸編著的《音樂辭典》是大部頭的辭書，共八十多萬字、六百多頁，不知陪著多少音樂師生、愛樂者，度過那段東缺西缺、求知若渴的學習年代。我一九七五年買的辭典是樂友出版社發行的，長久以來，一直不知道最初是文星叢刊之一。許常惠的兩本早期文集，再版了很多次，常被音樂界引用，來源多半是百科文化出版社，很少人知道初版是文星出的。音樂書籍的出版，除了從前非受版權保護時代的翻印樂譜有利可圖以外，在台灣一直非常困窘，目前仍是如此，何況半世紀前。文星的勇氣與理想的實踐令人懷念。再回頭提到許常惠的兩本著作，當時他剛從法國回來不久，雖然名氣響亮，到底還是三十多歲的青年講師，那是他那幾年文章的彙編，有音樂會雜感、樂理探討、作品發表會的序、音樂家描寫、音樂史家羅曼羅蘭的研究等。以現在編輯的角度來看，可說是主題凌亂。難能可貴的是，這些文章不盡然都在《文星》發表，甚至大部分是在其他報章雜誌刊登的，文星叢刊很

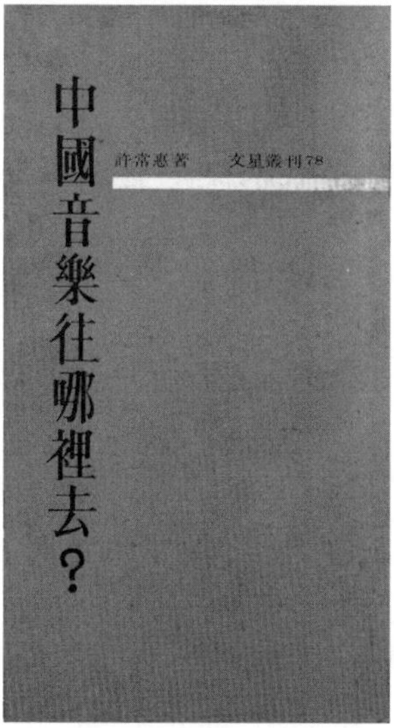

音樂書籍的出版在台灣向來困窘，「文星叢刊」卻早在1964年即出版許常惠《中國音樂往哪裡去？》。

有寬宏肚量的將許常惠的東一篇、西一篇的文稿收錄成書，在文星叢刊裡發行。

順便一提的是，許常惠的迷人文采至今仍為人津津樂道，可是我們並不知道，他青少年時期歷經多種語言環境，他出色的漢文文章是透過多少痛苦過程、多少辛勤耕耘才得到的，這裡有段話：

台灣話的童年，日本話的少年，國語然後是法語的青年，試想在這樣流浪的環境與混亂的文化裡長大的人是怎樣的不幸！台灣話、日本話、國語、法文，我都會聽，說，寫，甚至用它來思考，但久而久之，我發現這不但是不值得驕傲，對於從事寫作的人簡直是悲哀的事情。因為能巧妙的用多種語言的人，往往是沒有一種自己的語言。我便是這種悲哀的台灣人。

——摘自〈「中國音樂往那裡去」後記〉，《文星》八十四期

第一次讀到這些字句，我也感受到無比傷感，再細數雜誌中經常發表文章的，的確以外省籍為主。當年受日本教育的台灣人，即使文筆再好，戰後要轉化為流暢的漢語文，的確是一件相當困難的挑戰。

《文星》的文章，比較美中不足的是，有些譯著中參雜太多原文，基本上，人名、地名、曲名在譯文後能加註原文是最好的，沒有翻譯直接橫寫原文，穿插在直寫的文章中

較不妥，更何況有的是德文、捷克文等，例如Zürich是蘇黎士，文章中無譯名；「Hin und Zurück」是「來回」的意思，竟音譯為「朱律克與殷」；有多篇文章中，所附的原文名稱亦常有錯誤，例如當代作曲家巴爾托克被介紹多次，其原文Béla Bartók，有的文章拼對，有的拼成Béea Bartók，其他類似的，或許只是排版和校對問題。

即使有些許缺點，《文星》仍瑕不掩瑜，在那個威權時代，即使音樂是藝術，文章甚少涉及敏感話題，樂譜更只是音樂的文本，書譜的進口、取得仍舊非常困難，雜誌社動輒得咎，人民的求知慾受到極大的限制。普遍上，大家都戰戰兢兢，盡量少發言論。比起文學、美術等領域，音樂領域的文稿在《文星》雜誌整體上來看，算是少量的，但是過了半世紀，我們仍感受到《文星》的深遠影響力，它並沒有隨著當年因政治壓迫的停刊，或後來因著社會局勢的式微，而隨風飄逝。

（原發表於二〇一一年十一月《文訊》三一三期）

文星對我栽培

◎劉國松（畫家）

一個月前，收到《文訊》企畫主編邱怡瑄的一封信，信中說他們希望在十一月號的《文訊》雜誌上製作「文星」的回顧專題，問我是否能談談「文星」對我以及當時台灣藝術、文化界的意義與影響。說實在話，我是隨著「文星」成長的。

推動水墨畫現代化運動

最初，我在師大美術系讀書時，有兩個地方我常常去看書，一個是美新處圖書館，一個就是文星書店，因為這兩個地方都有外國出版的美術圖書可看。那時很窮，買不起西方進口的大書，只能買些日本出版的薄的西洋二十世紀大師們的畫冊當作範本來學習。再由美新處的新書與雜誌上，得到許多西洋藝壇的訊息與報導。那時反觀台灣藝壇死氣沉沉，不是明清風格的文人畫，就是一個世紀之前歐洲的印象派畫風。全省美展又被保守的老畫伯們把持，我們一點新風格的作品，全都落選。於是我開始投稿《聯合報・新藝版》加以討論，掀起了新藝術運動。《筆滙》雜誌隨後加入鼓吹，在保守勢力反擊不成給我們戴「紅帽子」時，《文星》雜誌卻對我們大力支持，於是這場轟轟烈烈的新藝術運動得到成功，水墨畫的現代化運動也得以完成了其時代使命。「文星」的加入，是成功的最大因素。

一九六五年，在我於台灣藝術館舉辦生平第一次個人畫展之前，文星書店出版了我第一本文集《中國現代畫的路》，隔年又出版了第二本文集《臨摹・寫生・創造》。這也是我自一九六一年初開始，倡導「中國畫的現代化」運動之後所寫的一連串的文字。《文星》被迫停刊後，版權賣給了《文學雜誌》再版，後被香港和新加坡盜版。因此，這兩本集子對台灣與東南亞現代水墨的發展，起了一定的推動作用。

寫到這裡，我突然想起了文星時代一件插曲。那時老闆蕭孟能先生常常請我們吃飯，有一次吃完之後，大家說到李敖家去坐坐。而一進門就嚇我一跳，簡直像進了一間圖書館的庫房，擺滿了書架，書架上又放滿了書，真是讓人羡慕又佩服。在我們參觀他的藏書時，他突然拉我到一個角落，從書架中抽出一本卷宗，打開一看又把我嚇一跳，其中全是我的資料，他收集的比我自己收集的還多更全。在這種情形之下，你能不佩服他對歷史的全心投入嗎？

一九六六年，我獲得美國洛克斐勒三世基金會（現改名為亞洲文化協會）兩年的環

《文星》復刊後由劉國松執筆，系列介紹大陸畫壇中青年畫家，圖為第112期以吳冠中做封面人物。

1962年「五月畫會」在國立歷史博物館展出時，劉國松攝於其作品前。
（劉國松提供）

球旅行獎金，周遊歐美亞各國回來之後，文星畫廊於一九七〇年又為我舉辦一次個人畫展，那時我已進入了太空系列的畫風，畫廊特別為我隔出一間黑房，裝上黑燈管（Black tube），把我用螢光色畫的太空畫，在黑暗中照得閃閃發光，效果非常美好，觀眾看了都嘖嘖稱奇，這也證明了「文星」對創新的支持而不惜工本。

這樣說來，我是文星書店的讀者、《文星》雜誌特約撰稿人、文星出版社的作者、文星畫廊的畫家，我與「文星」交往之深，由此可見一般。「文星」對我的栽培也不遺餘力。

介紹中國大陸創新畫家

《文星》雜誌復刊後，我們還有一段因緣。那時我在香港中文大學教書，除了職業上的工作外，在事業方面專心現代水墨的創作。一天蕭孟能先生由台灣打電話給我，說《文星》復刊了，要我歸隊，我告訴他：我現在一心一意放在繪畫的創作上，很少再寫文章了。他卻不以為然，一再勸說，我始終沒有鬆口。再過了一段時間之後，他又打電話來，說《文星》想介紹一位大陸的畫家作封面人物，要我負責執筆與規畫，這次沒加任何考慮地就一口答應了，下面就是那時的對話：

問：你建議介紹哪位畫家？

答：吳冠中！

問：吳冠中是誰？我們沒有聽說過！

答：他是一位現代畫家，從事現代水墨畫創作的代表性人物！

問：你可不可考慮一下介紹李可染大師？

答：李可染先生我不太熟，如果你要介紹的話，我可以為你介紹對他有研究的人來作這件事。

經過一番爭執之後，他終於答應我了。我之所以毫不考慮地就答應下來，因為我把中國畫現代化，建立起屬於我們這個時代的新傳統，視作我終身的職責，當一九八三年我應邀在中國美術館舉辦個展，同時在中央美院演講時，講後吳冠中就上前與我握手並說：「我們有共同的語言！」從此變成忘年之交的好朋友。他在大陸改革開放不久就提出了「繪畫的形式美」來對抗「藝術應為政治服務」的主張，他的有膽有識已讓我折服，看了他那些「無筆」的水墨畫，更是情意相契合，成為中國畫現代化鼓吹與推廣的同志。《文星》把他作封面人物來介紹，也是他這一生第一次被大陸以外的報刊所介紹。

蕭孟能為了要我歸隊，答應我在介紹吳冠中之後，再繼續介紹其他大陸有創意的畫家，並向我保證，介紹十二位畫家之後，將出版一本單行本的書，他並在編輯室報告中如此寫道：

> 近幾十年來，大陸畫壇新人輩出，這群新一代的中青年畫家，不但技巧圓熟，畫風也

各獨樹一格，他們將來都可能成為中國畫壇的代表人物，但是在中共的壓制環境下，海內外對他們卻相當陌生，瞭解甚少。

從這一期開始，在香港中文大學任教的劉國松教授，將為讀者撰寫「大陸創新畫家」的系列報導，將大陸新一代畫家的創作背景、歷程，以及他們在繪畫方面傑出表現，作詳盡的介紹，並寄望他們能夠更上層樓，為中國畫壇閃耀熠熠光芒。

就這樣我每期寫上萬字的介紹文字和十張左右的圖片，可惜的是才只介紹了八位中青年畫家（其中包括周韶華、谷文達、石虎、于志學等）之後，《文星》又因為財政的關係再度停刊了，當然單行本的出版也不了了之，後來我在美國加州見到蕭孟能時，他還為此而遺憾地向我道歉呢！

（原發表於二〇一一年十一月《文訊》三一三期）

文星和我的一段往事

◎何肇衢（畫家）

去年三月到今年三月，台灣創價學會為我舉行四檔一年期的油畫展，在新竹、秀水、安南及台北錦州會館展出。在新竹會館的展場，除了我的五十幅油畫掛在牆上之外，有一大重要空間展示——何肇衢和「文星」的特別展區。這想不到的意外真使我吃了一驚。

原來主辦單位的布置人是台北市美術館的館員，他是創價學會的志工。所有的展畫都由這位志工吳世全負責。他怎麼有這些資料布展出如此動人的「文星」畫面？後來打聽一下才知道，他在年輕讀書時經常看《文星》雜誌，尤其是後期的現代畫畫頁，他都有收集保留。利用我的油畫展時，臨機一動，規畫出「不按牌理出牌」（《文星》代發刊詞）的展區。

我和《文星》的因緣起源於蕭孟能先生（文星書店的負責人）和我有老師／家長關係，他早年住在安東街的瑠公圳的一棟日式宿舍的大房屋，他父親是當年有名的中央社初代社長蕭同茲先生。因此蕭孟能和新聞界、文化界的人事關係特別良好，所以其子女也能送進我服務的北師附小。我是附小的美術老師，二樓有一大間我專用的美術教室，蕭孟能後來也把小孩（蕭廣仁）送到我的教室特別學畫。我懂日文，喜歡看藝術類的書籍，後來也常請文星書店購買藝術書籍，我初期所看的日文藝術書籍由蕭孟能代購，他也藉接小孩之便，常留在我的美術教室聊天。這些往事是在五〇年代初期。

後來他和我討論說想辦雜誌，我因經常看不少國外的藝術雜誌，建議他辦文學雜誌最好要有藝術類的報導，增添雜誌內涵。一九五七年十一月五日，第一期《文星》雜誌出刊了，打著「生活的、文學的、藝術的」宗旨和讀者見面，每期介紹一位人物，並以人物相片作封面，第一期是海明威。當年張隆延先生住在我學校對面，他的小孩張政也送到我學校，我們又是家長和老師的關係，「藝術欣賞」專欄由他執筆，從第一期就有「文星畫頁」。

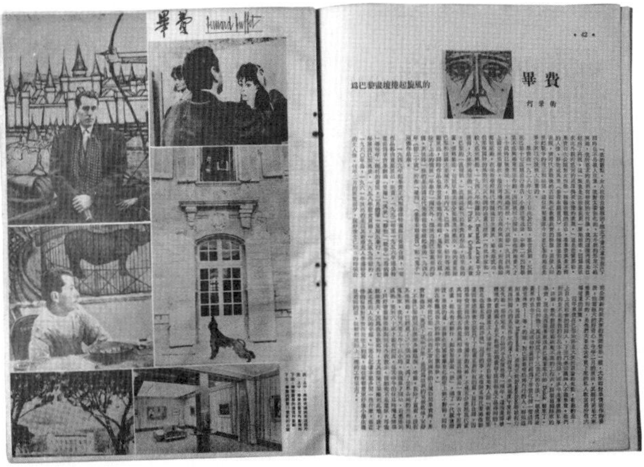
畢費 Bernard Buffet

為巴黎畫壇捲起旋風的

畢費

何肇衢

何肇衢在《文星》第58期撰文〈為巴黎畫壇捲起旋風的畢費〉，介紹畢費的特殊畫風，這是國內最早介紹畢費作品的。

《文星》雖然評價高，在當時被譽為時代的好刊物，但廣告少，經濟困難，多由書店補貼，總之如代發刊詞所言，祇要一息尚存，就免不得「知其不可為而為之」了。《文星》有名了，當時所出版之「文星叢刊」暢銷無比。雜誌真有起色是從李敖和胡秋原打筆戰開始，李敖的文章從第四十九期開始到第六十期就有十三篇，每期精采，可讀性高，成標竿人物。

我在一九六一年底《文星》第五十七期起曾設計幾期現代畫的報導在「文星畫頁」上，從〈棟方志功——譽滿國際的日本版畫家〉開始，第五十八期〈為巴黎畫壇捲起旋風的畢費〉，用圖文並茂、整版畫頁的方式介紹畢費的特殊畫風，這是國內最早介紹畢費作品的。接著，如桑・佛蘭西斯的抽象畫，義大利克立巴的新鮮雕塑，日本齊藤義重的抽象畫等，都獲得畫壇的好評。

《文星》封面每期刊登一個人物，有時相片不清楚，則以畫像代之。第六十七、六十八期我用素描作品代替相片刊登，效果良好，後來有不少期就用畫像代之，龍思良也畫過不少次。封面人物刊登過的畫家有畢卡索、夏卡爾等，音樂家有卡沙斯和卡拉斯兩位。

一九六六年初蕭孟能看上畫壇蓬勃發展，想經營一間畫廊，和我談過幾次，從來在西門町萬國戲院一巷內看上二樓的空間，開張「文星畫廊」，首展以現代畫展每人兩幅作品聯展的方式開始。當時中山北路有凌雲、聚寶盆、藝術家畫廊等，都以外國人或美軍顧問團為對象，「文星畫廊」打出國人會來欣賞畫、買畫的主義，以期提升藝術風氣。

《文星》雜誌雖是生活的、文學的、藝術的，但後來有「政治的」文章出現，在當時的戒嚴時期，成了當局眼中釘！不多久，《文星》雜誌、書店、畫廊都一一關門大吉，這是大家認為非常可惜的。

《文星》停刊後，我很少和蕭孟能聯繫，一九八六年初他又來美術教室看我，他也知道舍弟何政廣辦的《藝術家》雜誌是厚厚一本彩色、圖文並茂的雜誌，《藝術家》能茁壯主要是靠畫廊的廣告，畫壇活絡景氣好，畫廊的廣告多，是雜誌能生存的因素。

蕭孟能說他很想復刊《文星》，問我有何意見，我不敢直接說什麼，但我心裡則感到，成功的希望渺茫，社會在變，時代也不一樣了，不能再回想當年的《文星》！

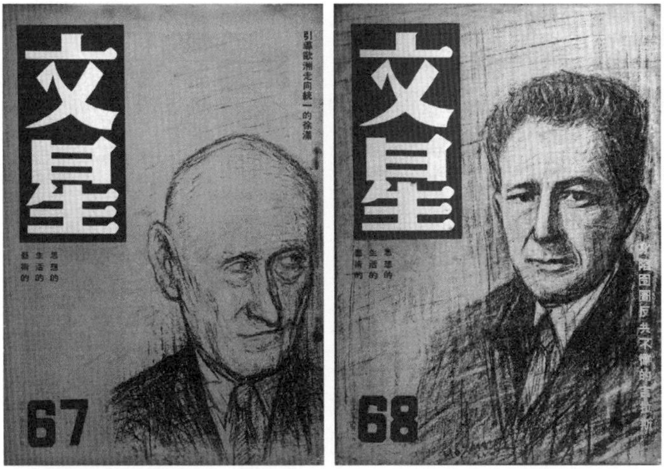

《文星》第67、68期封面，何肇衢以其素描作品代替相片刊登，效果良好，後來有不少期就用畫像代之。

一九八六年九月一日，第九十九期《文星》復刊號出刊了，厚厚的一六五頁，其中第十五至十八頁刊出《文星》創刊號到第九十九期的人物封面，使人非常懷念，可看出復刊後的用心編輯，前面有陶百川、吳心柳、楊國樞、張忠棟、孫越、陳怡安、龍應台的鼓勵與鞭策，梁實秋的復刊喝采，許倬雲的復刊祝辭，內容藝術性的報導不少，有柯錫杰的新疆之旅，林惺嶽的藝壇璞玉，何懷碩的近代畫家論序，散文有余光中非常精采的〈風吹西班牙〉。

平心而論復刊號這一期非常精采，第九十九期後每一期我都看，好文章不少，照理說，前途看好，但廣告太少、開支大，人事費、房租又高，復刊兩年又得停了。正如復刊號的封面背影，「驀然回首」，看不到人物的臉孔，只是蕭孟能的黑暗背景，看不到《文星》的永續經營，至為可惜！

（原發表於二〇一一年十一月《文訊》三一三期）

談談我小時候所聽所聞的文星

◎陳衛平（天衛、小魯文化公司發行人）

先父陳立峰君，字小魯，故常以「小魯」、「胡魯」為撰稿的筆名。記得幼時懵懂好奇，不明白「魯」為何意，便問父親，父親就告訴我說，立峰是站在山頂的意思，因《孟子．盡心篇》有云：「孔子登東山而小魯，登泰山而小天下」，他自己年少輕狂便以「小天」為號。爾後閱歷漸增，不免覺得狂妄而汗顏，所以退而以「小魯」自勉。況且孔子以「魯」興志，魯國雖小，卻可為天下文化首。

我雖愚鈍，不明究理，但父子之間簡短的對話，仍讓我印象深刻。

父親擔任《文星》主編

父親熱愛工作，早起探黑，筆耕不輟，每日上午，常見三、四位報社、電台、期刊或印刷廠取稿人員坐等家中，無論是社論、專欄、評述等文稿，只見他洋洋灑灑，一揮而就。最多至十一點左右，都能一一完成，陸續交件。不喜作文的我，看在眼裡總不免納悶不解。父親的忙碌，讓家人無法常常與他有談話的機會。母親知道孩子的期待，便常對我和姊姊說，你們的爸爸是屬於國家天下的，別去煩他。語氣中有些許無奈、嘲諷，但多的是傲然與自立。

父親曾任職過數家報社，亦曾兼辦過多種雜誌刊物，其中印象最深的就屬《文星》雜誌了。記得小學期間，自蕭孟能先生（《文星》投資者）初次來家裡談話後，便不時來討論創刊事宜，每至深夜凌晨一、二時欲罷不能。後來從母親口中知道，父親是與夏承楹（何凡）、林海音夫婦應蕭先生之力邀，籌辦此刊物。夏先生與父親為當年北平《華北日報》同事，交誼甚篤。而蕭先生的尊翁蕭同茲先生本與父親為新聞界舊識，故孟能先生緣此而結交。

從那時起，家中更是文化界諸先輩經年累月出入之所，老中青三代常共聚一堂，高談闊論，縱橫古今；月旦人物，臧否時事。彼時讀小學的我，儘管得天獨厚，家中坐擁數十種報章雜誌，每日貪婪瀏覽無法自拔，但對長輩們的對話內容，常常無以串接，而只是片段、零星的半知半解。所幸經由奉茶倒水、隔牆側耳傾聽這樣精采的話語，畢竟彌補了些平日無暇於父子交流的疏離。

印象所及，《文星》自創刊開始，由於文星書店辦公空間及往返耗時等諸多不便，因而所有的編務全都在父親的大書桌上進行著，夏伯伯與伯母則經常至家中討論出刊事宜，我和姊姊最喜歡聽的就是他們兩位那口京片子的腔調，抑揚頓挫，明朗暢快。可惜的是，這情景維持了一段時間後，他們便逐漸淡出此刊物。爾後數年至父親辭去主編之職為止，一直都由其獨自承擔所有編務，除策畫選題、封面人物會與各專業領域的朋友諮商外，其餘約稿、照片、版面、印務、校對，甚至推廣等工作全部一手包辦。耳濡目染下，這對我長大後經營出版編務，確有一定的影響。其中至今最感自嘆弗如的就是他的筆勤與耐煩，海內外大量投稿者幾乎無日無之，父親皆盡可能地回函建議、討論、感謝或鼓舞後進，哪怕片紙隻字的便條式回應也不願漏掉。遙想當年，我在覬覦蒐集各方來函郵件上五

陳立峰擔任《文星》主編期間，各項編務幾乎一手包辦。（陳衛平提供）

何凡與林海音應蕭孟能之邀籌辦《文星》，當時經常至陳家討論出刊事宜。（文訊文藝資料中心）

花八門的郵票之餘，多少也領悟到一些人情世故吧！

以大德敦化為念，莫以小德川流為喜

有關《文星》這些編務林林總總，在父親過世時的《文星》第六十五期何凡先生寫的紀念文裡亦有提及。夏先生與海音女士是君子人也，他們的恩怨分明與不掠美，一直是我心目中尊敬與想念的前輩。在我冷眼旁觀了近五十年的歲月裡，台灣在經歷政治、經濟、社會、文化各方面的巨大變遷下，如果《文星》有過一定的影響力，那也難怪總會有人以它和自身的關聯為榮，有時刻意的提及或刻意的不提及只會令人啞然。

其實社會的進步必定是眾人努力的結果；一份有力量的刊物，也是眾志成城的產物，尤其是默默付出，不為名利的中堅分子。那些在我家客廳中經常出現的知識分子們，如成舍我、葉明勳、毛子水、鄭學稼、胡秋原、方豪、馮志翔、殷海光、林金開、張繼高、胡汝森、徐復觀、居浩然、王洪鈞、夏曉華、李靈君、張隆延、朱介凡、黃華成等諸叔伯先輩，以及像李敖、陳鼓應、鮑奕明、陳麗生等較為年輕一代的俊彥，彼等或力陳己見，或沉吟思索，或面紅耳赤，在政治、輿論的低氣壓下，每欲破繭而出，亟思改變。當年作為少數能夠探討國家社會文化何去何從的討論平台，《文星》很快成為耀眼的明星；同時也成了權力當局眼中的焦點。猶記不下二、三回於晚餐的餐桌上，父親曾臉色凝重的對母親說：得罪當局是必然的，只是盡可能地取得釋放與平衡。如果有一天我出門未再返家，妳就帶孩子自求生路吧！當然，我們不會革誰的命，所需要做的只是耕耘與等待公民的成熟；因為一切情緒性、過分觸怒當道的言論，只會中斷這樣的努力成果。

對於雷震先生與《自由中國》的遭遇，他一直認為知識分子應該得找出另一條改變社會的道路，因此《文星》在創刊時的封面及發刊詞中即表明了它的定位：是生活的、文學的、藝術的，爾後則調整為思想的、生活的、藝術的。意即不必直接衝撞政治的敏感神經，應該自下往上，以更為開闊、相對迂緩而有力度的姿態，浸潤灌溉這個一向由上而下、飽受壓抑、閉鎖、焦躁的社會。一旦具素養的文化識見匯為洪流，政局自然改觀。父親因此對待那些才華洋溢、不滿現狀的青年俊彥特別心疼與呵護，亦曾多次提及國家未來的精英，切莫斷送在齷齪的政客之手，吾輩當以大德敦化為念，莫以小德川流為喜。否則此一難得建構的媒體，極易遭到停刊。一本雜誌的存續原非什麼大事，不過在台灣當時的文化、政治悶局下，這株奮力崛起的幼苗，是需要相忍為謀，躁進反易斷送或遲滯應有的發展。

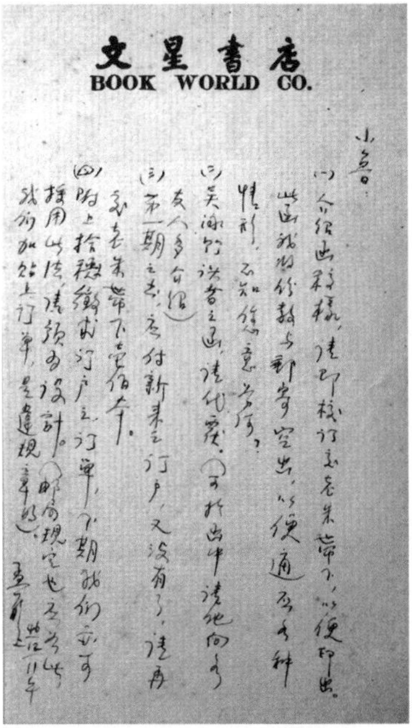
文星書店
BOOK WORLD CO.

小魯：

[illegible]

蕭孟能寫給陳立峰的信。（陳衛平提供）

但即便如此，仍有心切者不以

為然，認為邊緣策略猶嫌不足，時以鼓動風潮、立轉乾坤為尚。在那個商業、廣告沒有發展的年代，唯賴銷售量的市場算計或許也在其中，畢竟苦撐之局對理想主義的堅持與不變質，永遠是嚴峻的考驗。記憶所及，海音伯母便曾在客廳中，力勸父親不要再繼續擔綱，否則吃力之餘，絕對裡外皆討不了好。

言猶在耳，「中西文化論戰」方酣，原本為文化前景論證的美意，逐漸夾雜太多意氣言語。其中在父親過世前頗為鬱悶、遺憾的一件事還是發生了，那就是與胡秋原先生的對簿公堂。《文星》社長（蕭孟能）、主編（父親）、作者（李敖）同為胡先生的被告；胡原為父親老友，李則為父親向來惜才的青年，即便出言辛辣鋒利，亦屬氣盛使然；且胡先生之為文亦不遑多讓，何苦以司法訴訟來定文化思想上的是非。此外對於李先生的文章，主編本有把關修刪之責，不足為怪；唯對於孟能先生竟在父親已將關鍵字句刪除並已付梓後，卻私下至印刷廠補回一事，頗覺懊惱，但在開庭時卻因多方顧慮而不願說明真相。一來實不忍李先生剛剛嶄露頭角之際便遭挫折；二來與蕭先生之父又為故舊之情，因此僅能以私人立場懇勸胡秋原先生諒解多方，自身辭去多年耕耘奠基的《文星》主編，希望事緩則圓。惜官司未了，人卻因心臟病突發而離世，時年不過四十五歲，《文星》自此與他恩怨俱了。當時的我，年僅十三歲，家無恆產，父親只留下一屋子老舊的書報雜誌。慶幸的是，這樣的遺產讓我在長大後反而成為出版資糧。

後來自母親口中得知，當初父親最擔心的就是，表面單純的訟案，如果恨意太深必然會讓政治力有機會介入。這對缺乏背景人脈的一方甚為不利，甚至好不容易播下的種子，亦可能遭到剷除，這對台灣整體文化的發展是極為不值的事。

令人遺憾的是，《文星》後來果然還是遭到停刊的命運。或許，它已完成了階段性任務；或許，多元、深邃、理性的對話場域永嫌不足，因為文明通常來得很慢，一不留神，粗鄙野蠻就迅速重返。

多年後，蕭孟能先生仍念茲在茲於他的《文星》，在復刊前曾很客氣地約我晤面，希望多聽些年輕晚輩的意見。我只能告訴他說：不同時代的難題是大為不同的，昔日的強人、警總、封閉是艱險與挑戰；今日的逸樂、多元、小眾與不關痛癢，則是另一種課題。

實踐理想需要寬平的心態

往事如煙，但也並不如煙，它對我的意義至少有以下幾點：

從小的耳濡目染，讓陳衛平（右）在出版上獨鍾童書，和妻子沙永玲創辦天衛／小魯出版社。

一、人永遠需要理想，缺乏理想的眾生只能扁平地活在現實裡。父親是個無可救藥的理想主義者，他與他那個時代的理想主義者們，如今儘管多已作古，當初的青年也垂垂老矣，但他們的神采魂魄，仍讓我歷歷在目，默會於心。

二、在實踐理想上，視野及寬平的心態有時候比所謂的英雄豪傑更為重要。父親在任何場合皆謹守謙讓的態度，不居功、不爭名、不計財。朋友多以溫文書生視之，但又豈知他曾在抗戰期間，以二十二歲之齡，隻身自成都步行跋山涉水，前往康藏高原地區辦理報業而有成。一九五三年左右，卻因對國民黨失望憤而退黨，在那個年代被視為驚世駭俗、自絕生路。讓我記憶最鮮明的則是，在他過世後數天，兩位警備總部的人員前來家中帶人，母親告以離世，二人悻悻而返。我曾和參與捕捉雷震先生的人交談過；也曾目睹他語帶不屑地形容殷海光先生「還不是乖乖寫了自白書」，這使我領悟到人性的「無明」深重。解決這些需要方法與平實寬厚的心態，快意恩仇是無濟於事的，激情固然可以捲起千層浪，但成就並非只靠浪頭花。

耳聞及目睹這些境遇，使我與政治保持適當的距離，在出版的選擇上也獨鍾童書。蓋成人的偏見、我執積習深重，不若與赤子袒誠相見更為有效。想想世間的因緣果報豈可輕斷，革命的豪情，絕不保證改朝換代後的昇平。昇平與文明仍然要靠一點一滴的教化積累。虛假的威權、偶像當然應該倒下，但文化、文明的質量才是民主精神的保障，而這需要長期的薰陶，不是徒具選舉形式即可奏效。就像共產主義高估了人性，資本主義又何嘗多讓，貪婪不加收斂，高舉主義大旗夸夸其談是沒用的。許多偉大深刻的道理，在幼兒時期便應厚植於心，可是許多人卻於「功成名就」、「權傾一時」之際，對那些基本道理仍然無知無覺。這便是我專注於童書出版的一點因緣吧！

除此之外，許多人並不太知道「文星」尚出版過童書，比如：《大象》、《你和聯合國》、《小鹿史白克》等有趣而知性的作品。這在當時兒童作品極為匱乏的年代來說，的確使人精神一振。記得我把書帶到學校班上借給大家傳閱時，同學渴望與奮的表情至今令人難忘。

至於「文星叢刊」書籍的出版，亦是當年文化知識界的一劑甘霖，不唯拓展了台灣廣大閱讀群眾多元的視角，同時也在原本狹窄的發表園地中，提供出較為開闊的土壤。它比商務出版的「人人文庫」更為平易親和，字體、版式、裝幀也較具現代感，日本的「岩波文庫」，美國的「前導」

「文星」曾出版過童書。

（mentor），英國的「企鵝」（penguin），都啟發了它的想像，而內容也包含了思想、文學、藝術和生活。

這些叢刊，伴我度過刻板無聊的學生時期，換來的卻是畢業後經營出版的熱情。

回味少年往事，一個時代就這樣過去了，但我常在想，「文星」究竟意味著什麼呢？在做了將近三十年的童書出版後，我想，「文星」的精神應該是成功不必在我。有沒有名，不重要，有沒有利，也不重要；誰出了名、得了利更不足掛齒，重要的是，值得做的文化素質扎根工作，有人一棒接一棒做下去，才是最重要的核心價值。

我想，它應該是那個時空底下，眾多因緣際會所呈現的文化面貌，正如天上的繁星點點，我們不必知道它們的大名，而穹蒼依舊燦爛。

（原發表於二〇一一年十一月《文訊》三一三期）

「文星」雜憶

◎鄭清文（作家）

文星書店一九五二年在衡陽路開業。早一年，我北商畢業，參加就業考試，分發到華南銀行工作。那時候，我還沒有開始寫作，說準確一點，我還在作文的階段。

高商二年級，有一位教國文的周良輔老師，也是導師，教我們如何讀書，如何寫作。當時用的是台灣省政府編的《高級國語文選》，全書四百頁左右，可用三年。周老師選了一篇胡適的〈讀書〉。胡適說，以前的人，讀書有三到，眼到、口到、心到。這不夠，要加手到。胡適又說，讀書要有好工具，所以當衣服、賣田地，也要買一部好辭典。所以，我用了多年的儲蓄四十多元，買了一部《辭海》。

從周老師，我不但學到如何讀書，也了解讀書的樂趣。同時，為了貫徹手到，那年寒假，周老師給我們額外的作業，要我們寫寒假日記。

文星書店設在衡陽路。那時，大一點的書店都在重慶南路，文星雖然不大，卻有清新和雅致的感覺。另外還有一家小書店，記得是新月。

進銀行之後，有人鼓勵我讀大學，差不多準備了一年的時間，工作很忙，有時加班到八、九點，甚至到十點，坐末班車回家。那時候，我把重點放在英文，讀的是《學生英文文摘》，真正讀文學書，是進大學之後。

在反共抗俄的時代，連舊俄的文學書也列禁。在大一時我在文星，或者是新月，買了一本《安娜．卡列尼那》的英譯本，用了一年的時間，一邊翻辭典，把它讀完。因為是禁書，只要買得到，就優先讀它，我喜歡契訶夫，也是在這種情況下開始閱讀的。

《文星》雜誌在一九五七年創刊。它標榜「生活的、文學的、藝術的」。在《文星》之前，我喜歡讀《自由中國》，在大學的福利社，半價賣給學生。

我讀《自由中國》，第一，因為它和胡適有關。第二，我在北商，有一位教「貨幣銀行」的黃中老師，在那裡發表了一篇〈歷史的坦途只有一條〉。這個題目很吸引我。黃老師在上課時，好像把我們當大學生，站在講壇，滔滔不絕，講四、五十分鐘。

《文星》的特色是，每期介紹一位重量級人物，包括文學、藝術、哲學、歷史，並用他做封面。有人問我，我寫作受影響最大的人，在《文星》介紹的就有三位，海明威、福克納和羅素。開始，讀較多的是海明威，他教我如何省略。《文星》給我最大的助益，就是啟蒙。

我讀《文星》，也看到了五周年的徵文啟事。題目是「我的……」，限五千字，獎金特選五千元、佳作五百元，更重要的是各取十名。這很有吸引力，也的確讓人心動。

當初，我想考大學，知道不容易，不過可以借這個機會有規律的讀一點書。我參加徵文，可以強迫自己拿起筆，也算是手到的實踐。

我認識一個朋友，叫陳垣三，他讀的是物理，知道不少文學。我們很談得來，內人笑我們，每次談到深夜，我送他回去，他再送我回來，有時來回送到五、六次。

我告訴他《文星》的徵文，他鼓勵我參加。我寫好第一稿，請他看看，他說不行，我就重寫。他再看，好多了，我就投稿出去。其實，我自己也覺得還完整，希望能得佳作。

結果，特選和佳作各二篇，我得特選。我完全沒有想到。重點不在得獎，這篇文章〈我的「傑作」〉讓我有自信了。我自己認為，以前的作品，都是習作。同時得獎的，其中一位是陳火

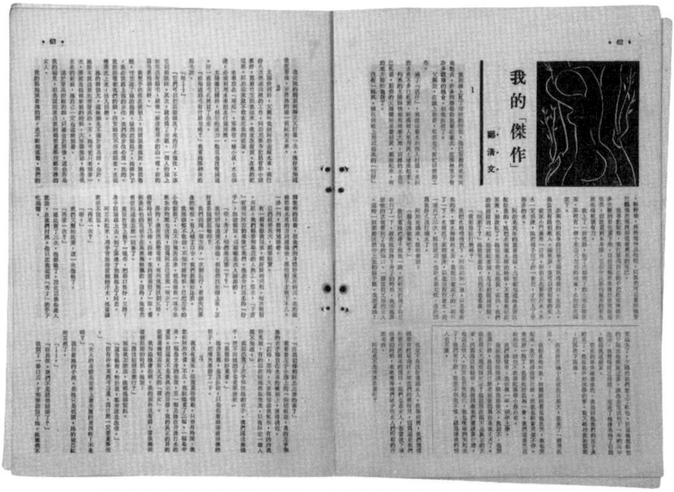
我的「傑作」
鄭清文

鄭清文參加《文星》徵文，以〈我的「傑作」〉獲特選。

泉先生。他大我二十四歲，日治時代就用日文寫作。在比較早期的作家，有一個現象，看日文程度，大概可以知道歲數，日文越好，要跨越語言的障礙也越困難。陳火泉的〈我的老伴兒〉，讓我大大吃驚，他寫的是「京片子」。

領獎時，我在三重上班，向副理請假去領獎。大概是六點左右，我回到銀行，大家都還在加班。副理要看我的獎金，是一張「台支」，是銀行開的支票。金額五千元，好像是三個月的薪水，副理怎麼也無法了解，我怎麼能得獎，怎麼會有人給這麼大的薪金。他把「台支」翻來翻去，好像在確認它的真假。

《文星》的重要性是在介紹讀者去接近當代的重要作家、藝術家、思想家。後來，一九六三年開始發行的「文星叢刊」就收錄這些作家、藝術家、思想家的作品，使讀者能直接窺視更完整、更充實的作品內容。「文星叢刊」是小型的平裝版，每本兩百頁左右，三、四年間發行二百多種。叢刊是小書，較長的可以分裝成兩冊、三冊、四冊。

我讀較多的是梁實秋的作品。以前，讀過他的《雅舍小品》很喜歡。他學識淵博，又有適度的批判性。他和魯迅的論戰有很多啟示。魯迅很有名，當時卻是禁書，以後我有機會讀到他的作品，我最喜歡〈故鄉〉，其他有些作品似乎有觀念先行的特色。

我們讀創作作品，也讀翻譯作品。梁實秋批評魯迅的「死譯」，讓我知道一些翻譯的道理。從現在的觀點看，「死譯」是行不通的。現在，翻譯作品最重要的是可讀性，譯喬伊斯的作品，也要重視可能讀懂，能讀下去。

我也讀過李敖的作品，他寫了一些和胡適有關的書。這使我體會到看一個人，讀一篇作品，需要一點批判精神。羅素說懷疑，李敖不忘批判。這放大了讀者的眼光。

「文星叢刊」很有吸引力，每次特價賣書，書店裡都擠滿了人。我不了解，有這種盛況，文星書店為什麼關門？

或許，台灣的社會，已走出文化沙漠，或許，人民的需求已超過了單純的啟蒙，需要更多的專業。台灣有「文星」，的確也掀起了讀書界一股風潮。

（原發表於二〇一一年十二月《文訊》三一四期）

從文星雜誌到催生新潮文庫的心路歷程

◎林衡哲（望春風出版社發行人兼總編輯）

《文星》雜誌迷

一九六〇年代，我念台大醫學院時，在繁重功課的壓力下，文學、哲學與音樂自然成為我生活中的最佳調劑與不可或缺的精神食糧，但是在思想上，對我啟蒙最大，影響最鉅的，卻是《文星》雜誌。雖然那時的台灣社會，仍在戒嚴時代，儘管風氣保守、資訊封閉，但是由蕭孟能創辦並主持的《文星》雜誌以及後來創立的「文星叢書」，總能引領風潮，傳播一些最前衛的思想給忠實的讀者群，可以說是終戰後台灣最具代表性的思想刊物。我們那一代很多大學生、文藝青年，都是讀《文星》雜誌長大的，我在大學時代就是標準的《文星》雜誌迷，那時即使有考試，也是先讀剛出版的《文星》雜誌，再去準備醫學院的考試。

介紹西方人文大師及台灣自由主義學者

當時資訊薄弱，心靈不免空虛苦悶，二二八之後，台灣文化界進入了黑暗時代，直到六〇年代《文星》的出現，才銜接起二二八之前百花齊放的風華，不只是出版《文星》而已，還有畫廊，也常請學人演講，最難能可貴的是每期《文星》都介紹二十世紀世界級的人文大師，例如羅素、史懷哲、卡薩爾斯、愛因斯坦、畢卡索、史特拉文斯基等，打開了西方人文思想的一扇門窗，讓我無形中接受西方人文主義思想的洗禮，即使到現在我仍然是人文主義與自由主義的信徒。所不同的是，我想以西方的人文主義為基礎，來催生台灣人文主義與人文精神的再生運動。

此外《文星》雜誌上也有不少中國自由主義學者的著作，如殷海光、何秀煌、徐道鄰、徐復觀、胡適等人的著作，還有台大政治系的明星教授彭明敏，從白色恐怖陰影中重新出發的葉石濤也於一九六五年在《文星》上介紹〈台灣鄉土文學導論〉，同樣引起廣大讀者的迴響。

受胡適一句名言的影響

大約在我大四那一年，蕭孟能邀請台大歷史系畢業的李敖擔任《文星》主編，以前每一期《文星》的封面人物，都是二十世紀的人文大師，他一接手，《文星》第五十一期便大膽起用胡適做封面人物，全面介紹五四運動、杜威的思想與易卜生主義、「紅樓夢研究」等。但這些對我皆無太大影響，因為我早從初中時代開始就是胡適迷，他的四大冊《胡適文存》我在高中時代就看完了，他說過一句話：「與其在課堂上誤人子弟，不如翻譯一部世界名著貢獻來得大。」那時我為了學費，兼了不少家教，也許是受胡適這句話的影響，讓我頓悟：「與其做家教誤人子弟，不如翻譯一部世界名著貢獻會比較大。」於是在大四時，利用暑假辭去所有家教，專心翻譯一本《當代智慧人物訪問錄》，其中有不少人物如羅素、卡薩爾斯、史特拉文斯基，都是《文星》的封面人物，譯完十萬字後，大五暑假重抄一遍，才送到文星書店。

「新潮文庫」的誕生

那時我根本不認識蕭孟能與李敖，等了半年之後，一九六六年六月才正式由文星書店出版我的處女譯作《當代智慧人物訪問錄》，列入「文星叢刊」第一四二號，那時我已大六，正好因十二指腸潰瘍而住院，躺在床上休養時，忽然拿到熱騰騰剛出爐的新書，看到自己第一本書完整的出現在眼前，禁不住心中的興奮，病也好了一大半。尤其當時「文星」的作者或譯者群，都是專家學者、知名教授或國際大師級的作品，才得以出版，像我這個醫學院的無名小卒，不但有機會出書，還能拿到四千兩百元的稿費，那是我一生中最愉快的賺錢經驗，這一路走來的辛苦折騰與磨練，總算沒有白費。

受到在「文星」出書的鼓勵，我發現譯出名著真的比做家教有意義，而我那時正在迷羅素的著作，壓抑不住體內無可救藥的人文熱情，我又再接再勵翻譯了兩本羅素的書：《羅素回憶集》及《羅素傳》。這兩部書本來也要交給「文星」出版，但那時國民黨保守派與胡秋原正在圍剿文星集團與殷海光，因此連殷海光最崇拜的羅素也殃及魚池，蕭孟能告訴我，他雖然很想出這兩本書，但可能會使我成為黑名單人物，而無法出國，如果交給其他出版社出書反而不會有問題。

後來我因常到師大附近的長榮書店買舊書，而認識了張清吉先生，他雖以賣舊書起家，但也開始做出版（志文出版社），只是出版的書水準都不是很高。於是我鼓舞他：「人死留名，虎死留皮，您雜七雜八的出些英語會話書，不如多出一些有價值的書，為人生展現光華，對社會也會更有貢獻。」並慫恿他創辦一套高水準的世界名

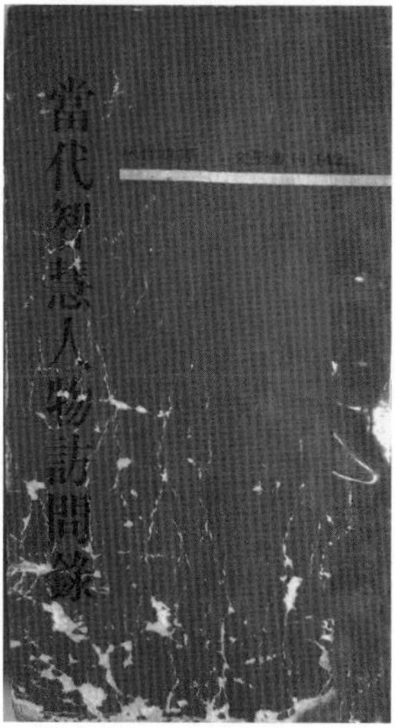

林衡哲大學時代由文星書店出版第一本譯作《當代智慧人物訪問錄》。

著，定名「新潮文庫」。張先生從未出版過這種高水準的書，因此先出版了十萬字的《羅素回憶集》，想不到三個月就賣出五千本，為「新潮文庫」奠定良好的根基。三個月後，再出版二十萬字的《羅素傳》，果然又是洛陽紙貴，使張清吉對這種高水準的譯作產生極大的信心。接著我與同班同學廖運範醫師（他現在是知名的國際B型肝炎權威，中研院院士）合作編譯《讀書的藝術》，因為要出國的關係，我本來想譯的《佛洛伊德自傳》，也交給廖運範譯出，就這樣我們在七〇年代共同開創了鍾肇政所謂的「新潮文庫」風行的時代。

我在一九六八年出國前，共編譯六種著作交志文出版，出國之後，我繼續選好書給志文出版社，請高手譯出，而廖運範醫師也結合台灣醫學界的理想主義者如賴其萬、林克明、胡海國、文榮光、葉頌壽等，分別譯出佛洛伊德與佛洛姆等精神分析大師的著作，並創辦《當代醫學》雜誌與出版醫學書的井橘出版社。

「文星」與「新潮」都深深地影響台灣學子

四十多年來「新潮文庫」已出書近五百種，實現當年胡適大規模翻譯世界名著的夢想，創造戰後台灣出版史的奇蹟，把西方第一流的思想家、哲學家、文學家、藝術家的作品介紹到台灣來，為台灣思想界的現代化、民主化做出歷史性的貢獻。羅素的自由主義思想、史懷哲的人道精神、二十世紀流行的存在主義、禪宗思想、心理分析、現代小說、現代電影、現代藝術，都透過「新潮文庫」而在台灣流行開來，這是繼蕭孟能的《文星》雜誌與「文星叢刊」之後，影響現代台灣思潮與青年學子最深遠的一套書。

總之，我與廖運範同學，在台大醫學院當學生的年代，無意中受《文星》的影響，而催生出來的「新潮文庫」，在一九七〇年代獨裁恐怖政權下，替台灣社會開了一扇世界之窗，使無數茫然、畏縮的年輕心靈得到一陣春風，一道陽光，這是我們在大學時代最值得懷念的事。而張清吉先生及其子女四十多年的堅持理想及曹永洋先生的大力協助，使「新潮文庫」對台灣文化界的影響力，可能甚至超越白先勇催生的《現代文學》雜誌及蕭孟能主持的《文星》雜誌及「文星叢刊」。因為這兩本雜誌很早就停刊了，而「新潮文庫」在各大書店依然可以看到，祇是她底黃金時代已經過去了。

歷史的回憶：文星的結束

《文星》雜誌第五十一期，李敖接手主編之後，掀起各式各樣的爭戰，大大展現他的自我風格，我們身為讀者，也看得津津有味，每期必讀。一直到第九十八期，因為李敖一篇批評國民黨文工會主任謝然之的文章，迫使《文星》面臨必須關門歇業的命運。「文星」即將結束營業前，門市人山人海之盛況，至今我仍然記憶猶新，大家不但把握最後的搶購機會，也想再多看一眼「文星」，共同向這曾經為六〇年代台灣知識分子開啟一扇思想文化之窗的靈魂角色，表達一份感謝之意。

《文星》雜誌總共發行了九十八期，這一本引領風騷，引導思想潮流，堪稱「中國自由主義大本營」的劃時代刊物，終於在我台大醫科畢業前一年畫下休止符（一九六六年一月一日被迫停刊），正式走入歷史，她底結束，激起我出國體驗「自由的滋味」底衝動。而我與張清吉先生日後創刊「新潮文庫」，也算是繼續了蕭孟能當初創刊《文星》的文化使命。

九〇年代，我到北加州參加小兒科醫學會議，曾在北加州邂逅過蕭孟能兩次，重溫舊情，並把我收藏的《文星》雜誌借給他，鼓勵他寫出「文星回憶錄」，可惜他似乎沒有完成回憶錄，就去逝於上海，令人遺憾。希望有心人能完整的把這一段歷史寫出來，以彌補歷史的空白。

（原發表於二〇一一年十二月《文訊》三一四期）

播種者文星

◎信懷南（群德基金會負責人）

一個陌生女子的來信

二〇一一年九月十三日，我收到「一個陌生女子的來信」（pun intended），說《文訊》雜誌在十一月準備製作《文星》的回顧專題。邀我談談《文星》對我的意義與影響，以及台灣目前應如何來定位此份刊物。我接到這份邀約後問他們怎麼「看中」我的？

二〇〇四年八月十五日，我看到蕭孟能先生在上海去世的消息後，在北美《世界日報週刊》我的專欄「坐看雲起時」寫了一篇〈小憾與大憾〉，提到蕭離開加州回中國定居前，無意中發現他麻將搭子的兒子和太太同學的弟弟居然是信懷南，非常驚訝。後來我們談到由他口述、我執筆寫《我與文星》和《我與李敖》，算是蕭孟能的回憶錄。這個寫作計畫因蕭離開美國而未能實現。《文訊》雜誌是看了那篇文章找上我的。

《文星》是一九五七年在台灣創刊，我那時剛進高中，根本不知道台灣有一本標榜「思想的」、「生活的」和「藝術的」的雜誌。一直到了一九六一年我大二時，李敖在《文星》發表〈老年人和棒子〉。這是我受李敖吸引，對《文星》和接下來的「中西文化論戰」發生興趣的開始。

文星的詛咒

從我的出身背景和生涯規畫來看，本來是不應該對《文星》有興趣的。如果說我迷上李敖和《文星》是個「悲劇」，那應該算是莎士比亞（性格）式而非希臘（命運）式的「悲劇」。我被他們吸引，就像伊甸園裡本來因愚昧無知而活得無憂無慮的那個人，吃了能分辨善惡樹上的果子，從此眼睛變亮，可以分辨善惡，但也因而受到詛咒，要忍受折磨的開始。

我出生在國民黨高幹的家庭，先父屬於「小蔣的人」。四十歲左右就出任國民黨中央黨部第一組（今組工會）副主任，目的是去平衡另一位副主任——「陳誠的人」郭驥先生。我讀初中時，國民黨台北市長選舉敗給黨外的高玉樹，先父臨危受命去兼台北市黨部主任委員，負責把台北市贏回來。我大三時父親任台灣省黨部書記長，權重一時。最後在國民黨中央黨部設考會副主任委員任上退休。我母親是所謂的「萬年國代」，像我們這種在特權中長大的外省子弟，對李敖他們受到的政治迫害完全陌生。但我天生就有對傳統叛逆，對威權鄙視，對強勢反抗，對弱者同情的性格。一九六三年元旦，李敖發表他那篇有名的〈十三年和十三月〉。從此我的一生，有意無意的走上悲劇英雄的幻想症，和西瓜偎「小」邊症候群的岔道上去了。我後來開玩笑替這種性格取了一個好聽的名稱，叫它「劍膽琴心」。

一九六五年三月二十日，我在松山機場登上泛美留學生包機飛洛杉磯。手提袋裡有一本包括〈十三年和十三月〉的第六十三期《文星》。那年年底《文星》停刊，一共發行了九十八期。

我到美國的第一年沒有進學校，在好萊塢不同的餐館鬼混。那時正好遇到美國自由主義抬頭，我有空就往外跑看反戰示威。我也從一個看《文星》的自由主義者，一變成了走上街頭看熱鬧的旁觀者。

一九六七到一九六八年我在洛杉磯加州大學（UCLA）讀MBA。看本行教科書的時間少，泡在學校東方圖書館看雜書的時間多。其間做了三件「不務正業」的事：在《皇冠》上發表了一篇「思想搞通了」宣言式的愛情小說〈青春繭〉；和一位叫士心的先生在《中央副刊》上交手了幾回合。士心的文章〈反哺〉說「兒不嫌娘醜」，要留學生少批評政府。我讀者投書說兒為娘好，希望老娘打扮得漂亮點也是理所當然；另外就是給被封殺而落魄的李敖寫了一封信，勸他別做烈士。三十幾年後我在史丹福大學的書庫裡看李敖六〇年代的日記，無意中看到他提起這封信，說我是最了解他的人。回頭看這三件「不務正業」的事，不能說沒有受《文星》和李敖的戀愛觀、政治觀和英雄觀的影響，但我和李敖到現在都還不認識。

殷海光的一本書

一九六八年的夏天，我從UCLA畢業，畢業證書都沒拿就匆匆離開洛杉磯。「灰狗」緩緩駛出山塔莫尼卡（Santa Monica）車站時，太陽正好下山。來的時候，該來接的人沒來接；走的時候，該來送的人沒來送。車子經過拉斯維加市，把身上僅有的家當輸得只剩下二十元美金。就這樣一路省吃儉用到了威州的「陌地生」（Madison, Wisconsin）。接下來的兩年，是我人生中很特別的一段行旅，思考了不少問題，也讀了不少「文星叢刊」。我曾經在一篇〈也是秋天〉的文章中這樣寫道：

> 威州大學校區的附近，有一個像森林一樣的植物園。那年秋天，我常常一個人把車子開到林子深處的路邊，從車子的前窗望出去，一片片的楓葉，有黃的有紅的，在空中飛舞。有時候我也喜歡一個人踏著滿地的枯葉毫無目的漫步，為的是聽那沙沙的聲音。植物園的入口處有一個小湖，湖邊長滿了蘆葦，在夕陽西下的時候，我喜歡坐在湖邊想像「落霞與孤鶩齊飛，秋水共長天一色」的景色，回想起來，那段日子很可能是我一生中最孤獨的一段日子。其實孤獨和寂寞並不完全一樣，一個人在孤獨中不一

定會感到寂寞，當一個人感到寂寞的時候也不一定是孤獨的時候。我曾經是個寧願選擇孤獨，並且自誇是個很能耐得住寂寞的人，不過那已經是很多個秋天以前的事了。何處秋風至，蕭蕭送雁群；朝來入庭樹，旅客晨先聞……要耐得住寂寞的人，才能欣賞秋天。

那時文星書店已經熄燈關門，文星叢刊在香港出版，至今我書架上仍然排列著李敖寫的《傳統下的獨白》、《為中國思想趨向求答案》、《歷史與人像》、《上下古今談》、《胡適研究》、《孫逸仙和中國西化醫學》、《胡適評傳》。人書俱老，舊情猶存，但影響我一生最深的一本書是文星為殷海光出的《思想與方法》。

《思想與方法》裡面有一篇文章〈從有顏色的思想到無顏色的思想〉。所謂「有顏色的思想」包括祖宗遺訓，傳統思維，宗教權威，意識形態。這些都是

信懷南自言殷海光《思想與方法》影響他一生甚深。

有形無形中造成我們用有色眼光去看事情的重要因素。為了不被有顏色的思想左右，我們在分辨是非上，要避免訴諸感情，成見，權威和暴力。

殷海光的文筆沒有李敖的流暢和煽動力，但這篇文章所訴諸的理性和另外一篇強調以經驗與邏輯為本的〈正確思想的評準〉卻影響了我一生。〈正確思想的評準〉指出我們的想法應該不故意求同或求異，不存心非古或尊古，不存心薄今或厚今。也不要因為言為己出而重之，言為異己所出而輕之的客觀思考模式。從那時開始，《文星》多年來在我心深處埋下的種子終於生根。所謂「文星的詛咒」也就與我如影隨形。

我出國後七年有次回國探親，家父為我安排拜見時任教育部長，同為太子門生的李煥先生，以及經王昇先生辦公室的安排去金門參觀。我本來可以效法我的同學關中、宋楚瑜和朋友黎昌意、鄭心雄，選擇回國做官，但我選擇留在美國平平凡凡過一生。做官要臉皮厚，革命要膽子大。我都不夠格。是什麼我不能掩飾，不是什麼我又不能偽裝，算是我的罩門。最後搞到泛藍認為我該藍而不夠藍，泛綠又認為我非我族類，其心必異。基督徒看我是非基督徒，非基督徒又看我是基督徒。法輪功嫌我不反共，統派又認為我太反共。最後成了開門在內，關門在外，外表很兇，心腸卻軟的「門神」。這雖是「文星的詛咒」，但也是我自己的選擇。

播種者文星

《文星》在我們那個時代，為我們封閉的斗室裡開了一扇窗戶，讓我們能看到窗外有藍天，呼吸到一點新鮮的空氣。它帶給我們思想解放的想像空間和希望。半個世紀過去了，台灣已經不再是一個封閉的斗室。年輕一代有足夠的資訊但沒能力做正確的選擇；有太多的自由但不懂得怎麼去珍惜。他們會開汽車但沒有方向，盼望收成但沒有耐心耕耘。我們當年受《文星》啟蒙的那批人現在都垂垂老矣，英雄李敖越來越像個自我膨脹江湖賣藝的表演者。李敖在〈老年人和棒子〉中提到羅馬史家李維（Livy）對西辟奧．阿利坎努斯（Scipio Africanus）的批評是Ultima primis cedebant（他的晚年不及他的早年）。李敖又何嘗不是如此。

回頭來看，有人說沒有《文星》就沒有李敖。李敖說沒有李敖就沒有《文星》。其實這是沒有意義的爭論：《文星》是弓，李敖是箭。箭之所以射得遠，別忘了有一個拉弓射箭的力量。那個力量是我們那個時代和我們那批知識分子。一九六二年的元旦，李敖發表他另一篇傳世之作〈播種者胡適〉。我今天寫〈播種者文星〉而不是寫〈播種者李敖〉，這是我對《文星》的定位。

（原發表於二〇一一年十二月《文訊》三一四期）

「文星叢刊」與六〇年代台灣文學風景

◎應鳳凰（國立台北教育大學台灣文化所教授）

三百餘冊「文星叢刊」並非單獨存在，負責編輯發行的「文星書店」，早在此前已經獨資經營了十年。「口袋本小書」推出的速度卻是快而密集，整套叢刊從出生到結束不過短短五年。

編號兩百多號，近三百種文星叢刊，聚集了百位以上作者，他們也不是憑空出現的。「叢刊」作者群百分之八十來自《文星》雜誌。足見「期刊」與「叢刊」形式雖不同，關係卻十分密切。這裡先把「文星書店」、《文星》雜誌、「文星叢刊」三者的時間關係弄個清楚。

「書店」、「期刊」與「叢刊」

文星書店成立於一九五二年春天，從衡陽路租來的小書攤起步。草創時期主要販售外文書刊雜誌、英語教材。在台灣並未加入國際版權組織的五〇、六〇年代，「文星」曾大規模影印英文《百科全書》、《古今圖書集成》。從出版人角度說，這是「嘉惠讀書人」，若從歷史的眼睛審視，看到的卻是台灣仍處在經濟和版權觀念同樣落後的年代。例如「叢刊」推出之前，「文星」大量編譯通俗實用的「讀者文摘叢書」販售，直到「本尊」中文版正式進入台灣營運才不得不停止。此例說明最早五年的文星書店出版數量雖越來越多，只能算是「學步期」。

開店五年後，一九五七年主持人蕭孟能找來新聞界夏承楹（何凡）等友人籌辦《文星》雜誌。早期主編群有陳立峰、林海音等。月刊雜誌出到第五年時，李敖加進來，何凡夫婦退出，這年正是「中西文化論戰」開打且蔓延的一九六二年。雜誌作者群與發行量自此愈來愈大，影響力跟著增加。早期作者包括梁實秋、余光中、黎烈文、殷海光、毛子水、吳心柳、胡適等，這群被冠之以「自由主義」右翼知識分子的筆隊伍，大多是新聞界或學界菁英，也是叢書的主要作者。

整體而言，幾乎每隔五年——文星書店成立五年後，開始《文星》雜誌，雜誌辦了五年多，開始文星叢刊。叢刊也持續了五年，最後被迫結束，書店與書，還有版權，一下子煙消雲散。文星叢刊雖閃亮，可惜壽命短短五年，台灣出版史上劃空而過一顆耀眼的星，只能算是「掃把星」或稱「彗星」。

文星叢刊裡的文學面貌

近三百種文星叢刊若一字排開，氣勢壯觀，論魄力論規模，戰後各年代出版社，除非歷史悠久，能與之相比的叢書系列不多。結束於一九六八年，文星叢刊短短五年的出版量，平均來算每月出版四到五種——於物質匱乏的一九六〇年代，本地群眾或讀不懂或買不起的市場環境下，若非熱情加魄力，很難扮演好出版家的角色。

一般給文星叢刊不錯的評價，就出版史的角度而言，它的確從內在到外觀都有突破。就外型而言，首創四十開本「口袋書」或稱「文庫本」。這類設計標榜攜帶方便，價格低廉。封面一律素色不加任何圖案，只封底一小方作者照片。書內外版型字體無不講究，數百封面格式一以貫之，無一例外。當年尚無電腦排版，全是一個字一個字由手工揀排、鑄字。封面樸素淡雅，文星叢刊擺在五顏六色書舖上更顯氣質不凡，成為那年代一種高質感出版品牌。

「文星書店」、《文星》雜誌，整體而言是綜合性、文化性出版媒體。由於幹練的文壇作家，如林海音、余光中等參與編輯行列，加上發行人蕭孟能也重視文藝，三顧茅廬廣向作家邀稿，樂於給年輕作家出書機會。文星叢刊在「文學創作」的一面，新詩小說散文評論，質與量都有特色。必須拉開卷軸畫幅，攤開來逐一細看，具體包羅哪些作家作品，方能指認「文星叢刊」呈現怎樣的文學風景，在台灣六〇年代文學歷史寫下何等樣貌。

一九六三年九月，第一批文星叢刊十本正式推出，叢書第一號為梁實秋散文集《秋室雜文》。同年十月一日《文星》雜誌第七十二期封底上，刊出全頁廣告：一口氣列出十位作者大大的書名和人頭照片。如此大規模出版廣告是「文化沙漠」時代台灣社會從未見過的。新書消息隨著雜誌發行網，傳播到全台各個角落，包括海外訂戶如東南亞、日本、韓國。文星叢刊如此「亮相」方式，身段姿態都有創意，就像在文化出版舞台，有規模地推出一組一組文化明星。

現代主義小說風景

評估一家文學出版社重要性如

文星叢刊第一批十本，文學類即占了八本。

何，但看他出版多少文學經典，而不是出版多少暢銷書。「作家陣容」亦是參考指標，辨析其所屬流派，有利於認識他們所占的文壇位置。一九六三至一九六八這五年之間，叢刊全套近百種文學書，在第一批十本裡，文學類即占了八本，以小見大，多少看到文星叢刊的陣容與內容。

第一批書除了第二號蔣匀田的《民主的理想與實踐》，第三號黎東方自傳《平凡的我》，其餘八種：包括梁實秋《秋室雜文》、余光中散文集《左手的繆思》、李敖《傳統下的獨白》、陳紹鵬詩論《詩的欣賞》（以上四種暫時統歸入散文類），以及四種小說：林海音《婚姻的故事》、聶華苓《一朵小白花》、於梨華《歸》三部短篇小說創作，以及沉櫻的翻譯小說《迷惑》。如果以這批書為「樣本」，很巧地，四本小說都是女作家，四本散文或論述都是男作家。無論如何它說明了：第一，文學類圖書在文星叢刊裡比重很高；第二，作家群涵蓋學院內外，有教授有編輯，有海內有海外，無不是文壇健筆。四位女性兩位是重要報刊文藝主編，占有文壇優勢位置，李敖剛出道即文筆犀利備受矚目，作者群在六〇年代文化界無不具備充分影響力。

討論「文星」存活的一九六〇年代文化生態，不該遺漏更大的局勢背景——台灣正處在美蘇對峙的「全球冷戰時期」。島上的美援、美軍顧問團、美國新聞處等機構，對於台灣「高層文化」有著巨大影響力。此時文化界兩份大有影響力的刊物，先是雷震主持的《自由中國》半月刊（一九六〇年停刊），後是《文星》雜誌，兩刊聚集島上一群自由主義知識分子，他們既寫又譯，勤於引進西方思潮，雖先後在國民黨壓迫下停刊——這兩刊文藝作家群，加上台大校園內，白先勇等外文系師生創辦的《文學雜誌》、《現代文學》作者群，都集結成為文星叢刊「星座成員」，也拉開一道鮮明的「現代主義文學」風景。有一種說法，台灣現代主義文學是「自由主義文學版」。文星叢刊「文學面」，給這句話提供著有力的證據。

第一批書裡即出現的聶華苓，原是《自由中國》文藝欄主編，她早期兩部小說都在「文星」出版，一是前述小說集《一朵小白花》，另外是隔年推出的長篇《失去的金鈴子》。南京中央大學外文系畢業的她，一九四九年來台，《自由中國》被迫停刊以後，在台大及東海中文系兼課，一邊創作。一九六四年赴美，協助主持美國愛荷華大學「國際作家工作坊」。此外，同刊作家群還有徐鍾珮，散文集《多少英倫舊事》文星版分成上下兩冊，它是「中國第一位女記者」派駐倫敦寫的報導，也是記者生涯代表作。

出版書種更多的是林海音。早期主編「聯合副刊」的同時便為《自由中國》寫稿，以後也兼任一段時期《文星》文藝版主編。她的短篇小說集《婚姻的故事》、《燭芯》，散文集《作客美國》，三書都是先在「文星」出第一版，以後才由她主持的純文學出版社再版。不可遺漏的，還有兩部軍中作家的小說集：一是朱西甯的成名作《鐵漿》，一是司馬中原的《加拉猛之墓》。文星叢刊作者群以學界或民間文人居多，兩位「職業軍人」身分在「文星」書單裡相當突出。忘記誰曾說過，他們的名字進入「文星」以後，於文壇重量頓時升高許多。似乎台灣文學場域裡，作品「出版品牌」也是位階高低的表徵之一。

一派耀眼的新綠

一九六七年六月，幾乎是「文星」結束前最後一批書，連續推出六本小說，包括白先勇《謫仙記》、王文興《龍天樓》、歐陽子《那長頭髮的女孩》、水晶《青色的蚱蜢》，以及兩位海外女作家：吉錚的《孤雲》、孟絲的《生日宴》。前三位出身台大外文系，大學階段已在校園內創辦《現代文學》雜誌，介紹英美現代主義文學思潮。畢業後他們依然獻身小說藝術，日後不但在小說界擁有一席之地，更是現代主義小說具代表性作家。

在「文星」出第一本書的階段，他們尚未成名，雖然已經寫出不少實驗性強的現代小說。一家出版社能夠在作家未成名的階段，看到他們未來成就，給予機會，加以栽培，才顯出主事者的魄力眼光，而非等作家成名後再費力到處「挖角」。這方面「文星」的成績相當明顯。

關於提攜新人，另外一批作家作品格外具有代表性，涵蓋面也更廣。文星書店以櫥窗標題，稱作「一派耀眼的新綠」。這是一九六六年八月從叢書二一二號到二二〇號的一批書總共九種，類別有散文有小說，是作家隱地所津津樂道的一次「出版風景」。「一派新綠」表示一批「文壇新人」同時出書，九位之中有六位是生平第一次出書。同年八月一日的《中央日報》，刊有這批書的出版廣告。

四位男作家加上五位女作家的書封面，「美美的一同展示在書店的櫥窗」。這派新綠書單是：

二一二　趙雲《沈下去的月亮》（小說）
二一三　康芸薇《這樣好的星期天》（小說）
二一四　劉靜娟《載走的和載不走的》（小說）
二一五　江玲《坑裡的太陽》（小說）
二一六　張曉風《地毯的那一端》（小說）
二一七　邵僩《小齒輪》（小說）
二一八　隱地《一千個世界》（小說）
二一九　葉珊《葉珊散文集》（散文）
二二〇　舒凡《出走》（小說）

這張書單最有意思的是，四十年後往回看，其中一半「寫小說」的年輕作家，後來成為散文家，例如著名的張曉風、劉靜娟，以及趙雲、隱地。而《地毯的那一端》已是當代文學經典，中間換過各種版本，去年「九歌」還推出新版。

五〇年代末六〇年代初，台灣文壇反共文學低迷，同時是「留學生文學」逐漸興起，蔚為風潮的時段。一九六三至一九六五年之間「文星」出了一系列於梨華的留學生小說，從《歸》、《也是秋天》到《變》，評論家很容易把於梨華認為是這一潮流的代表性作家。其實就「留學生文學」系譜來看，發表時間比於梨華更早，影響力與暢銷度更高的，應是陳之藩散文集《旅美小簡》與《在春風裡》。兩書一樣是文星書店出版，只是出版於一九六二年九月，未及收入叢刊而已。只有把小說、散文兩種加在一起，才完整看到留學生文學暢銷於市場的情況，以及「文星」所扮演的重要角色。

現代詩與現代詩評論

六〇年代保守的文學出版生態，詩集只能自費出版，紙張印刷費昂貴，誰都不看好「讀者看不懂」的詩集。文星叢刊卻出現「現代詩集」，還不只一種，給文星一種「新潮派」的前衛形象。其實文星的推出現代詩集，與余光中擔任《文星》雜誌「新詩欄」主編有關。五〇年代末台灣文壇發生幾場「現代詩論戰」，接著是李敖掀起影響更大的「中西文化論戰」，《文星》雜誌正是幾場論戰的主要戰場之一。

余光中一九六〇年代正在寫作高峰期，是年輕輩作家在文星出書最多的一位。自叢刊第一批四號到尾端二四七號，共出版了兩本散文集，兩本詩集，一本文學評論集。按時間先後及叢刊編號，它們是：

四　《左手的繆思》（散文），一九六三年九月

三三　《掌上雨》（文學評論），一九六四年六月

五八　《蓮的聯想》（詩集），一九六四年六月

一六七《逍遙遊》（散文），一九六五年七月
二四七《五陵少年》（詩集），一九六七年四月

當時詩壇三大詩社：現代詩、藍星、創世紀（笠詩社一九六四年剛成立），余光中自己是「藍星」核心成員，透過他的介紹邀稿，文星叢刊出版了藍星詩人周夢蝶的《還魂草》、夏菁詩集《少年遊》。其他還有兩部，一是葉珊詩集《燈船》，一是胡品清詩集《人造花》。這些詩集可能當時印量就不多，如今是舊書市場昂貴稀有珍品，日前看到《燈船》的網拍價高達五千大洋。

文星叢刊裡不只有現代詩創作，更有現代詩評論。任教於台師大英語系的陳紹鵬教授，寫的一系列討論英美現代詩的文章，原刊載《文星》雜誌，先後結集為《詩的欣賞》、《詩的創造》兩冊，其文筆洗鍊，介紹賞析英美名詩及相關理論。除了學院內，學院外也有一冊現代詩評論，雖絕版多年，至今仍為後輩詩人津津樂道，那是一八九號《批評的視覺》，作

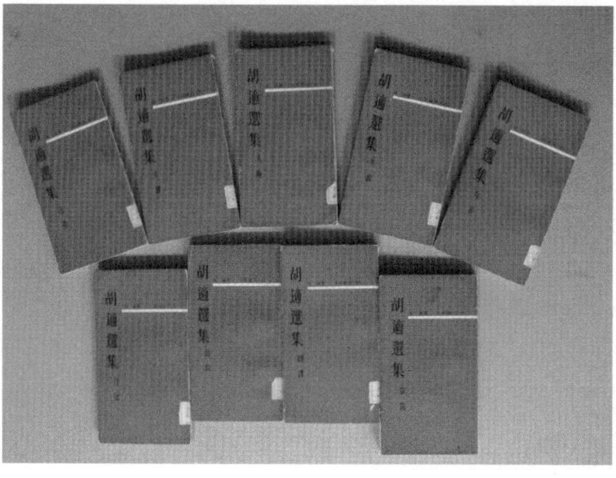

李敖編的《胡適選集》，對於胡學的普及化功不可沒。

者李英豪。

結束本文之前，應該提一下文星叢刊裡面的文學性「套書」，其編輯方式相對於其他叢書，別有創意。所謂「套書」乃筆者杜撰的詞，今天的說法，應該是經過編整的「全集」。例如叢刊編號五五，同一編號下連續二十本，是梁實秋翻譯的「莎士比亞劇本」全集。這是龐大的翻譯工程，梁實秋以個人力量完成莎翁名劇譯事，文星也一口氣同時推出，見證當時文化出版事業的精神與高度。接著是李敖為文星編的全套十三冊《胡適選集》，配合每本叢刊容量，將胡適一生作品分成：述學、考據、人物、年譜、歷史、政論、日記、書信、詩詞、演說等，讓胡適作品成為小冊便利讀物，對於胡學的普及化功不可沒。最後一套，也許還不能稱完整一套，是從二三五號到二四四號，連續十冊的「蘇雪林作品」。其中有她的文藝論述、歷史小說、傳記、雜文。以今天的商業眼光來看，其中四本是文藝評論，四本是內容很硬的隨筆雜文，不是一般好讀好賣的文學書，但文星竟也大手筆的一出就是十本。

從「文星叢刊」看一九六〇年代文學出版風景，四十年歲月雖轉眼消散，但它拉開的出版景觀，人與書如在眼前，隨時可與今天出版生態互相對照。「文星」其實不曾熄滅，隨時亮在它所屬的六〇年代。

（原發表於二〇一一年十二月《文訊》三一四期）

輯二

回顧《大學雜誌》

另一種台港交流

我與《大學雜誌》1

◎鄭樹森口述（香港科技大學榮譽教授）
熊志琴訪問整理（香港浸會大學語文中心講師）

我去台灣不只為了讀書，也不只是文化認同，更是為了去台灣可以親炙許多作家，可以參加很廣闊的文藝天地，當時有這樣的憧憬……

——鄭樹森，二〇一〇年十月二十日

如是者，一九六七年夏天，鄭樹森以香港僑生身分踏足台灣，入讀「政治大學」西語系，由此展開了其至今四十多年的台港因緣。

加入《大學雜誌》

《大學雜誌》原來是「台大」同人刊物，一九六八年剛自心理系畢業的鄧維楨先生創辦，是綜合性人文社會刊物。我介入《大學雜誌》其實很偶然，主要是因為我在「政大」

認識何步正。他是「台大」經濟系畢業的香港僑生，當時負責《大學雜誌》的編輯工作，做很多聯繫。他常常跑來「政大」所在的木柵，原因很簡單，因為他在追求「政大」西語系一位香港女僑生，叫張碧雲。他來到「政大」木柵，香港僑生的圈子很小，我們就這樣開始往來。他聽說我在文藝方面有點認識，又參加一些文藝團體，包括「詩宗社」、間接涉及《創世紀》，還有「星座詩社」，便邀我幫忙。何步正希望《大學雜誌》能擴大發展，因此想較有基礎的「環宇出版社」幫忙，「環宇」似乎是陳少廷先生介紹的，我是在這擴展中參與《大學雜誌》，每一期處理在刊尾十多頁的文藝部分。這時《大學雜誌》已由張俊宏先生接手，但因為他任職中央黨部，沒有正式掛名；後來《中國時報》余紀忠先生要和我們聯絡時，因此找錯人。

當時我主要幫忙組稿，沒任何正式工作，也沒正式掛名。進一步參與，應該是一九六九年九月那期（第二十一期）。我夏天一直供稿，九月稿件陸續出現，這很清楚，因為那期有時任「政大」中文系講師的尉天驄先生的兩篇文章〈悲憫的笑紋〉和〈隱遁者的剖白〉，另外有羅門的〈心靈訪問記〉、常嗅的散文〈告別式〉，還有徐進夫翻譯的〈最後審判〉。由於替尉天驄先生的《文學季刊》編校，跟他比較熟；羅門則是因為「星座詩社」而往來；常嗅也是我拉去；徐進夫是因為他在《文學季刊》翻譯；另有林鋒雄（〈神父手記之一〉）好像是周夢蝶先生在「明星咖啡屋」門口介紹認識的「文化大學」作家，這一期已經可以看到我的實際參與。一九六九年十月（第二十二期）有些稿是我自香港帶來，如吳震鳴的〈談喬哀斯的語言〉是從香港文社「藍馬社」的刊物重發。但要到那一年十二月我才正式掛名；何步正給我掛上副總編輯的銜頭，他自己掛名總編輯，總經理是陳達弘，這陣容維持到後來大改組才調整。

一九六九年十二月那期（第二十四期）有吳昊、吳震鳴兩兄弟的文章（〈美國的黑人文學〉、〈美國黑人作家的自白〉），小說的許惠碧是「政大」新聞系的同學（〈禮拜天的陽光〉），另有我的中學同學、時在美攻藥劑的袁則難的詩（〈紋身〉）、羅門夫人蓉子的詩（〈哀天鵝〉）。因為「星座詩社」跟羅門、蓉子夫婦來往較多，所以能拉到蓉子的詩。也順道發刊溫健騮原在香港《中國學生周報》的詩〈四行〉，是剪貼送排。一九七〇年一月（第二十五期）是出版兩週年紀念，也有不少海外稿件，旅美的王潤華（〈北上〉）是「星座詩社」，

鄭樹森（右）參與《大學雜誌》編務期間曾向蓉子（左）與羅門（中）邀稿。（鄭樹森提供）

覃權（〈臉〉）是香港《中國學生周報》的詩人。覃權通過香港《中國學生周報》編輯吳平先生聯絡，當時中學畢業後就做事，後不幸英年早逝。這一期還刊佈尉天驄的〈中國古典小說的象徵精神〉，劉紹銘在香港登的〈馬拉末及其「魔桶」——魔桶譯序〉，又發何欣先生〈索爾．貝婁的「抓住這一天」〉，頗多西方最新的文學介紹。原先一九六九年夏天加入時，沒掛名，主要是約稿、發稿，也只負責文學藝術方面。到了一九六九年底，整份雜誌的發稿、跑印刷廠，都是由我統籌，因此不只編文學藝術版面；除在「環宇出版社」，還經常在印刷廠辦公，此外也會到張俊宏先生和平東路一段一一巷一一—二號二樓的住宅開會，但當時張太太許榮淑都不參與，就只笑咪咪叫傭人招呼茶水。

到一九七〇年三月（第二十七期），尉天驄先生的「人人出版社」刊行《幼獅文藝》主編瘂

《大學雜誌》召開會議，中立者為陳鼓應。（陳達弘提供）

弦先生的詩集，我幫忙校對，得瘂弦介紹，認識阮義忠，請他掛名藝術編輯。他後來出版台灣《攝影家雜誌》和攝影藝術史，本身也是攝影名家。我請他幫忙美化版面，一九七〇年三月號開始有他線條式的圖案。為什麼是線條呢？因為我跟他說，那些圖案得製鋅版後效果明朗清晰、便於確認；於是每一欄都多了圖案，多了些版頭設計，但太複雜鋅板做不出來，便專做這些單色的線條圖，署名ＱＱ。

一九七〇年七月（第三十一期）繼續看到《文學季刊》和《創世紀》的蹤影，例如商禽的詩（〈溺酒的天使〉）、子于的小說（〈轉機〉）、管管的詩（〈潮與腳印〉）等。因為我的關係，《大學雜誌》多一些香港作品，也團結了一些本來不會在《大學雜誌》發表的作者，而《創世紀》、《文學季刊》的作者，也能拉來。

《大學雜誌》的大改組要到一九七一年，這次改組擴大了整個編委會，總編輯換成楊國樞，社長改為陳少廷，另外增加了名譽社長丘宏達。大改組在一九七〇年底開始醞釀，一九七一年才登出來。大改組的目的是加強人脈，擴大影響力。這段時間「環宇出版社」的角色便更加清晰了。改組前有一件事，是我提出的。一九七〇年底醞釀擴大改組時，覺得《大學雜誌》用「大學」兩字是因為「台大」的「大學生活」、「台大人」之類的意思，對象好像侷限於大學生，於是想要改名，但討論來討論去也沒結果。最後我說《大學雜誌》的「大學」兩字也不錯——我記得在香港讀中學時暑假另外跟中文老師讀中文，他選了些《論語》、《孟子》、《大學》給我讀——我記得《大學》開宗明義「大學之道在明明德，在親民，在止於至善」，為什麼不用這意思呢？這段我會背，我就用國語背出來，我的國語很糟，所以也寫出來，結果大家覺得也可以，於是連這段也登出來。[2]之後每次都把雜誌命名原由印出來，這意思倒是雜誌創辦後幾年才追認的。強調這源起，說明《大學雜誌》不是只以大學生為對象的讀物，更加不是哪間大學的校刊，於是維持這名字沒改，大家也認為不改更好，因為雜誌已經辦了一段時間。

一九七一年一月開始有昆明街九八—一號二樓這間「十八世紀咖啡屋」的廣告，這咖啡屋其實是美術家郭承豐投資的，我們有時候就在那裡開會，我也常常在那裡約見一些人。我在這裡約見過的作者包括但漢章和到台灣念電影的香港僑生卓伯棠。後來瘂弦先生因為《幼獅文藝》想辦電影專號，我每期都有送《大學雜誌》給他，他看到每期都有些電影文章，便向我借將。其實我手上只有香港《中國學生周報》和《大學生活》的材料，另外兩個筆桿子就是卓伯棠和但漢章，我哪裡有許多將可以借呢？就只他們兩個，於是卓伯棠和但漢章為《幼獅文藝》做了兩期約五百頁的電影專號，當時他們二人還在念大三左右。一九七一年《大學雜誌》幾乎每一期都看到但漢章的電影文章，從此他便在台灣的影評界崛起。但漢章旅美後成為電影導演，改編過張愛玲的《怨女》，後不幸肝病去世；而卓伯棠後來旅美之後，活躍香港影視界，現任「香港浸會大學」電影學院總監。一九七一年的篇幅一直在增加，除了但漢章，還有留學美國的香港僑生翱翱，即是中年以後改用「張錯」筆名的張振翱。當時他寫美國當代詩的專欄，差不多每期都有，之後也替他出版成專書。

大學叢刊

《大學雜誌》的關係令我經常會到光復南路三四六巷五五號的「環宇出版社」。初期「環宇出版社」說要多出版，但出版什麼呢？結果「環宇」第一批出版物就是《大學雜誌》的文章結集，叫「大學叢刊」，三十二開本，每冊一律定價十五元。

第一本是弗洛姆的心理分析名著，叫《愛的藝術》，當時已有幾個版本，我們只取名叫《愛》，一出就很能銷，賣了很多版，老闆陳達弘很高興，覺得出書真是能夠維生的行業，比做發行、做書店好。另外便是稍早鄧維楨編選的《杜鵑花城的故事》，書中文章早期曾經在《大學雜誌》和「台大」校內刊物《台大青年》登過，談他們大學生上「台大」後的故事，這本書用今天的話來說就是「台大」當年的「集體回憶」了。《杜鵑花城的故事》一出就轟動，賣至斷市，要從速補印。當時還出版了奧非歐的《康橋踏尋徐志摩的踪徑》，這本半遊記文集是李歐梵的，奧非歐即是李歐梵。而自美返台後引進美國形式學派批評（當時一般稱為「新批評」）的顏元叔教授，也在《大學雜誌》寫了些文章——那欄目有其他人，但他比較有名，有時候很尖銳，當時的評論很少會這樣，他聲名突起，所以這本書便以他為主，署名顏元叔等著，叫《文學漫談》，銷路也相當不俗。另外也出版了《大學雜誌》主筆陳少廷的政治文章。接著便仿《文星》雜誌以前的做法，就是將自己雜誌的文章出選集，出版了一批「大學雜誌文摘」，包括《這一代中國知識份子的見解》、《這一代青年談台灣社會》、《今日的大學和大學生》等，都賣得非常好，每本都三、四版。我們又將《大學雜誌》上一些論壇、連續多個月的討論結集，例如對台灣一九五〇年以來的土地改革發展至六〇年代尾聲的整體檢討，有「台大」農學院教授李登輝等著的《台灣第二次土地改革芻議》。此外，張俊宏、許信良、陳少廷幾位當時都對台灣的未來發展有他們一套看法，這一個核心所規畫的藍圖，以台灣當時的社會力或經濟力量的分析為起點，文章結集為《台灣社會力的分析》，以張俊宏的筆名「張景涵」掛名，署名「張景涵等著」，也賣了很多版，如果每版以三千至五千本算，在當時的閱讀人口來說相當可觀。張俊宏自己另外有一本個人文集，用「張景涵」筆名，叫《展望國是》，這本等於是他對政壇的從政宣言。《大學雜誌》很早就有一批海外來稿，主要是柏克萊，個別是哈佛所在地劍橋，這些博士生的來稿合起來出版成「域外集」，也是《大學雜誌》出版的文選，張系國主編「域外集之一」《天涯小唱》，後來又編「域外集之二」叫《未竟的探訪》。劍橋那邊有一位偏左的、念歷史的龔忠武，是哈佛歷史學博士，對美國社會頗多批評，寫了一系列文章在《大學雜誌》連載，後來出版叫《困學集——X光下的美國社會》。當時基本上我們在美國東西兩岸的海外聯繫就是他們。其他文選還有總編輯楊國樞掛名的《偏安心態與中興心態》，也是對時政的評論，用「楊國樞等著」署名。

從前面的介紹可見，當時我們全都以《大學雜誌》已有的文章擴大編書，我也要配合編一本，用早期在香港《中國學生周報》的筆名「鄭臻」署名，叫《憤怒的與孤寂的》。這本銷路比較普通，但第一版印量很大。第二版是新版，有新封面，也可以，可能因為書名起得好，這是在這批「大學叢刊」裡我唯一掛名的書。這本《憤怒的與孤寂的》其實就是當時《大學雜誌》文藝部分的選集，書在我一九七一年年底離開台灣前夕編好，小說方面的香港作品收入袁則難的〈開屏〉，散文有也斯〈兩章〉、綠騎士〈呵呵呵Merry Go Round〉、翱翱〈悲歌行〉、〈中國．中國啊〉、〈中國．我們令您太傷心〉，詩有溫健騮〈某一個春天〉、袁則難〈三藩市〉、葉維廉〈那麼緩慢的濺射〉。其實我在《大學雜誌》文藝版發過稿的香港作者不只這些，但選集不免割捨。在我接手處理的一段時間，《大學雜誌》所刊登的香港作品頗多，袁則難的稿我經常發，剛才提的幾位的作品也經常發，有些是我從香港帶去或後來收到的《中國學生周報》、《盤古》轉過來的，例如綠騎士的散

《大學雜誌》曾舉辦讀者評選會摸彩活動。左一為林瑞明。（陳達弘提供）

鄭樹森以「鄭臻」之名主編《憤怒的與孤寂的》，為《大學雜誌》文藝版選集。

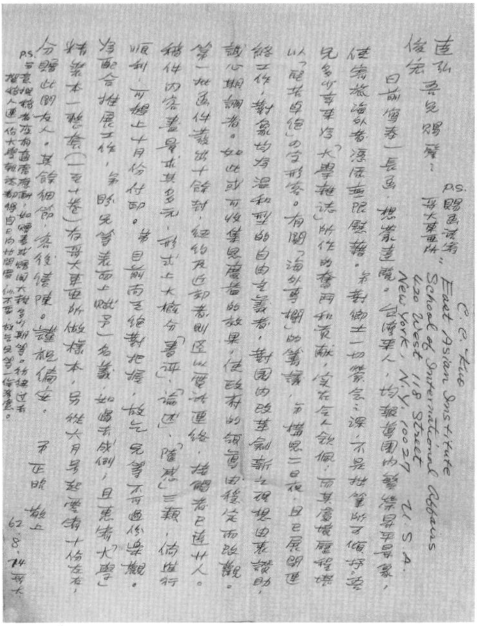
P.S. 賜函請寄：哥大東亞所
C. C. Kuo
East Asian Institute
School of International Affairs
420 West 118 Street
New York, N.Y. 10027
U.S.A.

達弘
俊宏 吾兄賜鑒：
日前寄一長函，想業達覽。台灣來人，均報導國內警察界平易象，使弟旅海外者感佩無限感謝。弟對僑社一切事宜之課，不是搖筆所可備好。吾兄多少年來為「大學雜誌」所作的奮鬥和貢獻，實在令人欽佩，而其廣域歷程與以「脫去卑俗」的字形容。有關「海外專欄」的籌備，弟構思二日夜，且已展開連絡工作，對象均為溫和型的自由主義者，對國內改革創新之理想由衷讚助，誠心期調者。如此或可收集思廣益的效果，使政府的領導由穩定而改觀。第一批函件發出十餘封，紐約及近郊者則逕以電話連絡，接觸者已達廿人。稿件內容盡量求其多元，形式上大概分「書評」、「論述」、「隨想」三類，倘進行順利，可趕上十月份付印。弟目前尚無絕對把握，故乞兄等不可過份樂觀。為配合推展工作，弟盼兄等義函上「聘書」名義，如嫌未成例，且惠寄「大學」雜誌本一整套（一至十卷）存哥大東亞所做樣本，另從六月號起寄請十份左右，分贈此間友人。其餘細節，容後續陳。謹祝儷安。
弟 正昭 敬上
62. 8. 14 哥大
P.S. [illegible]

民國62年8月14日，郭正昭寫給張俊宏和陳達弘的信，提及籌編「海外專欄」之事。（陳達弘提供）

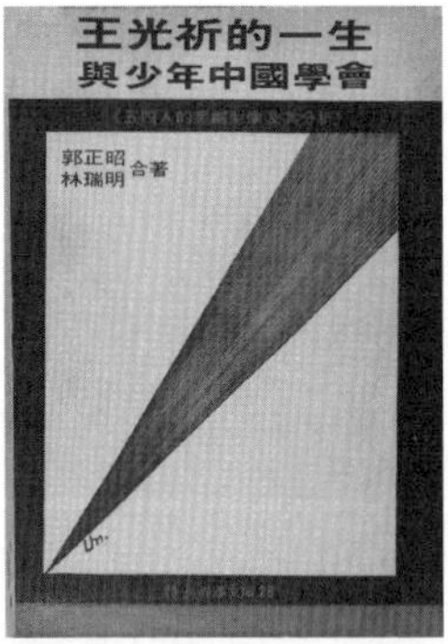

郭正昭與林瑞明合著此書，探討五四人物王光祈的一生及少年中國學會的分裂與瓦解。

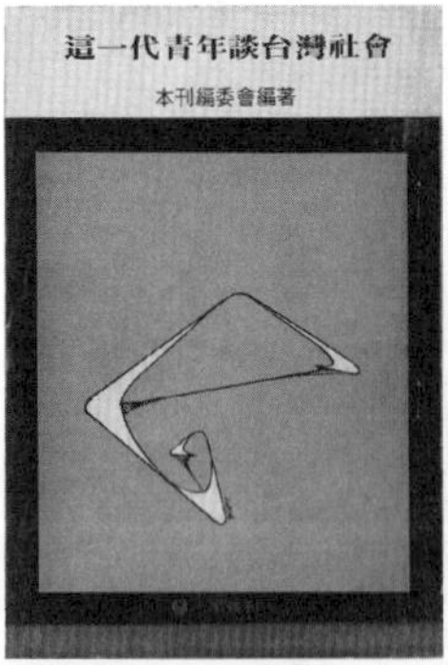

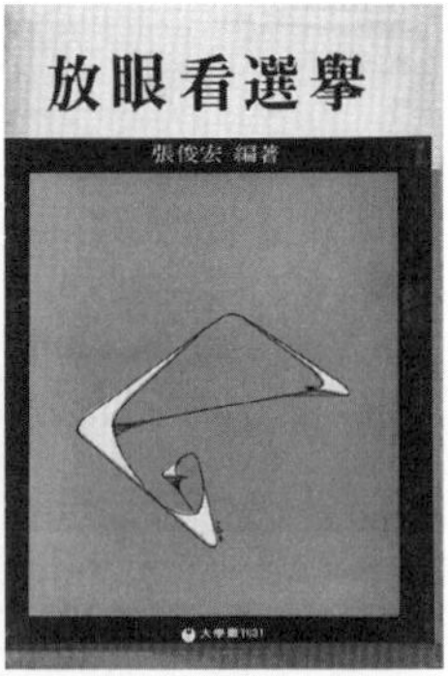

《大學雜誌》將雜誌上的文章結集出版，呈現當時知識分子對時事、社會的關心。

文就是這樣看到而重發的。[3] 另外發過稿的香港作家還有吳震鳴，都是評論文字，溫健騮主要是詩和散文，還有吳煦斌的翻譯〈靈光〉、西西的劇本〈寂寞之男〉，也有林年同翻譯介紹義大利青年導演的文章（〈憤怒的義大利青年導演〉），也斯也發了很多次，除了詩、散文，還有評論文字、漫談，電影方面則發過卓伯棠訪問唐書璇談《董夫人》的文章（〈訪唐書璇．問董夫人〉），又有梁濃剛介紹英國導演湯尼．李察遜（〈湯尼李察遜的導演事業〉）。有些作品應該是在香港《好望角》上剪下來重發的，例如「冰川」應該是李英豪先生的筆名，他介紹約翰．杜思．帕索斯的小說，我又重發了一篇約翰．杜思．帕索斯的〈占士甸時代〉，也是在《好望角》移過來的。[4] 應該選進集子但因為擔心會有問題而沒選的，是戴天的詩。戴天為了聲援陳映真下獄而在香港發表了很多文字，台北當局對他有意見，他甚至有美國新聞處工作人員的身分也進不了台灣，所以我當時不敢寫是戴天，用「戴成義」的名字在《大學雜誌》重發他的詩，一般審查沒查得那麼細，可以含混過關。其他香港作家，沒在這《大學雜誌》文藝版選集出現的，除了剛才補充的，我所記得的，還有淮遠、鍾玲玲的作品。如果從台灣香港文學交流的角度來看，當時在《大學雜誌》的一段時間，直至一九七一年底離開台灣之後的選集《憤怒的與孤寂的》，都陸續呈現香港青年作家風貌。

《憤怒的與孤寂的》也有馬華文學，例如李永平的成名作〈拉子婦〉。一九七一年，我被安排到「台大」外文系上課時，有時中午去「台大」僑生宿舍搖醒他催稿，但好像沒逼出什麼。還有一位當時很年輕的抒情詩人，後來突然星沉影寂，好像是因病夭折的艾廉（〈苓花懷〉）。他的抒情長詩當時很有名，但除了在《大學雜誌》的幾首詩便沒有在其他地方見過他的作品。他的詩現在看仍然相當不錯，他的嘗試相當站得住，當時我跟他只是書面連繫，知道他很年輕，寫得相當好。書中另外有一些年輕詩人，後來都成了名，例如羅青（〈？怎麼辦〉）；更不用說當時已經成名的管管（〈潮與腳印〉）、商禽（〈溺酒的天使〉、〈作品三帖〉）等。為什麼會有老一輩的稿呢？因為跟《創世紀》有一段往來。當時還有周夢蝶的詩，則來自更早的香港時期的聯繫。

另外一本也是我編但不掛我的名字，用「何欣等著」署名，叫《從地下文學到當代英詩》，亦是以《大學雜誌》已有的文章為主，但因為擔心字數不夠，便找一些在《星座詩刊》的文章加進去，豐富內容。

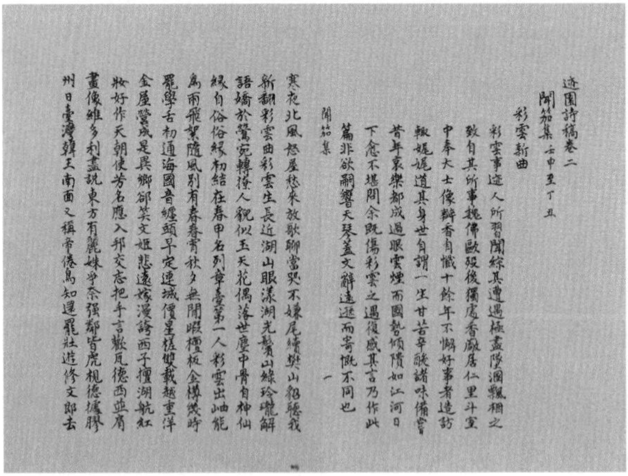
迹園詩稿卷二
閒笳集 壬申至丁丑
彩雲新曲
彩雲事迹人所習聞綜其遭遇極盡陸涸飄栖之致自其所事魏佛歐殁後獨處香巖居仁里斗室中奉大士像辦香自懺十餘年不懈好事者造訪輒娓娓道其身世自謂一生甘苦辛酸諸味備嘗昔年哀樂都成過眼雲煙而國勢傾隤如江河日下愈不堪問余既傷彩雲之遇復感其言乃作此篇非欲嗣響天琴蓋文辭遠遜而寄慨不同也
閒笳集 一
寒夜北風怒屋愁來放歌聊當哭不嫌尾續樊山貂聽我新翻彩雲曲彩雲生長近湖山眼漾湖光鬢山綠玲瓏解語嬌於鶯宛轉撩人靚似玉天花偶落世塵中骨自神仙緣自俗俗緣初結在春申名列章臺第一人彩雲出岫能爲雨飛絮隨風別有春春宵秋夕無閒暇檀板金樽幾時罷學舌初通海國音纏頭早定連城價星槎使載越重洋金屋營成是異鄉卻笑文姬悲遠嫁漫誇西子擅湖舫紅妝好作天朝使芳名應入邦交志把手言歡瓦德西並肩畫像維多利盡說東方有麗姝爭奈強鄰皆虎視德據膠州日臺灣韓王南面之稱帝俄鳥知還罷壯遊修文郎去

環宇出版社曾出版中研院院士蕭公權的《迹園文存》兩卷，此為蕭公權手抄詩稿。（陳達弘提供）

「大學叢刊」每一本版權頁都掛名主編是何步正和我。「大學叢刊」之外、「長春藤文庫」的版權頁也都這樣印。為什麼何步正要這樣做？我也搞不懂，我覺得叢書、系列的主編不應該用我們的名義，我們不過是實際工作，但這是不是他個人的心願，我便不清楚了，總之在這些書中，我全都跟他一起在很多書掛名。

長春藤文庫

當時「大學叢刊」的工作到這裡，已經開始覺得要另闢一些新的項目，不能只將舊雜誌、舊文章結集出書，因此決定出「長春藤文庫」，實行以更好的紙、更好的裝訂、更好的封面來做書，與「大學叢刊」那種比較節儉的方式不同。「大學叢刊」的封面都比較簡單，全由當時國立藝術專科學校畢業的年輕畫家阮義忠設計，他總是很快就可以交封面給我。他那時很年輕，蝸居在台北一個很小的地方，我有時跑去送設計費給他，盡能力接濟他的生活。他當時在台北打各種美術零工，印象中他這一段很刻苦。當時一些年紀大些的《大學雜誌》朋友認為，如果「長春藤文庫」要做更好的裝釘、更好的封面，甚至是彩印封面，那我們得另外找人設計，不能夠以簡單雙色圖案式封面解決。在這樣的情況下，決定找《大學雜誌》每一個月的封面設計者，台灣知名設計師、畫家郭承豐。我提出用「長春藤文庫」的名字，因為常看美國的*Evergreen Review*，扉頁更用上來自嬉皮士運動的標誌，封面設計全來自郭承豐，他的封面，即使今天重看，每一本都很好。

為了頭炮響亮，我們得找重量級的著作，當時海外通過「域外集」筆陣聯繫上汪榮祖教授，他向《大學雜誌》介紹在美國西雅圖華盛頓大學的中研院院士蕭公權先生的文章，他是研究中國政治思想的大家，我們年輕人只是聽過名字，著作不太清楚，但許信良等都說很好，於是便出《迹園文存》兩卷，而且是精裝合訂本，然後難題來了！同一時間聯絡上，預備打響招牌的，但引起很大爭議，就是《徐復觀文錄》。《迹園文存》兩卷精裝本當時賣八十八元，很貴了，《徐復觀文錄》四冊精裝更賣九十八元。引起爭論，是因為擔心出版社會否因此被查禁。徐復觀曾經在黨內位居要津，在大陸時曾任蔣委員長的幕僚，後來因其批判精神與國民黨反目，半隱居於台中，正如他自己生前所言，是在學術與政治之間，他後來有本書就叫《學術與政治之間》。因為國民黨內有些人視他為異議分子，他有些書印好後也曾被警告而沒有發行，所以我知道徐復觀有爭議性。我們內部也的確有爭議，擔心會否引起什麼問題，這不僅是被查禁的問題，還有成本的問題，「文星書店」及《文星》雜誌已經查封在先，我們一個小本經營的出版社，每個月的《大學雜誌》也有些不討喜的言論，出版徐復觀的作品會否變成一種態度、一種立場呢？大家要討論，我當然不熟悉情況，當時也不夠敏感，政治上也無法參與討論，只能夠旁聽，之後馬上去請教何欣先生，他到底在一九四〇年代後期主持過《公論報》副刊，《公論報》許多編輯輪流去坐牢他卻沒有，我當然要去請教老前輩。我記得他很支持、很鼓勵，但也提醒我說，他的文字要很小心看，看看有哪些會敏感，會不會有些地方太尖銳。

何欣先生提點我之後，我很小心，但看不出有什麼問題。我向張俊宏先生說了何欣先生的看法，但最後還是覺得無論如何應該出版。張俊宏先生甚至說，如果被禁更好，我們可能因此會很有知名度。他說做出版，怎能不被禁一下呢？我倒覺得我們已經在「剃刀邊緣」了，而且他常常提的一句話是，我們辦《大學雜誌》也好，出版也好，不能夠做烈士，不能夠坐牢，因為坐牢是一時之快，只當了短暫的英雄，但對整個事業的堅持並無幫助，這是他的大概意思。我聽他說多了，也頗有體會，很同意，覺得我們盡量打擦邊球，但不要出狀況，尤其是《文星》結束後，我們幾乎是最後的一個陣地了。

因此我們在出版社出書也很敏感，很小心。還記得「長春藤文庫」出版我主編而沒有掛名的、沙特和卡繆文學論文選《從存在主義觀點論文學》後，當時負責思想管制的總政治部主任王昇將軍點名批評，說現在島內有些所謂的自由派在宣揚存在主義思想，包括出版這樣的一本書，而存在主義思想是虛無的，是敗北的思想、頹廢的

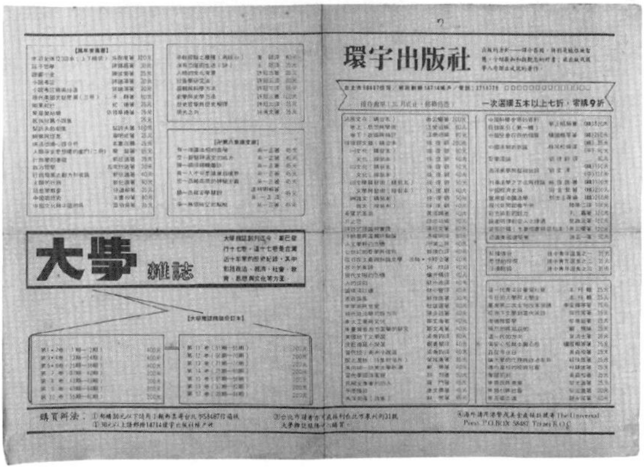

環宇出版社刊登的叢書銷售廣告。（陳達弘提供）

思想，會將我們的鬥志磨滅，這是敵人間接打擊我們的辦法。這樣一說，我們便罪大了。敵人者，即是對岸的共黨。我聽到這消息時非常震驚，因為王昇將軍是在一場國軍文藝大會的講話中點名批評，是對政治工作幹部、政工幹校畢業幹部的講話。那本書我是實際編者，但沒有掛名，但那系列主編還是寫著何步正、鄭臻。這是出版《徐復觀文錄》之後不久的事，出版《徐復觀文錄》之後，很快我們就出這本《從存在主義觀點論文學》，跟著還出了何欣先生替美新處譯的《民主的真諦》，是A. P. Davies寫的。因為當時覺得，台灣老是在說反共，反共需要民主，但你自己不夠民主啊，那我們出版《民主的真諦》也好，曲折批評。「長春藤文庫」後來還出版了國民黨的眼中釘——殷海光先生的一本書，叫《殷海光最後的話語》，陳鼓應編，這書是有點禁忌的。我們這樣維持下去，幸好沒有大問題。

環宇出版社「長春藤文學叢刊」出版王文興《家變》，當時是以《中外文學》連載的版型印刷。

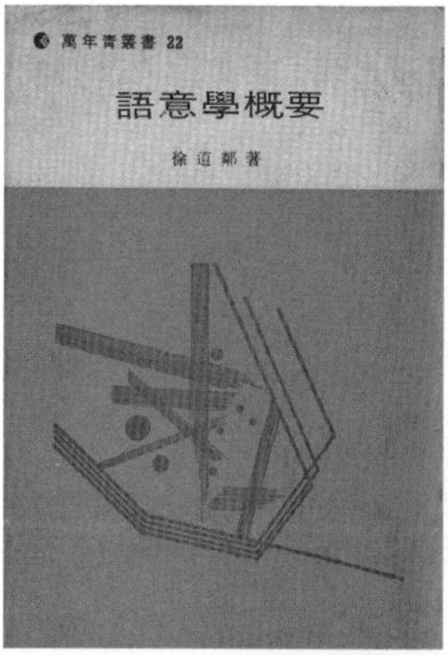

「萬年青書店」幾乎都是重印的書，徐道鄰《語意學概要》原是香港友聯出版的書。

近來由於王文興先生小說手稿影印出版，也有研究者查問當年「長春藤文庫」編校《家變》的狀況。這本小說文字獨特，作者向以校對精細和不斷推敲改動馳名，怕無力承擔，後來安排以《中外文學》連載的紙型來印刷，改動也就限於紙型。這段時間大概受嬉皮士運動影響，台北街頭出現長髮，好像是教育部的提議，警察曾在街上「請」人去理髮，王先生被波及，後來寫了篇文章抗議，也在《大學雜誌》刊登。

萬年青叢書

我們除了「長春藤文庫」、「大學叢刊」之外，還有一專門翻印舊書的品牌叫「萬年青」。有些書我從香港帶去，就這樣影印再出，多是一九四九年前的，如卞之琳舊譯英國名家衣修阜德的《紫羅蘭姑娘》、馮亦代抗戰時譯海明威《蝴蝶與坦克》等。還有自何欣先生處借來的紀德的《剛果紀行》、美國文藝理論名家A．卡靜的《美國現代文藝思潮》三冊等。另外有一批中國舊小說的重要參考資料，是尉天驄教授借的，包括魯迅的《小說舊聞鈔》、《中國古典小說論》——名字是我們改的，當然不是魯迅用的原名，還有一九四九年後在台灣不能流通的陳汝衡的《說書小史》；再有兩本蔣瑞藻《小說考證》、《小說考證續篇拾遺》，也是尉教授的舊書，估計是從他姑父任卓宣先生（筆名「葉青」）及姑母尉素秋教授處得來的。另外還有些是何步正從香港帶來的「友聯」出版物，例如許冠三先生《史學與史學方法》等五種書，這些是得許冠三先生同意簽約的。

「友聯」來的書還有徐道鄰先生那本《語意學概要》。另有一本是香港「新亞書院」王煜譯羅素的《沒有恐懼的生活》，得他同意的。所以說台港交流，除了文學，也有一點這類思想、歷史的。「萬年青」唯一原創出版物是香港作家羈魂的第一本詩集《藍色獸》，封面也是我找阮義忠設計，灰紫雙色印刷。稿件是何步正拿來，說是作者補貼五百元港幣，希望可以出。「萬年青書店」的書全都是重印的，不是重印香港的書，就是重印一九四九年前的書，這是唯一一本原創。

警總與查封

一九七一年五月那期（第四十一期）《大學雜誌》是保釣專號，在保釣運動愈來愈緊張的時候，我們決定突破政府在媒體上的全面封殺，在《大學雜誌》登照片。當時是既不能文字報導，也不能圖片報導，我們用一期《大學雜誌》作保釣專題報導，封面當然得用照片。在籌備這特刊時，我一直有跟張俊宏聯繫，他雖然過去常常以大家不能夠坐牢、做烈士為警惕，但在那時我感覺他似乎也比較激進，態度跟我最初認識時很不一樣。另一方面，《大學雜誌》內部有一部分人不支持搞得太過火，認為很危險，可能會被國民黨拿作理由來查禁。那期在激烈討論下一直沒有出版，很多讀者以為我們被查禁，其實是我們遲遲不敢付印。因為當時國民黨雖然威權統治，但不是極權統治，查封還得根據出版法，雜誌得印刷裝釘成冊後才能查禁。那時候警備總司令部有人包圍我們的裝釘廠，我問你們現在是不是要來查封？要搶走我們的印刷品？他說不是，但只要我們一裝釘好、一拿出去，成為出版物就可以依法行動。於是只好不裝釘，就這樣對峙，但也不能老是不出版，因為是月刊。國民黨中央黨部有代表來溝通，最後決定我們印好的封面仍然可以裝釘一部分的刊物寄到海外，但島內絕對不能有，這是很大的讓步。因為我們的封面內頁光面可以清楚印照片，封底內頁也是，所以最後完整的版本往海外去了，然後我們另印封面，但內容仍然是保釣。

這一期保釣專號出版前後，國民黨內部似乎有不同意見。終於最後警備總司令部來搜查「環宇出版社」。一個下午警總突然包圍「環宇出版社」，翻箱倒篋，取走很多資料。當時何步正就住在「環宇出版社」二樓，結果在他那兒搜到一些書，但也不會有什麼大問題，真正的問題在「萬年青書店」，全是重印一九四九年前大陸繁體字書。此外，《大學雜誌》和「環宇出版社」一直有各方不同知識分子聚集；又在「長春藤文庫」出版徐復觀、蕭公權；另外又承擔《文學季刊》的印刷和發行；估計對我們這個奇怪的老中青、海內外集結注意已久；但推想警備總司令部不是獨斷獨行，是會同國民黨中央黨部作最後決定才有所行動的大事情。

警總來搜查「環宇出版社」時，倒有提到我們重印《古史辨》有問題，因為裡面有「共匪」御用史學家。他們沒特別解釋便抓了何步正去羈留。最後通過各方面的聯繫來了解發生什麼事，得到的訊息是，他們會釋放何步正，但何步正每天要到警察局報到，不可以離開台灣，要交出旅行證件。何步正回來，但實際變相軟禁。我們很快便同意結束「萬年青」，並由陳達弘夫人楊慧玉以發行人名義登廣告結束「萬年青書店」。[5] 其實警總是因為《大學雜誌》而出手；後來我們便決定不再印名字，該年秋天執行編輯就不再列名字。[6]

我一直做到一九七一年年底，之後離台赴美升學，[7]「環宇」一九七二年還繼續出版我留下來的書。那時我雖然還在念大學，但很少上課，老在外面跑，印刷廠和出版社之外，有時去《大學雜誌》的名義編輯部，即是「師大」附近張俊宏的住家，還有當時尉天驄先生婚後寧波西街的新居，那兒另有交匯，因為是《文學季刊》的集會點……總之老在外面。回頭說緣起，「環宇」我會介入這麼多，是因為《大學雜誌》；但再追溯起來，竟然只是因為何步正來木柵追女生，僑生追僑生，鄉里追鄉里。

註釋

1. 訪談於二〇一〇年十月至十二月期間分多次進行，以下僅節取與《大學雜誌》有關的部分內容，率先發表。文稿基本根據訪問錄音整理而成，並經受訪者過目。鄭樹森，現為香港科技大學榮休教授、美國加州大學聖地牙哥校區榮休教授、香港嶺南大學特聘教授、中央研究院歐美研究所諮詢委員。
2. 一九七一年二月《大學雜誌》版權頁即見〈「大學雜誌」命名緣由〉：「『大學』開宗明義說：『大學之道在明明德，在親民，在止於至善。』本刊的命名，即源於此。所以『大學雜誌』並不是一本全以大學生為對象的讀物，更不是某一大學的校刊。它是為了每一位愛好新知、關心現實的朋友所創辦的，歡迎大家閱讀和賜稿，並給予批評與指教。」

3.綠騎士：〈呵呵呵Merry Go Round〉，原刊香港《盤古》第十八期（一九六八年十月二十日）。

4.冰川：〈約翰．杜思．帕索斯小說探微〉及約翰．杜思．帕索斯：〈占士甸時代〉，《大學雜誌》第三十五期（一九七〇年十一月），原刊於香港《好望角》第六期（一九六三年五月二十日）。

5.一九七一年五月第四十一期《大學雜誌》刊登「萬年青書店結束營業啟事」，全文如下：

「本書店決定結束營業，已經出版之各類書籍，自即日起照成本，廉價出售，至六月十五日止。（存貨出清，絕不再版）。餘書不多，欲購從速。

本書店亦自即日起商得環宇出版社之同意，收回環宇出版社代理本書店之總代理權。嗣後，本書店書籍之發行概與環宇出版社無涉。特此鄭重聲明。

萬年青書店發行人楊慧玉敬啟　六十年五月十日」

6.一九七一年九月第四十五期起，《大學雜誌》版權頁編輯名單沒有再列出何步正與鄭臻的名字。

7.鄭臻：〈憤怒的與孤寂的．編後記〉：「本書的編選出版，恰巧也是自己快要離開台灣的時候。幾年來負責「大學雜誌」文學部門的編輯甘苦，亦將隨本書而結束。」鄭臻主編：《憤怒的與孤寂的》（台北：環宇出版社，一九七二年），頁一八〇。

（原發表於二〇一二年二月《文訊》三一六期）

一粒麥粒落在地裡

簡論《大學雜誌》

◎高永謀（文字工作者）

無論在台灣媒體史、政治史，乃至於思想史，《大學雜誌》都是不容忽視的存在。但想論斷《大學雜誌》，卻比評價其他同樣已「作古」的報章、雜誌，困難不知凡幾；任何人給予任何評語，都有往昔的重要參與者不認可，如果企圖博得滿堂綵，反倒可能陷入父子騎驢的窘境，或滿盤皆輸！

原因在於，對大多數評論者而言，《大學雜誌》曾數度質變，主要幹部甚至分道揚鑣、形同陌路，無法符合其「從一而終」、「堅守立場」的期許，而《大學雜誌》內容充滿異質性，更讓他們眼睛彷彿揉了沙子，怎麼看都不順心，言語總帶著感傷、悲憤與無奈！

異質性並非雞兔同籠

然而，即使眾家評論者立場各異、毀譽不一，但卻無人否認，《大學雜誌》對台灣言論自由的貢獻；只是，今日台灣言論看似自由，百家爭鳴、好不熱鬧，可歎的是，多元性卻逐漸喪失；可悲的是，各種發言總充滿利益算計，為黨同伐異而不擇手段。或許，吾輩尚能從《大學雜誌》中，重溫言論自由剛萌芽時的青澀、淳樸、溫厚與直白！

蓋棺無需論定，在不同時空環境、社會氛圍、國際情勢，歷史總會帶來新的啟示；因此，後輩不必囿於前輩對《大學雜誌》的觀點，反倒可能發現新的面向。從今日觀之，《大學雜誌》最值得懷念的，反倒是其異質性，而此異質性今日存於網路，而不存於媒體；最令人傷感的是，政治力從不放棄介入言論領域，昔日霸道蠻橫，而今日則隱約而技巧純熟。

套用王德威在《小說中國》中的論述，五四運動並非晚近中國文化運動多元化的濫觴，而是結束。在某種意義上，《大學雜誌》可能也是台灣知識分子對話的終結，而非開始，雖然在《大學雜誌》之後，台灣雜誌百花齊放，但單一雜誌內部的多元性，愈來愈不可期，彼此之間有誠意的對話，也愈來愈少！

若想再度審視《大學雜誌》，就得先重新認識「公共空間」、「言論自由」的定義，方能更深入剖析、理解。公共空間意謂意見紛雜，不是鐵板一塊，內部的歧見並非「雞兔同籠」，言論自由除了暢所欲言，也包括用心傾聽，甚至願意有所妥協，雖希望以理服人，但卻得捍衛不同意見存在的權利，而非企圖壓制或消滅。

公共空間仍在嬰兒期

或許，會有人嗤之以鼻，自誇台灣已今非昔比，言論自由尺度不遜於歐、美等國家，甚至有過之而無不及，尚可當成其他後進國家的榜樣，何需再度進行基礎教育。然而，即使獨裁政權已成昨日黃花，除非涉及毀謗、造謠，當今台灣民眾無需擔心因言賈禍，但政商勢力仍主宰言論領域，社會仍無法兼容多元、歧異的意見，充斥著「假多元」、「假自由」；更可怕的是，多數人卻普遍沒有感覺！

所以，台灣的言論自由、公共空間，都還處於嬰兒期，隨時都可能夭折。重讀《大學雜誌》的興衰歷史，有人讀到「書生論政」的慷慨激昂，有人讀到隱約的統獨分野，有人感受到背後的黑影幢幢，有人感慨昔日芳草已成蕭艾；但更應該被記取的是，當年知識分子不平而鳴的義憤，即使再不喜歡他們，也不能抹煞其努力！

一九六八年，正是全球反抗、平權運動風起雲湧的年代，年輕人紛紛站上街頭，或抗議，或創作，或叛經離道。但在當時彷彿鎖國的台灣，卻幾乎聞不到其他國家的煙硝味，於此年創刊的《大學雜誌》，起初僅是一本綜合知識刊物，但隨著主力成員的改變，在進入一九七〇年後，迅速讓台灣與世界潮流接軌！

兩蔣交替間綻放光芒

雖然，直到一九八七年，《大學雜誌》方才吹起熄燈號，但絕大多數論者嘴裡、筆下的《大學雜誌》，皆指其一九七〇年至一九七三年的「輝煌年代」，而這三年，正是從蔣介石時代過渡到蔣經國時代的交接期。在一九七〇年之前，《大學雜誌》還是一本羽翼未豐的文藝刊物，還不足以左右台灣社會的輿論走向，而在一九七三年之後，其因內部成員分裂、政治勢力壓境，影響力日益式微！

《大學雜誌》的創辦人是鄧維楨，即使知名度不若後來的加入者，之後更遠離核心，卻有其不可磨滅的貢獻。畢業自台大心理系的鄧維楨，除了創辦《大學雜誌》，也參與擘劃多家雜誌社與出版社，包括遠景、遠流、長橋、鹿橋等出版社；而在二〇一一年，由他擔任董事長的達邁科

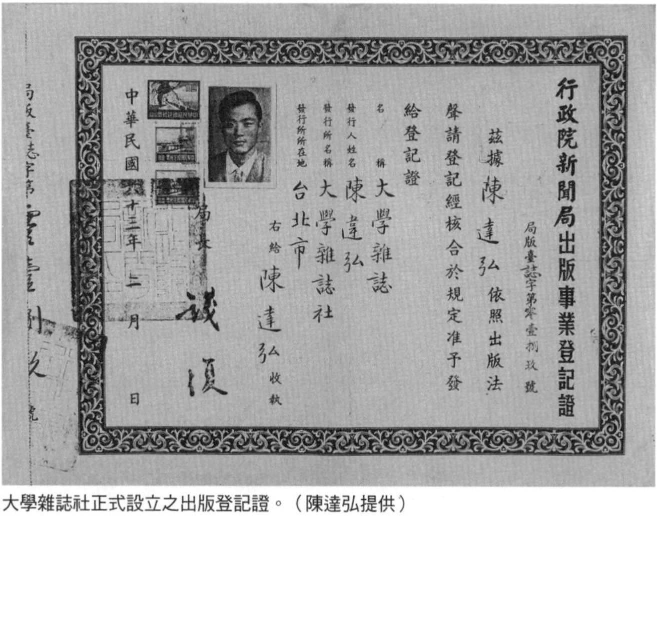
行政院新聞局出版事業登記證

局版臺誌字第零壹捌玖號

茲據陳達弘依照出版法聲請登記經核合於規定准予發給登記證

名稱 大學雜誌

發行人姓名 陳達弘

發行所名稱 大學雜誌社

發行所所在地 台北市

右給 陳達弘 收執

局長

中華民國 十三年 二 月 日

大學雜誌社正式設立之出版登記證。（陳達弘提供）

技在台股掛牌，帶領台灣競逐軟性電子材料市場，再度走在時代最前端。

早期即參與編務的王曉波，在其〈從自覺運動到保釣運動的歷史回顧〉一文中回憶，鄧維楨創辦《大學雜誌》時，才剛從大學畢業，早期的編輯群如何步正、陳少廷、王順與他，也都相當年輕，起步維艱、千緒萬端，甚至得到台大宿舍敲門推銷。只不過，這群人縱使有滿腹經綸、一腔熱血，終究經驗、資金雙雙不足，必須向外尋求奧援！

由於早期《大學雜誌》成員，幾乎清一色是台大校友、學生；因此，所找到的「助拳人」，多半也出身「杜鵑花城」，其中，最關鍵人物當屬張俊宏、楊國樞等人。在黨國一體的戒嚴時代，國民黨中央黨部權力凌駕於各部會；任職於此的台大政治系系友張俊宏，被視為「層峰」積極栽培的台籍青年才俊，而他介入《大學雜誌》，展現其領導長才，透過其匯集資金、人力，快速穩定財務、重整編務，集結當時各領域的知識菁英，共同鐫刻台灣思想史的豐碑！

知識青年發聲大本營

在張俊宏的主導下，《大學雜誌》籌組編輯委員會、社務委員會，曾經參與編務、社務者，超過上百人，包括丘宏達、楊國樞、許信良、陳鼓應、關中、魏鏞、孫震、胡佛、李鍾桂、劉福增、張紹文、王文興、包奕宏、洪三雄、陳玲玉等人，日後俱是一方碩彥，躍居政界、學界、商界、藝文界的領導人。

目前在北京大學任教的陳鼓應表示，根據他的估算，參與過《大學雜誌》的編輯委員、社務委員，共計一百零八人，其數一如小說《水滸傳》裡的天罡、地煞，而《大學雜誌》就像是七〇年代的梁山泊，聚集各路英雄好漢「呼群保義」，好不熱鬧；而如此多元、龐雜的青年組織，在《大學雜誌》之後，便不復可見！

「《大學雜誌》結合了歸國學人、本土知識分子，雖然不少人後來有不同的際遇、轉折，而昔日的理想、熱情，卻是真實的。」陳鼓應曾將《大學雜誌》成員，區分為四大派，依序為出身權貴子弟的新保守主義派、學院自由派、地方政治派、社會民主派，而這些人當下已不再對

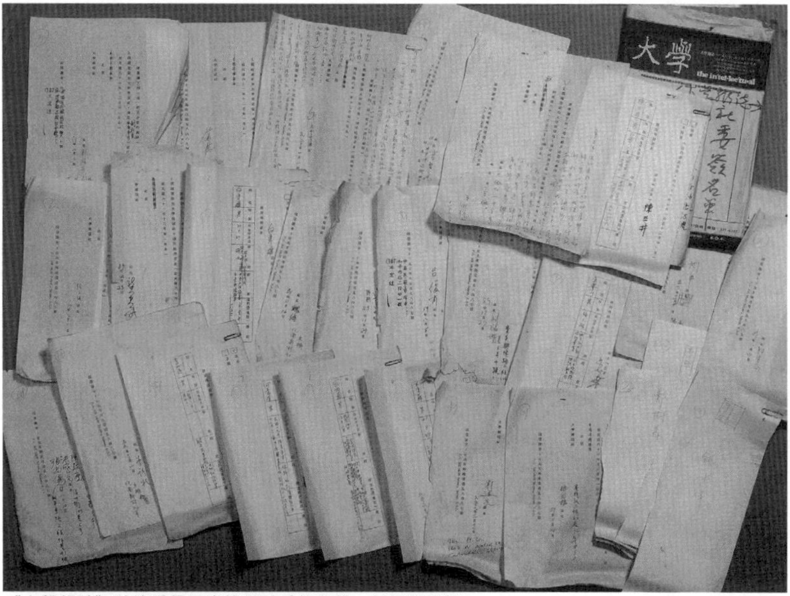

《大學雜誌》社務委員同意擔任社委簽名單，包括鄧維楨、楊國樞、鄭樹森、陳三井、白秀雄、張玉法、劉福增、陳鼓應等，共計一百餘位。（陳達弘提供）

話，只願自說自話，誠屬遺憾！

而在七〇年代初，《大學雜誌》之所以成為知識青年發聲的大本營，並非台灣已出現民主、自由的契機，而是台灣正處於內部最高權力轉移、國際地位風雨飄搖之際，所以才有些許縫隙，得以萌生異議之芽，但等到蔣經國鞏固領導地位後，縫隙也立即遭到封堵，「文字獄」夢魇再度籠罩全島！

啞巴年代後金聲玉振

在一九四九年國民黨政權從中國敗退之後，雖然高舉自由、民主大旗，卻在台灣實施獨裁統治。在五〇年代，由雷震、胡適領銜的《自由中國》雜誌，成員主要為來自中國的知識分子，為台灣保留了自由主義的火苗；而在雷震於一九六〇年入

《大學雜誌》創刊號，1968年5月1日。

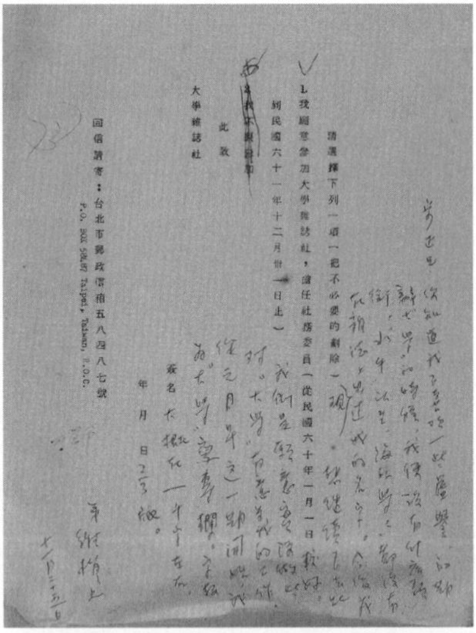

請選擇下列一項（把不必要的刪除）

1.我願意參加大學雜誌社，擔任社務委員（從民國六十年一月一日到民國六十一年十二月卅一日止）

2.我不願參加

此致

大學雜誌社

簽名

年 月 日

回信請寄：台北市郵政信箱五八四八七號 P.O. BOX 58487 Taipei, Taiwan, R.O.C.

《大學雜誌》創辦人鄧維楨簽署社委同意書時順便寫給當時主編何步正，表示有意願在《大學雜誌》上寫專欄。（陳達弘提供）

獄後，雖有單打獨鬥的《文星雜誌》，但整體而言，台灣的六〇年代，僅准文藝、不許論政，彷彿「啞巴年代」。

從六〇年代末起，在台灣內部，垂垂老矣、年過八十的蔣介石，準備逐步將最高權力「交班」給長子蔣經國，而蔣經國還得清除國民黨反對勢力，尚能順利「繼承大統」；而歷經二二八事件、白色恐怖之後，新生代的本土知識分子已準備嶄露頭角，加上陸續有留學生回到國內，帶進諸多新興思潮、學說，《大學雜誌》為他們提供了言論、心境的出口。

而在國際社會，先進國家學運、工運風起雲湧，越戰陷入膠著，全球青年奮起反傳統、反霸權，而釣魚台爭議、「退出」聯合國、與日本斷交接踵而至，也讓台灣頓時從聯合國安理會理事國淪為「亞細亞的孤兒」，而季辛吉、尼克森相繼訪問中國，更是舉國惶恐、錯愕、激憤！

在一九七〇年完成人事、組織重整後，《大學雜誌》在一九七一年大舉轉向，即使以今日的角度觀之，仍保有相當的藝文版面，文藝氣息仍頗為濃郁，但卻開始大量政論文章。套用陳鼓應的詞彙，台灣知識青年決定透過文字「砲打司令台」，果然金聲玉振、撼動朝野，也鼓動了台灣思潮、學潮，例如保釣運動。

從一九七一年到一九七三年，《大學雜誌》刊載過數篇「留取丹青照汗青」的文章，包括劉福增、陳鼓應、張紹文聯名的〈給蔣經國先生的信〉，與陳少廷撰寫的〈學術自由與國家安全〉、張俊宏發表〈消除現代化的三個障礙〉、林鐘雄以筆名邵雄峰所寫的〈台灣經濟發展的問題〉，還有多人共同署名的〈我們對釣魚台問題的看法〉、〈台灣社會力分析〉、〈國是諍言〉、〈國是九論〉等。

這些文章訴求政治改革，許多主張延續至八〇、九〇年代的政治與社會運動，例如全面改選中央民代；而《大學雜誌》之集體論政，一如大清帝國末葉時康有為、梁啟超的「公車上書」，雖冒著坐牢、殺頭的危險，如果沒有蔣經國勢力或明或暗的支持，這把言論自由之火，可能一冒火苗，便立即遭到撲滅！

不少論者將《大學雜誌》之於蔣經國，與《自由中國》之於蔣介石，相提並論、前後對照。五〇年代初，蔣介石尚未在台灣站穩腳跟，於是需要《自由中國》「妝點」民主門面，以爭取美國援助，等到台灣確定成為美國圍堵共產勢力擴張戰略

《大學雜誌》社長陳達弘（左）與名譽社長丘宏達。（陳達弘提供）

一員時，《自由中國》反倒成為眼中釘、肉中刺；而《大學雜誌》的興衰、消長，與《自由中國》幾乎如出一轍。

一九七二年，先前高喊「革新保台」、形塑改革形象的蔣經國，就任行政院長，掌握實質政治權力，《大學雜誌》已無利用價值。於是，蔣經國一方面晉用《大學雜誌》部分成員，包括新保守主義權貴子弟與些許台籍知識分子，進入其所籌組的內閣部會，另一方面則致力消滅校園異議分子勢力，迫害在大學任教的《大學雜誌》學院自由派，終使《大學雜誌》分崩離析、沉寂黯淡！

開啟黨外雜誌創辦潮

一九七二年年底，台大發生「民族主義座談會」論戰，台灣社會已感覺風雨欲來、風聲鶴唳。而在一九七三年寒假，國民黨政府著手整肅台大哲學系，解聘於此任職的陳鼓應、王曉波、胡基竣等《大學雜誌》成員，張俊宏也遭到波及，辭去國民黨中央黨部，之後更成為黨外陣營領導者之一，《大學雜誌》也隨之沉寂。

如陳鼓應之分析，《大學雜誌》成員可分四大派；而在台大哲學系事件爆發後，成員也跟著四分五裂、自立門號。首先，部分倖免於難的學院自由派，例如楊國樞、胡佛、李鴻禧等人，投入籌組隸屬《聯合報》體系的《中國論壇》，雖仍具批判性，但筆調卻較為溫和；而在《中國論壇》結束前，楊國樞、胡佛另創「澄社」，繼續堅守「書生論政不參政」的傳統。

而以許信良、張俊宏為首的《大學雜誌》地方政治派成員，或投入地方選舉，或創辦黨外雜誌，如《台灣政論》、《這一代》，開啟波瀾壯闊的黨外雜誌創辦潮，即使之後遭逢美麗島事件，終究為台灣沖刷出一片可長治久安的民主沃土。後來，兩人分別成為民進黨高層，卻又先後淡出！

在《大學雜誌》四大派中，最關注庶民經濟、民生的，當屬社會民主派。他們不僅論政，也嚴詞批評因發展而擴大的貧富差距，更組織「社會服務團」，積極「下鄉」訪查，主要成員離開《大學雜誌》後，則投入偏左翼的《夏潮》雜誌，培育出諸多台灣工運、社運工作者！

為後世留下豐厚資產

雖然僅有短短三年的燦爛時光，但《大學雜誌》為後世留下豐厚資產，其影響卻可能超過三十年，甚至更為久遠；曾擔任《大學雜誌》社長的陳達弘指出，《大學雜誌》闡揚「自由、民主、啟蒙」，帶入新觀念、新知識、新作法，乃是七〇年代的「平地一聲雷」，有振聾啟聵之功！

在思想史上，借用南方朔〈中國自由主義的最後堡壘——《大學雜誌》階段的量底分析〉一文的標題，《大學雜誌》延續了《自由中國》的香火，堪稱「中國自由主義」的最後堡壘，對中國懷有鄉愁，對自由主義充滿浪漫的憧憬，積極介入政治、社會，頗有儒家淑世報國之風。

縱使《大學雜誌》成員中，不乏在美國留學者，但《大學雜誌》並未一味歌頌美國式的政治制度、生活方式，也開啟「反美國霸權主義」的思考，雖是「中國自由主義的最後堡壘」，卻也賡續、傳承了左翼思維，也介紹了女性主義、精神分析等西方新興思潮，為台灣開啟了許多扇認識世界的窗戶！

「在七〇年代時，志文出版社的新潮文庫也陸續譯介國外重要典籍。」陳達弘解釋，當時資訊不流通，青年普遍感到苦悶，對歐美訊息需求若渴，所以新潮文庫、《大學雜誌》獲得廣大的回應，而《大學雜誌》編輯群還有數名海外留學生，更能迅速縮短與世界潮流的時差！

廣度為今日刊物難及

特別的是，昔日活躍於《大學雜誌》的成員，即使日後留在學術界，無論其發言立場，但比大多數學者，熱中於參與社會，或更具創新性，除了楊國樞、丘宏達、胡佛、陳少廷、李鴻禧，還有曾寫下《大學之理念》的金耀基、新儒學健將杜維明，與提倡動物倫理的錢永祥等人！

經過二二八事件與白色恐怖，台灣本土知識分子幾乎被剷除殆盡，《大學雜誌》代表戰後一代的崛起，並集結成足以撼動時局的「知識分子社群」，即使成員不斷分裂，卻是社會多元力量的濫觴。雖說《大學雜誌》成員曾一時成為蔣經國「接班」時的配角，但後來卻也培育出終結獨裁統治的力量，更奠定了公民社會、言論自由、公共空間的厚實基礎。

而在台灣意識崛起、中國鄉愁消褪後，中國自由主義旗手逐漸凋零，其吶喊不再一呼百諾，號召力大不如前，反倒常受困於統、獨糾纏，甚至淪於為候選人背書的樣板人物；而在解嚴後，在台灣社會中，言論、學說百家爭鳴，自由主義信徒雖顯得有些落寞，但這卻也才是自由社會的常態。

不過，自由主義信徒的挑戰依然艱鉅，困難度甚至遠超過往昔。畢竟，自由主義者的理想尚未完全落實，但在「言論市場」上，競爭力已大不如前，而無論執政黨如何輪替，當權者總未放棄管制、干預、壓縮民眾的權利，但技巧愈來愈精緻、純熟，只要稍有不察，很容易誤入圈套，就毫無警覺！

台灣學生運動的先驅

而在媒體史上，《大學雜誌》是單純「書生論政」、沒有採訪報導的刊物，今日幾乎不復可見，但其擅長議題設定、鼓動話題、打群體戰，日後雜誌紛紛效尤，迄今仍為常態；若論深度，《大學雜誌》雖不如一般學術刊物，但若論廣度，當下幾乎沒有刊物能與之比擬，其雖以論政著稱，但也關注社會、經濟動態，也提供作家發表新作的平台。

例如，今日台灣主流媒體，不斷刪減藝文版面，甚至付之闕如，但《大學雜誌》卻是當時諸多作家重要的發表基地，包括余光中、顏元叔、張系國、劉大任、鄭樹森、李永平、王靖獻（當時筆名為葉珊，後改為楊牧）、吳晟等，而深受台灣讀者喜愛的香港作家西西，也曾在《大學雜誌》發表過文章！

而在政治史上，《大學雜誌》不僅是民進黨高層的搖籃，也是七〇年代以降國民黨中堅的養成地，往日情誼後來也成為兩黨對話、協商的基礎。而近年來，藍、綠陣營涇渭分明，根本毫無交集、共識，許多人即使不是兩黨黨員，也樂得往自己身上貼標籤，說的比聽的、做的多得多，《大學雜誌》時代的溫厚，已成絕唱。

許多論者將一九九〇年的野百合學運，視為戰後學生運動的起點，可說大謬不然，其乃是七〇、八〇年代台灣學生運動的總結，而其源頭正是《大學雜誌》；如前文所述，《大學雜誌》早期成員以台大校友、學生為骨幹，但後來加入許多非台大系統，打破當時不得跨校組織社團的禁忌，重新點燃台灣的學運火苗，而「社會服務團」也是往後學運社團「下鄉」的先驅！

麥子已死但基因長存

更難得的是，《大學雜誌》不僅有學界、政界人士參與，還有多位商界人士參與，而這正是多數論者最常忽略的面向，而這些商界人士並無推銷商品、美化個人或企業形象之求，當今今日辦報將本求利的商人汗顏！

「一粒麥子不落在地裡死了，仍舊是一粒，若是死了，就結出許多子粒來。」套用《聖經》的這段話，最足以形容《大學雜誌》的歷史地位，當今年輕人雖罕有讀過《大學雜誌》者，但所享受的言論自由、公共空間，都淌流著《大學雜誌》的基因！

（原發表於二〇一二年二月《文訊》三一六期）

我為什麼編「域外集」

◎張系國（美國匹茲堡大學教授）

一九六六年在我的一生中是頗具關鍵性的一年。那年正在服兵役，同時準備去美國留學，但是還沒有決定到哪一所大學。念台大時我的外務太多又不用功，所以成績平平，自己也知道拿獎學金的希望不大，就把生平第一篇學術論文和申請書一齊寄給申請的幾所大學。我的本行雖是電機，但從來只愛寫小說，寫學術論文還是頭一遭。那篇學術論文的內容有關邏輯電路，後來居然被美國電機工程學術期刊接受發表，但是當時並不知道好壞。聖母大學（諾特丹大學）不久就寄來通知，給我全額的獎學金，這篇論文應該起了些積極作用。其他幾所大學陸續也都錄取了我，但是都沒有獎學金，其中包括加州大學的柏克萊分校。

這反而構成一個難題。照理說我應該選擇聖母大學，因為只有它給我全額獎學金，而且學校的名聲也不錯。家裡人都以為我去定了聖母大學，但是我心裡實在想去柏克萊，因為那是美國學運的大本營，我早就嚮往的革命聖地。老實說，一直到上飛機前我都無法做決定，辦出國手續還是用聖母大學的入學許可辦的。到了舊金山，馮華清兄來接我，安排我暫住在舊金山百老匯街一家餐廳的二樓，晚上被餐廳的樂隊吵得睡不著。清晨起來，我走到百老匯街盡頭，看到晨霧漸消的海灣大橋彷彿從海中冉冉昇起。正如歌曲《我的心留在舊金山》所唱的，從此我的心就留在那裡。立刻寫信給聖母大學說抱歉不能來了，第二天就到加州大學柏克萊分校報到。

當時這樣的決定實在有些冒險，因為帶的錢勉強只夠一個學期的學費和生活費。從舊金山百老匯街，我搬到柏克萊的青年會館，每天積極找地方住。剛好在當地的社區報上看到有人租房間給學生住，一個月才三十五美元，趕快打電話去問。原來這房間在地下室，下雨天還會積水，所以特別便宜。但我貪便宜還是租下，一直到劉大任也來柏克萊，那時也拿到獎學金，才搬去和他合租了間比較像樣的公寓。

和劉大任相識不過是出國前幾個月的事。那時台北有一堆喜歡搞思想的朋友經常聚會討論問題，輪流到幾個朋友的家，阿肥家是其中之一。阿肥就是丘延亮，搞現代音樂但對人類學和田野調查也有興趣，和我在台大文學院二十三號教室的哲學討論會認識後，從此成為臭味相投的朋友。他可以說是最早拒絕聯考的小子，比後來因為寫《拒絕聯考的小子》出名的吳祥輝早了許多年。在一次聚會裡我第一次見到劉大任和陳映真，而他倆那天也是初次見面，大家就談得很投機。劉大任說他才從夏威夷回來，但是覺得夏威夷這人間天堂很無聊不願意留在那裡，想去柏克萊。我說真巧我也想去柏克萊，說不定在那裡我們還會再見面。後來不但再見面，還成了室友。

我先到柏克萊，不久劉大任也來了，然後是王靖獻夫婦從愛荷華大學轉來柏克萊加大。靖獻那時的筆名還是葉珊，後來才改為楊牧。除了大任和靖獻，常相往來的還有傅運籌、鄭清茂、唐文標、水晶等人。一年後，李渝和郭松棻又從洛杉磯加大轉來。這麼多隻健筆，更不要提隱居在柏克萊的張愛玲，一時柏克萊真是人才濟濟，盛況空前。其實還有李家同，不過那時他一心想當神父，寫文章還是後來的事。

在柏克萊我又認識了一批在加大念書的台灣留學生，參加他們的讀書會。這些朋友和上述的文人朋友不是同一批人，應該說是思想比較左傾的一群。但是這讀書會不久就因為內部鬥爭而散伙，也是我第一次嚐到政治鬥爭的滋味。不過和國內相

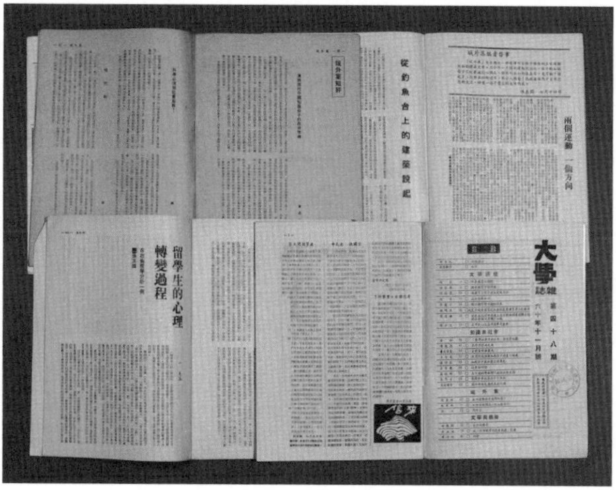

張系國藉由主編「域外集」，在《大學雜誌》上介紹國外思潮。

比，這只能算是茶杯裡的風波。在台灣的朋友卻真正受到政治的牽連，阿肥、單槓（陳述孔）、陳映真等人統統被捕。直到後來我才明白，箇中原因牽扯到權力中心的政治鬥爭，這些朋友全是政治鬥爭的犧牲品。當時我只感覺到白色恐怖無孔不入，覺得這個社會非徹底改造不行。

在台大時我參與過兩份刊物的編輯工作，一份是《大學新聞》，一份是《大學論壇》，兩份刊物的社長都因為我的文章被台大記過。一九六八年，從前在台大一起辦《大學論壇》的老友何步正和我聯絡，說他幫忙一群有理想的朋友在台灣辦一份思想性的雜誌，希望我不但在海外幫他們拉稿，並且設法募款支援。這份刊物就是《大學雜誌》，這群有理想的朋友我也多半認得，多數是無黨派的書生如金耀基、楊國樞、陳鼓應，也有少數和國民黨走得比較近的如許信良、張俊宏。誰知道當時大家以為是老K派來臥底的，後來卻成為黨外健將，沒有

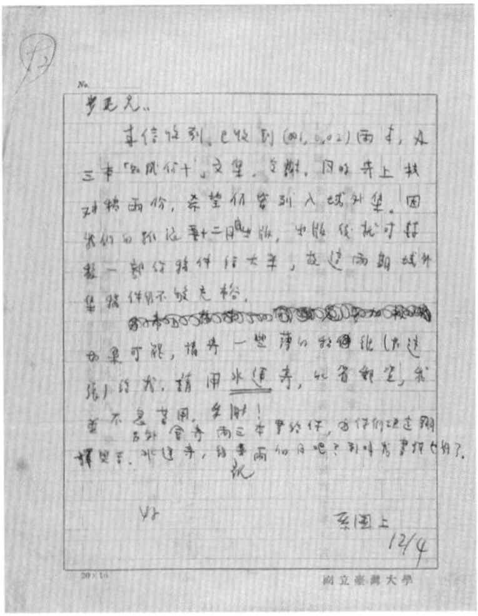

張系國主編「域外集」期間寫給何步正的信。（陳達弘提供）

他倆就沒有民進黨。

步正雖是香港僑生，但是對《大學雜誌》特別熱心，他有廣東人的牛勁，這就是為什麼搞革命不能沒有老廣的道理。正好我也深深覺得必須為台灣做些什麼，至少可以介紹國外思潮趁機點醒眾生。於是積極串連上述幾個圈子裡的朋友，出錢出力創辦了「域外集」。

「域外集」裡寫稿的人最初多半是被我強拉進去，不但寫稿，還要捐錢！但是大家的理想相當接近，所以我總是開玩笑告訴朋友，「域外集」也有稿費的，不過稿費是個負數。據步正說，我們捐的錢對當時的《大學雜誌》不無幫助。「域外集」維持了兩年多（《大學雜誌》第十五到四十八期），由我和大任等輪流主編。直到保釣風雲驟起，大家的注意力集中到釣運上面去，不久無可倖免開始內部鬥爭。「域外集」改為專欄「域外人語」，斷斷續續以專欄形式又繼續了一陣才結束。這時候《大學雜誌》已經成為台灣頗有影響力的思想刊物。我也回國，不再是域外人，和王曉波、陳鼓應、王拓等上山下海，在《大學雜誌》聯名發表「救救孩子們」（第五十九期）為礦工請命。但曉波和鼓應不久被警總短暫逮捕，我再度出國，從此步入人生另外一個階段。

（原發表於二〇一二年二月《文訊》三一六期）

我與《大學雜誌》的兩段因緣

◎劉君燦（退休教師）

《大學雜誌》是我看著創刊，成長，以及為它譜上句點的一個刊物。

記得民國五十七年我還在服兵役的時候，就聽說台大《大學論壇》的學長鄧維楨先生與一群朋友創辦了它，同時也出版了多本大學叢刊，我也在《大學雜誌》發表了幾篇短文，好像還是用丁冠劍或覺夢的筆名。

《大學雜誌》的英文名稱是「Intellectual」，意即大學出身的知識分子議論社會文化的一個刊物，這也是它一直保持的特色。

過了幾年，《大學雜誌》的主編換成了香港僑生的何步正先生，他也是台大《大學論壇》的舊友。因為要回香港半年，請我代理一下編務，遂把我列入編委。我沒有任何更張，只是用舊稿，拉新稿，並且自己寫稿，有時還用筆名，如〈躑躅的思印〉，便是搜輯當時個人思考的一篇文章。這是我與《大學雜誌》的第一段因緣。

約莫半年，一大批的學界精英進入《大學雜誌》，《大學雜誌》變成為《文星》雜誌結束後，輿論界的號手，成為當時的「意見領袖」，青年學生以閱讀《大學雜誌》為榮，如是者十來年。這期間幾度改版，主編也更換數次，但維持社務的陳達弘先生，社址也設他家，也就是環宇出版社。

記得一次我因稿件去大學雜誌社拜訪陳達弘先生，他提出他打算將《大學雜誌》由菊八開改為二十五開，並每期撿定一個專題，廣蒐名家論述，配以時論，要敦厚，親切，和悅動人，並請我規畫專題，安排時論，我一肩承擔下來，並拉了一批年輕的朋友配合來負責每期的專題，如一月號的一八九期由張之傑負責「環境的哭泣」，二月號的一九〇期由劉君燦負責「民俗的診斷」，三月號的一九一期由呂應鐘負責「科技文明的反省」，四月號的一九二期由蔡錦昌負責「瘋子與社會」，五月號的一三期由龔鵬程負責「大學的迷思」，六月號的一九四期由黃台香負

《大學雜誌》是台灣1970年代頗具影響力的思想刊物。

責「老人文化的省思」，七月號的一九五期由辛鬱負責「創作民族的與人的文學」，八月號一九六期由劉君燦負責「台灣的醫療文化」，九月號一九七期由林安梧負責「政治與文化」，十月號一九八期由譚志強負責「選舉與文化」。我也因主編之故，文思泉湧，既答應了陳達弘的對話錄式的「智慧火花」專欄撰寫，也每期撰寫兩三篇以上的文章，來表達我對各方面事務的看法。後來陳達弘先生安排了一次老兵返鄉探親的聚會，我更對台下的老兵肯切發言，因而促進了老兵返鄉探親的實現，為此我頗為感興，不過《大學雜誌》就此停刊，實在令人惋惜不已。

民國七十五年（一九八六年）在《大學雜誌》的努力是我平生最感滿意的編撰生涯，在做科學思想史的探討也為之興發不已，到香港、大陸的講學更開展了我的思考，這不得不感謝《大學雜誌》這一年的編撰生涯，是為記。

（原發表於二〇一二年二月《文訊》三一六期）

知識分子的天空

訪東海大學文學院院長丘為君談當年的《大學雜誌》

◎金儒農（中興大學中文系博士候選人）

對台灣民主運動有所認識的人，多半對《大學雜誌》都不會太陌生，這本創刊於一九六八年一月的評論雜誌，一開始其實是走文化、思想、文學路線的文藝雜誌，創辦人鄧維楨、總編輯何步正都是台大在學學生，因此經營可以說是篳路藍縷、勉力撐持。後來張俊宏進入編輯室，不但設立了編輯委員會和社務委員會，「更網羅了一代知識菁英，有丘宏達、楊國樞、胡佛、孫震、施啟揚、李鍾桂、李鴻禧、陳鼓應、劉福增、許信良、包奕宏、張紹文等人，而形成了七〇年代初，台灣政治改革的一個知識分子的重鎮，有關言論自由、開放學生運動、政治改革等議題一一被提出，中央民意代表全面改選也是《大學雜誌》首先提出來的。」[1] 而後保釣運動興起，《大學雜誌》內部起了分歧，於一九七三年一月宣告分裂，影響力也隨之式微。

這幾乎是定論了，彷彿《大學雜誌》的生命到了一九七三年就停止了一樣，但事實是，雖然迭經數次路線變更，這本雜誌要等到一九八七年才真正算是停刊。那麼值得注意的則是，在那之後的《大學雜誌》，究竟有著怎麼樣的面貌？

對曾在一九七八至一九七九年間擔任《大學雜誌》主編的東海大學文學院院長丘為君而言，《大學雜誌》在當時其實有點像是台灣的一扇窗口，「七〇年代的台灣一代強人蔣介石過世，小蔣剛上台，政權還不穩，一切的管控都越趨嚴格，但同時我們又因為外貿蓬勃而經濟非常活絡，政治緊縮，經濟卻是開放著，兩者是背離的。那在思想的氛圍上大家也想眺望外面，但其實有點困難，大家都害怕碰觸到那條紅線，但毫無疑問的一直在衝撞黃線。當時流行『知識分子』這四個字，大學生——特別是文科的學生——其實每個都充滿了理想主義，會想去探索世界，而且對不公不義的事情會感到憤怒。」《大學雜誌》的英文名字，就是「Intellectual」。

不過從讀者變成編輯，則另有一番波折的故事，本來有出版社找丘為君翻譯史密斯（Hedric Smith）的《俄國人：知識分子與社會良知》（*The Russians*），但做到一半弄不下去，之後丘為君當時的學長陳明達知道這件事，就想說成立一間出版社來承接好了，於是一九七七年龍田出版社誕生了，推出了這本書，進而獲得很大的迴響。「台灣人當時對於俄國有著很大的好奇，但能夠看得到的東西實在是不多，所以我們等於有點是擦邊球，出這種內容關於俄國異議分子以及KGB如何監控管制他們之類的書，台灣這邊就可以各自解讀，國民黨他們樂見這種宣傳共產黨可惡之處的書的出版，有些台灣的異議分子則很興奮的表示這其實就是我們的寫照」，而後丘為君成了龍田出版社的主編，從而與《大學雜誌》一直有著合作的關係，後來也才被雜誌老闆陳達弘找去當主編。

丘為君當時雖然被聘為專任的主編，但因為雜誌財務並不是十分寬裕，所以拿的其實也是兼任的薪水，一個月只有五千塊左右（當時研究生一個月就有三千元了）。[2]不過他仍然非常積極參與編務，由於雜誌老闆給予主編相當高的權限與自由，因此丘為君可以展開相當的改革措施。其中最為明顯的，莫過於他上任同時推出的「革新版」概念。如果留意一九七三年之後的《大學雜誌》，可以發現其中內容一方面喪失了過去的強烈批判性，另一方面則是主題較為渙散，有時一個主題大概只有三四篇文章而已。之所以會這樣，當然也跟前述的財政狀況有直接的關係，對此，丘為君想出了對策，「因為當時我還在龍田那邊當編輯，想說這剛好可以做

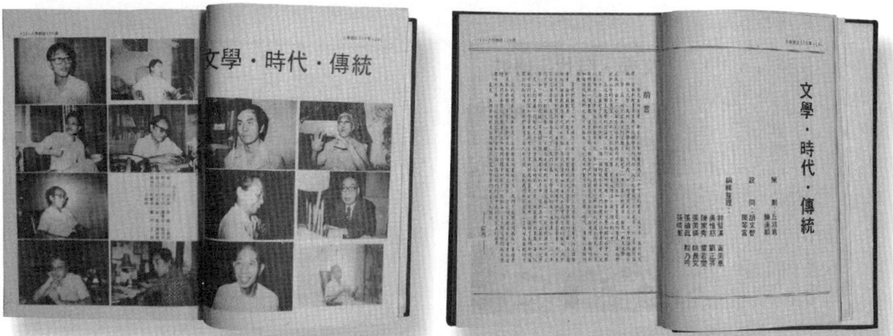

丘為君主編的革新版第一號推出專題「文學・時代・傳統」，當時大為轟動。

一個資源連結，透過雜誌動員人力進行專題的製作，之後稿子先刊一批精華版在雜誌上，完整版再由龍田成書。」這同時借助了雜誌的知名度與引進龍田出版社的資源以援助雜誌財務，可以說是一個兩贏的概念。

革新版第一號的專題是「文學．時代．傳統」，下分四個子題：現代文學的誕生與成長、台灣新文藝的火花、蛻變時期的中國文學、鄉土的震撼，其實就是要討論台灣文學，可是當時是不能明說的，所以就叫中國文學、現代文學。當時訪問的作家，如今看來陣容相當驚人，胡秋原、龍瑛宗、鍾肇政、尉天驄、陳映真、王禎和、王拓、彭歌等，每個都是可以列上台灣文學史的人物。使人好奇的是，一九七七至一九七八年正是鄉土文學論戰如火如荼的時候，在隔沒兩年的那時推出這個專號，難道有為鄉土文學論戰做一總結的企圖？

《大學雜誌》也與學生召開座談會。（陳達弘提供）

對此，丘為君表示當初之所以會推出這樣一號專題，本來是因為他的大學同學陳連順愛好文學所以提了一下，剛好丘為君也想要做有點抗議文學味道的專題，於是由他一手策畫整個專題。同時陳連順說動他的中一中同學詹宏志來幫忙，甚至動員了二十幾個台大學生，出動了六十幾個訪問人次才順利完成整個專號。（附帶一提，訪問人裡有當時還在讀大學的楊澤，感覺頗有文學傳承的味道。）

這期一出大為轟動，賣得非常好，可能是《大學雜誌》有史以來最好的，而後的革新版第二號「選舉與政治」專題，也幾乎比照同樣規模辦理，一樣是雜誌刊載先行版，再由龍田出版專書。但後來因為《大學雜誌》老闆陳達弘對於這樣的合作方式產生疑慮，認為訪問的版權應該歸屬於雜誌而不該讓龍田拿去二次出版，於是就結束了這個合作關係。本來醞釀要推出的「學生運動」專號，就由龍田一口氣出版三大冊，如果真刊載在雜誌上，可以想見又是一波熱潮。

不過從現代文學、選舉與政治、學生運動這樣看來，似乎丘院長的選題路線有點偏向黨外？對此，他認為，「未必與黨外有關，但批判是很重要的核心概念，不可能背棄，或許因為這樣，才隱然與黨外合流」，丘為君甚至透露了一樁祕辛，「當初之所以會離開《大學雜誌》，除了因為跟龍田出版社的合作無法繼續外，也因為我發現雜誌有接受國民黨的挹注，這是喪失理想主義的行為，你怎麼可能又批判黨國體制又接受那邊來的補助呢？這跟整個雜誌的精神是背道而馳的。」

回首過去，對丘為君而言，他本來只是想要讓當時的學生更瞭解他們身處的時代而已，打造出一片屬於知識分子的天空，「就像『那些年，我們一起追的女孩』那樣，不過沒想到得到那麼大的迴響，在當下忽然意識到，我們創造了一個時代」。並且覺得，參與到《大學雜誌》的編務，讓他有種「青春沒有白過」的感覺。他也希望現在的年輕人，能夠有更大的理想，去反省、創造自己的時代。

註釋

1.王曉波，〈從《大學雜誌》到民進黨——聞張俊宏倡「一國一制」有感〉，《海峽評論》第一九八期，二〇〇七年六月，http://www.haixiainfo.com.tw/SRM/198-1359.html。

2.根據行政院主計處調查，一九八〇年的出版業經常性薪資水準為一一二五三元。

（原發表於二〇一二年二月《文訊》三一六期）

輯三

中國書城與國際學舍全國書展

七〇年代的出版通路

中國書城與國際學舍

◎丁希如（資深編輯）

1

台灣光復之初，出版環境並不理想。由於日本政府統治台灣晚期，在台灣實施皇民化運動，日文成為強勢語言，台灣的圖書出版也幾乎是日文書的天下。光復之後，政府希望已受五十年殖民統治的台灣人，能藉由和中央一致的語言文化，成為一個實質上也統一的國家，因此很快地便決意在台灣禁止日文，強力推行國語教育。但「國語」是在大陸推行已久的白話「北京語」，和台灣人習慣以閩南語、客家話發音的文言「漢文」大不相同。在日語被禁、白話文又不熟悉的狀況下，本土的出版可謂進入青黃不接的困窘期，主要依靠大陸知名的大出版社來台設立分店。然而，當時社會整體經濟力低落，物資匱乏，一般民眾對閱讀的需求不高，換句話說，一般書籍的市場很小，因此出版社只能從有固定需求的市場，如圖書館及學校教學所需的作業簿及教科書等開始打基礎，再徐圖發展。

因此，台灣光復後的二十年間，台灣的出版市場大致呈現這樣的面貌：由大陸來台設立分店，之後獨立運作的老牌出版社，承襲著過去累積的出版能量，繼續稱霸台灣出版界，其中尤以商務、中華、正中、世界四家實力最為雄厚，有「四大」之稱。餘如啟明書局、開明書局等，也各有一片天。這些出版社的規模和開創能力，當然遠不能和大陸全盛時期相提並論，但是他們擁有的人才、技術、資金、出版品，仍是當時台灣出版活動運作最主要的力量。而在生存壓力之下，這些出版社一方面致力於大部頭經史子集等古籍或字典、辭典的翻印，一方面則壟斷了教科書的代印、發行工作，對於一般書籍的出版，較為輕忽。

但是，經過二十年的休養生息，台灣出版界逐漸蘊積了一股有別於套書翻印、教科書的力量，且這股力量是由供需兩方面合力形成的。在需求方面，社會日趨安定發展，在求得最低的溫飽生存之後，民眾逐漸有能力追求精神生活的滿足，加上民國五十七年開始實施九年國教，不但提高了國民的識字率、閱讀力，也稍稍解放了學生的升學壓力，讓他們有餘力閱讀各種課外讀物，個人閱讀及購買的能力和需求都出現。另一方面，諸多從大陸來台的創作者，因為老牌出版社以翻印古籍、舊版書、出版教科書為要務，無心發展新創作品，所以很難找到出版社願為其出書，不得不自行成立出版社，以解決出書的問題。

這些主要由文學創作者成立的出版社，出版的書籍以文學作品為主，規模多半不大，獨資或是三五好友籌集的微薄資金，人手簡單，屬於小資本、家族式、手工業規模的經營型態。作家成立出版社，創作心血固然得以成書出版了，但書籍要和讀者接觸、發揮影響力；出版社要營利以求生存，讓「下一本書」依然有出版機會，都必須靠後端的銷售成績。所以相較於前端的製作，後端的通路，只怕是這些出版社經營者更為苦惱的問題。

當時出版通路結構很單純，直銷通路尚未萌芽，郵購未成氣候，絕大部分的書都是透過書店銷售。為了銷售自家出版物，前述有實力的大出版社多半自設有門市，而無能力的小出版社，就只能依賴一般書店了。當然，透過一般書店銷售必然有諸多問題，其一，主導權在書店方，是否進書、進多少、擺放位置，悉以書店判斷為準，出版社幾無

「中國書城」成立之前對於內部陳設構思的預想圖。（陳達弘提供）

置喙餘地。其二，當時書店規模亦都不大，眾多書籍爭食瓜分狹小的空間，總有遺珠，無法充分展現出版社特色。其三，書店採寄售制，賣不出去的書籍可退還出版社，賣出去的書籍數月才結一次帳，帳款又開三個月以上的支票。出版社出一本書，到收回賣出的錢，最快也要半年之後，現金周轉的壓力極大；更糟的是遇到書店倒閉，書財兩失，損失更難承受。總而言之，對資金有限的小出版社而言，與書店打交道實在是不得已的痛苦選擇。

2

在此時代背景下，一個不同於傳統書店的零售通路出現了。這個通路是書店與書展的集合體和變形，在民國六十、七十年代風光一時，其中尤以中國書城和國際學舍書展最具代表性。

中國書城第一任總幹事陳達弘。（陳達弘提供）

中國書城的成立，可說是當時出版界力求突破困境的一次「自力救濟」行動。據中國書城第一任總幹事陳達弘回憶，成立書城的創意，來自民國五十七年在僑光堂舉辦的第一屆圖書雜誌展覽的啟發。這是台灣第一次舉辦大規模書展，非常成功，不但讓出版界感受到社會正在高漲的閱讀需求與熱情，也發現了一個能直接面對讀者、充分展示自家出版品的場所，對於與讀者建立關係十分有利；更可一定程度減少對書店通路的依賴，同時避免中間商抽成的收益減少和倒帳、賴帳風險。於是在書展結束後，另尋一個長期場地，延續書展精神及方式的想法，便逐漸醞釀成形，終在民國五十九年付諸實現。

中國書城由出版社合資成立，地點在台北市成都路一號亞洲大樓地下室。成立之初十分具有理想性，這一點可從其特殊的制度一窺究竟。首先，書城採取委員制，由中國書城的創始成員共二十四家出版社，互相推舉產生管理委員會以主管諸事。承租的場地劃分為若干攤位，由成員各自認領，再依據攤位多寡繳交費用。書城的創始成員都是從事出版業務的出版社，沒有經銷商或是零售業者，如此既落實書城擔任出版社門市功能，是直接面對讀者管道的初衷，也可維持成員的單純，易於遵守共同制定的書城公約，以及最為特殊的代理制度。

管理委員制定的公約，是書城運作的基礎和規範，也是其創辦精神的展現。所謂的「代理制度」，亦即各出版社基本上販售的皆為自家出版物，但是可向沒有參加書城的出版社請求代理權，並須取得正式的授權書，此項代理權具排他性，亦即所謂的「獨家代理」。此制度立意甚佳，因為書城空間有限，無法容納太多出版社進駐，代理制度既可彌補向隅出版社之憾，又可增加商品豐富多樣性；而獨家的規定，則可讓任何一家出版社的書籍，在書城中只有一個販售點，以維持書城秩序，避免多處販售同一書籍而產生的削價等惡性競爭的行為。

中國書城成立之初，擁有了天時、地利、人和三方有利因素，的確獲得良好成績，可以說是一炮而紅。這三方因素是天時：掌握社會發展脈動，讀書風氣成形的時機；地利：位居當時台北最繁華的西門町，且與其他書店相較，空間開闊、燈光明亮、樂聲悠揚，一新讀者耳目；人和：成員間志同道合，嚴守公約。加上善用媒體的力量，除了每天在《中央日報》第十版刊登二十行三批新書廣告；書城成員不乏知名作家、副刊主力，如第一任主任委員夏承楹（何凡）、文書胡子丹（芻耳）等，這些人常在報上撰文論及中國書城的理想及成果；還有當時新興的電視媒體在開幕時連續幾天的報導等等，讓逛中國書城成了最時髦又風雅的休閒活動，吸引了大批的愛書人前往造訪、購書，業績自然甚佳。

可惜的是，理想性高，相對的執行困難度也就高。中國書城的成功，雖證明了這群出版人的見識，卻也是日後由盛轉衰的遠因。由於書城成績輝煌，有越來越多單位想加入，成員分子日益複雜，對創始的理念並無深刻的理解和認同，又各有利益盤算，遂難以要求他們遵守各項公約。尤以民國六十二年三月擴大營業的決定，可視為書城發展的轉折點。因為場地擴及二樓，擔心入駐單位不夠多，無法負擔成本，書城開始接受非出版社的中間商或零售商加入。這些自己不做出版的單位，自然只能販售別人的商品，而且什麼書好賣便賣什麼書，以至於代理制度逐漸瓦解，形同虛文，連帶設計此制度時最欲避免的惡性削價競爭，終不能防。其餘如攤位設計須一致、按時繳交各種費用等規定，更不能守，糾紛、衝突日多。書城秩序崩解，委員會完全無能為力，愛惜羽毛者紛紛退出，形成劣幣驅逐良幣的惡行循環。反映在賣場之上，便是攤位多、小而雜，書籍品質參差不齊、書價混亂，各自為政，遂淪為地攤集合體一般，再無往日風華，營業額也隨之一落千丈。

中國書城歷史雖達十五年，但全盛時期不過四、五年左右，其後委員制雖持續了一段時間，但已難挽狂瀾。就在陳達弘擔任最後一屆主任委員之後，竟無人願再接任，最能體現書城共治、自律精神的委員會因而解散，改為老闆制。亦即由老闆（出資者，一人或數人）向房東承租場地，再以二房東的身分轉租給攤商。此時的中國書城已是「舊瓶裝新酒」，對外雖沿用著舊有的名號，但內部從經營制度、組成成員，到賣場的規畫、氛圍，都已非開幕之初的中國書城了。如此苟延殘喘到七十五年間，亞洲大樓的三樓發生火災，火勢雖未波及書城，但消防隊搶救時的大水，卻淹漫地下室，書籍全部受損，成為壓垮中國書城的最後一根稻草，至此正式結束營業。

3

中國書城在台灣出版史上的歷史不長，輝煌期更短，但仍有幾項特殊的意義。首先，它創造了一個有別於書展和傳統書店的出版新通路，在其成功經驗帶頭作用之下，台灣曾出現了一段時期的「書城熱」，群雄並起。例如以正中書局阮嘉勳、清流出版社郭壬祥為台柱的中華書城；琥珀出版社羅雨田獨資的世界書城；晨鐘出版社白先敬、新亞出版社、傳記文學合資的全台書城；而數十家出版社共組的出版家書城，是由夏承楹任主委、三山出版社周思任總幹事。這些跟隨的主事者和幹部，都曾經是中國書城的成員，經歷過書城精華歲月，後來在書城問題叢生，一路走下坡之後，不想隨波逐流，遂離開另起爐灶。另如軍方系統的黎明文化公司，看到書城大有可為，也曾成立黎明書城，高度模仿、承襲中國書城的制度規章。這一股熱潮證明，書城通路在當時確能符合讀者以及出版社雙方的需求及利益；但中國書城賴以成功的精髓，卻是高度理想化而難以堅持，更難以複製的，以至於

1983年由中華民國圖書出版事業協會在國際學舍舉辦的秋季全國書展，特別策畫舉辦主題展「當代女作家書展」。（翻攝自《出版界》第46期）

不但本身快速式微，後繼者似也難克服相同的問題，其壽命甚至比中國書城更短。且書城以面積大、容納書種多取勝，但缺點則是只在一地設點，其他地區未能顧及。因此在民國七十一年，兼具大型及連鎖兩大優勢的金石堂書店出現之後，書城功能就被完全取代，走入歷史。

其次，在中國書城成立之前，台灣出版界就如一盤散沙，從未出現過協會、公會等行業團體，可以對外爭取權益，或對內推動行業規則、自律活動等。中國書城的出現，集合了數十家當時較具知名度的出版社成為一個共同體，在某種程度上，已可成為一個平台，作為台灣出版界的代表，展現團結的力量（註）。比如說，代表台灣出版界參加國際書展、推動書籍不二價運動等。民國六十年一月六日，《中央日報》出現一則「出版業實行不二價運動聯合啟事」，啟事中稱，「同業……經一致決議，自民國六十年元月十六日起，所有出版書籍，一律照定價出售，不再折減。……為推行此一運動，同業除簽訂公約，共同信守外，公議統一批發折扣辦法當另行與經銷業者聯繫……」到了二月二日，《中央日報》台中版報導，台中市的出版社亦將跟進，看來似乎頗有成效。細看啟事中聯合具名的二十八家出版社，除商務、中華、正中等老牌出版社外，中國書城成員占很高比例。雖然書籍不二價運動因為讀者積習已深，經銷商不願配合等因素，最後無疾而終，但此項自發性的行業運動，仍應在台灣出版史記上一筆。

4

也因為中國書城在出版業中的地位及影響力，遂為當時出版管理機關內政部出版事業管理處相中，協助成立「中華民國圖書出版事業協會」。正因為得到書城出版人的支持，這個台灣第一個正式的出版業民間社團，終於在多次籌組但一再失敗之後，於民國六十二年三月三十日正式成立。出版協會成立之後，更有專人致力於推廣讀書風氣、擴大書籍流通管道。他們從舉辦書展入手，於是催生了名聲響亮的「國際學舍書展」。

「國際學舍」是政府為外籍留學生建造的宿舍，位在台北市信義路、新生南路交叉口，因為地點適中、交通方便，其下附設的一座籃球場，常出租給外部單位舉辦演唱會、電影欣賞、各種商展等大型活動。「國際學舍」第一次與書展產生連結，是民國六十二年十月，由晨鐘出版社在此地舉行第三屆全國書展（第一屆於民國五十七年在僑光堂舉行，第二屆於民國六十年在中華體育館舉行，主辦單位都是內政部出版事業管理處）。因為成效良好，次年起由出版協會接手，於春、秋兩季各舉辦一次書展，每次兩至三週，往後遂成慣例，直到民國八十年國際學舍拆除的前一年為止。

提到「國際學舍書展」，可說是許多台北人不可抹滅的一頁共同記憶，但是對它的評價卻是毀譽參半。主因是協會主辦的兩季書展，對展、售兩方面都頗為用心，除了提供場地給出版社銷售圖書，也規畫了許多有特色的展示和動態活動。例如民國七十一年秋季書展，有卡通製作過程展、「我愛國家、國旗、國歌」等動態展，以及教育叢書展、辭典大展等靜態展；七十二年秋季書展，則與中央圖書館合辦「當代女作家書展」等。兼以場地廣闊勝於任何書店、門市，容納量大、書種齊全，故成為購書人的最愛，聲名遠播。

豈料，書展打響名號之後，引起了各類書商的注意和興趣，利之所趨，遂在春、秋兩季書展之間，自行向國際學舍租用場地，沿用書展之名，擺攤售書，以致原來立意良善的書展逐漸變質，到最後給人的印象就是「一年四季天天都在書展」。只要有讀者光顧、買書，天天書展自然並非壞事，問題是既然終年不斷，主辦

1987年2月3日至3月4日，由中華民國圖書出版事業協會在國際學舍舉辦的春季全國書展會場人潮一景。（中華民國圖書出版事業協會提供）

單位為確保攤位完租，對於參展單位的限制也就愈益鬆散。尤其是協會以外單位舉辦的書展，以批發商、直銷商、零售商為大宗，單純的出版社反倒所剩無幾。這些書商以賣書為唯一目的，其弊端則和中國書城晚期如出一轍，各攤位展售的書大同小異，以暢銷書為主，且為求銷量，不惜降價惡性競爭。當低價養壞了讀者胃口，為求利潤，回頭書、風漬書、庫存書，甚至盜版書紛紛上場。雖然這些廉價書的確造福了不少預算有限的學生，「去國際學舍書展尋寶」，成為許多青年學子重要的休閒活動，然而實非出版界發展的正途。尤有甚者，到了後期，連電器、唱片、文具甚至服飾等非書籍行業都可在內設攤，雜亂無章，書展的品質蕩然無存，猶如一個綜合地攤賣場，批評聲浪不斷。

於今回顧，中國書城與國際學舍書展的興衰，實有著驚人的相似性。同樣因為掌握了當時出版業對大型零售點的需求，創造了一個新通路而成功，卻也同樣因無法堅持理念，以及後期管理不善而失敗。但他們見證了一個時代的出版人，靠自身力量突破困境，並促使業界向上提升的努力，也提供愛書者一個親近書籍的管道，增進社會讀書風氣。雖然如今已消失在時代洪流中，但其貢獻仍是不可抹滅的。

註：先後加入中國書城的成員，如今可確定者包括：清流出版社、進學書局、琥珀出版社、巨人出版社、創意社、晚蟬書店、光復書局、好望角出版社、天人出版社、環宇出版社、國語日報社、大江出版社、林白出版社、開山書店、水牛出版社、大西洋圖書公司、振文書局、哲志出版社、普天出版社、志

文出版社、傳記文學社、幼獅書店、皇冠出版社、長歌出版社、美亞出版公司、天同出版社、易知圖書公司、純文學出版社、杏文出版社、珠江書郵社、啟明書局、晨鐘出版社、皖江書店、新亞出版社、國家出版社、台灣毛筆公司、綜合圖書公司、聯合圖書公司、藝術圖書公司、三山出版社、巨流出版社、同德書局、大學雜誌社。

參考資料

1. 丁文治〈白頭宮女話天寶——回顧「當代女作家書展」〉，《出版界》，一九九六年，四六：八—十。
2. 李泥〈從國際學舍書展到假日書市〉，《出版之友》，一九九八年，四四：三八—四四。
3. 胡子丹〈中國書城十五年〉，《傳記文學》，二〇〇二年，八〇（三）：八一—九五。
4. 郭震唐〈書展滄桑話當年——憶首屆全國書展〉，《出版界》，一九九六年，四六：一一—一二。
5. 何凡〈中國書城〉，《中央日報》，一九七〇年六月二十五日。
6. 何凡〈書籍也該不二價〉，《中央日報》，一九七〇年七月二十日。
7. 何凡〈書價劃一與聯合展售〉，《中央日報》，一九七〇年九月二十九日。
8. 何凡〈書籍不二價運動〉，《中央日報》，一九七一年一月十八日。
9. 何凡〈定價售書擴大中〉，《中央日報》，一九七一年二月八日。
10. 何凡〈發展中的出版業〉，《中央日報》，一九七一年三月三十日。
11. 何凡〈精神糧倉第三年〉，《中央日報》，一九七二年八月三日。
12. 何凡〈結識好書為好友——賀「出版家書城」開幕〉，《中央日報》，一九七七年十二月二十九日。

13. 何凡〈「回頭書」與讀者〉，《中央日報》，一九七八年四月二十五日。
14. 何凡〈出版與書城〉，《中央日報》，一九八〇年一月三日。
15. 《中華民國七十四年春季全國書展特刊》，台北：出版之友雜誌社，一九八四年。
16. 隱地〈出版事業在台灣〉，《出版社傳奇》，台北：爾雅，一九八一年，頁一－一五。
17. 陳銘磻〈出版界的「小巨人」〉，《出版社傳奇》，台北：爾雅，一九八一年，頁一三九－一五七。
18. 陳達弘〈出版界須自求多福〉，《出版社傳奇》，台北：爾雅，一九八一年，頁一九五－二〇〇。
19. 陳達弘先生訪談，二〇一三年八月二十二日。

（原發表於二〇一三年十一月《文訊》三三七期）

六〇至七〇年代的書店、書展、書城

◎隱地（作家、爾雅出版社發行人）

台灣的書店，從南到北，最初都簡陋且稀疏，中南部的書店，大都靠近火車站，而從火車站往前走，不是中山路就是中正路，書店一、二家或二、三家，總是分布在中山或中正路上，以參考書、工具書和生活相關的實用書籍為主，大一點的書店也有古典文學、翻譯書、流行小說，至於人文或文學、藝術之類的書，大多只是一些點綴而已。

至於台北，重慶南路有一整條書店街，對文藝青年來說，到台北一定要逛重慶南路，順便也會到武昌街明星咖啡館前看看詩人周夢蝶的書攤詩歌舖，然後到彼時頗有「觀光地標」的「中華商場」（共有八棟，從舊火車站延伸到小南門）買些特產、衣物或鞋襪，也可享用一點並不昂貴的小吃。

但是對正在茁壯中的出版人來說，重慶南路的書店和書局雖一家緊接一家，卻無法滿足他們，因每家書店場地有限，在書櫃、書架上展示的都是大同小異、千篇一律的暢銷書，對於一般較冷門夠水準的出版品，無法給予一一展出的機會，因此出版人聚在一起，難免要發些牢騷，苦惱自己的出版品無法在書店露臉，民國五十七（一九六八）年十月二十五日光復節，當年主管出版的內政部居然編了預算，借舟山路「僑光堂」主動舉辦第一屆全國圖書雜誌展，參觀人數之多，可用萬人空巷形容，可見那是知識饑渴的年代。人民奮發向上，而政府公務人員亦積極表現，台灣後來成為亞洲四小龍之首，不是沒有原因的。

這次展出的成功，讓出版人得到啟示，必須團結，最後大家談啊談啊，終於想出一種以聯營方式，租借場地，各自分攤攤位費，然後將自家出版品放在一個專櫃，掛上一家家出版社的招牌，這就是民間自辦書展的開始。台北最初展出書展的地方在中華路「國軍文藝活動中心」，第一次舉辦是民國五十九年，果然書展萬頭鑽動，引來了數以萬計的學生和愛書人，家家攤位擠滿了人，搶著買書，樂壞了參展的出版人，自此業者對書展樂此不疲，今年展，明年展，這個月展，下個月又展，書展太多，讀者看看，每次書展毫無新意，也就興趣缺缺，書展也很快失去了魅力。

但書展曾經風行一時，由於僑光堂、國軍文藝活動中心和國際學舍三個「流動的書展會場」業績傲人，台北市陸續出現了四家固定以「書城」為名的書展會場——成都路的「中國書城」、武昌街的「中華書城」、峨嵋街的「今日書城」和館前路的「全台書城」。

《文訊》編輯王為萱約我寫一篇回顧「國際學舍」和「中國書城」的文字，由於都是四、五十年前的記憶，難免會有些差錯，也只是盡力而已。

國際學舍

顧名思義，「國際學舍」是寄宿外國學生的地方。民國四、五十年代，外國人還不多，但來台讀書的外國學生，隨著國際間已開始流行學生出國留學，政府為了讓各國學生來台有一個住宿的地方，聘請名建築師關頌聲設計了一座在當時頗為現代化的大樓，除了學生宿舍，另有餐廳和體育館，體育館後來場地外借，有時放映電影，有時舉辦各類活動和展示場，其中最有名的是借給出版人舉辦書展，由於第一次書展，吸引大量愛書人，後來幾乎年年舉辦書展，甚至一年舉辦兩次，辦出了口碑，說起國際學舍，就幾乎和書展劃上等號，有些中老年人現在腦海中，多少還會留有當年在國際學舍書展購買書籍的畫面。

中華民國八十一年三月三十一日 星期二　聯合報　大台北新聞 第十四版

國際學舍風光一時

民國四五十年代 它是全市最現代的休閒活動場所

首屆中國小姐選拔 引起轟動

明天就要走進歷史

隨著經濟快速發展 時空因素轉變 終於要退休了

中外學生相聚一堂 促進友誼

七號公園拆遷戶 今再請願

國際學舍在1992年4月被拆除，許多人記憶中的書展也步入歷史。
圖為1992年3月31日《聯合報》報導。

一九五七年落成的國際學舍，到了一九九二年，這棟三十五年的老建築，因原址本來就是七號公園預定地，於是無法避免被拆的命運。但國際學舍的各項文化交流業務仍在推動，現在的地址已遷至新店新坡一街一〇二號。

當年矗立在信義路上人來人往的國際學舍和數百戶眷村早已找不到蹤影，如今已成大安森林公園一部分。在充滿芬多精的大安森林公園散步，有誰還會想到當年的國際學舍？

中國書城

依稀記得當年「中國書城」係許多出版同業共同經營，還成立了一個管理委員會，據參加成員之一的「林白出版社」林佛兒回憶，「中國書城」能夠成立，幕後最熱心推動的是《傳記文學》社長劉紹唐先生，並推當時擔任《國語日報》發行人的何凡（夏承楹）先生為主任委員。循著這條線索，找出了「純文學出版社」出版於一九八九年的二十六冊《何凡文集》，在其中翻尋，果然《何凡文集》卷十六中有一篇談〈中國書城〉的文章。

透過此文瞭解，「中國書城」成立於一九七〇（民國五十九）年六月——當時「台北和中南部約三十家中西書籍出版家」為了「開闢一個永久性的書籍市場」決定聯合起來，租下當時台北西門亞洲百貨公司的地下室（地址為成都路一號），除了各賣本版書刊之外，並寄售「城」外書店和出版家的書刊，希望讀者進到「中國書城」就能獲得他所愛讀的書，再不必四處搜尋。

在引用何凡先生文章中的一些資料之後，必須對民國五十九年那個遙遠年代作一些背景說明，彼時，克難年代雖已過去，但離繁榮社會還有一大段距離，不像現在有「誠品」和「金石堂」這樣雅致又傲人的文化大賣場。我記得作家梅遜和熊嶺（後成立巨流圖書公司）合作的大江出版社，也是三十家參加「中國書城」的成員之一，而當時剛從學校畢業的我，正在編《五十九年短篇小說選》，小說選的出版單位正是大江，再加以自己一向對出版有關的事充滿興趣，所以「中國書城」開幕後，我會利用星期假日主動到「大江」攤位幫忙賣書。「中國書城」儘管早已不在，但我腦海卻仍清晰的還存有「中國書城」的畫面，三十個左右的攤位，彼此緊鄰著，四方形的格局，雖有幾根大柱阻擋視線，但整體說來，每個攤位均擺滿了自家的出版品，牆上貼著海報，來來往往的愛書人穿梭其間，一種飄滿書香的氛圍，讓愛書人頗感享受，「書城中地位寬敞清潔，冷氣開放，輕音樂播送……這是中國第一個書籍市場……」何凡先生在文章結尾更有這麼一句：「……在自由中國首都有這樣一個文化性質的市場，可以增加這個大城市的文化氣氛……」

何凡先生，以及為何凡先生出版二十六冊精裝本的作家林海音，都已離我們而去，但只要提起「中國書城」或「純文學」，何凡和林海音夫婦永遠留存在我腦海。

（原發表於二〇一三年十一月《文訊》三三七期）

閱讀印記

◎陳銘磻（作家、前《愛書人》雜誌主編）

自軍營解甲退役，即刻被新竹市教育局派任前往湖口中興國小教書，其間，我偶爾會以筆名「胡子云」，為父親創辦的《竹聲週刊》採訪寫作地方時政報導。無論新聞大小，重要與否，總覺得缺乏藝文氣息的新竹市，無法滿足我高度渴望文學充實心靈的期盼。

高中時代起，如果有人無視我對文學寫作的堅信，認為那不過是場風花雪月的虛無表象，無異抹殺我存在的價值。這是嚇人的自我解放的思潮，也是我早就料到的事。當時，我對「文學」的態度，只限於前往武昌街郵局旁，文昌街上的「楓城書局」，才稍稍顯現出來，要是書店沒開門，那種文藝氣氛好像就不存在了。

為此，我經常利用學校下課後，從湖口搭公路局班車回新竹，再從車站走路到「楓城書局」翻書、看書、買書，惹得母親經常為了等候我一人回家吃晚飯，十分不悅。

不論到過這間書局多少遍，不免對新竹市衰頹的文風感到失落，幻想著每次從手推式的店門口走出來，那一間內部布置前衛又優雅，以展示文學類書籍為特色的書局，就會像一座閃爍幸福光芒的文學城堡，靜靜屹立在街角一方。

新竹難得有文學，「楓城書局」是唯一的象徵，是苦悶年代最氣派、最優雅的力量。「楓城書局」擺設的文學類書籍如夏草繁茂，不僅販售台灣文學家的作品，梁實秋、王禎和、黃春明、七等生、白先勇、林懷民、蕭白、鄭愁予、洛夫、管管、胡品清、鍾理和、葉石濤、朱西甯、羅蘭等；也販賣當代流行的存在主義書刊，赫塞、齊克果、莎岡、托爾斯泰、海明威、卡繆、馬克吐溫、莫泊桑、泰戈爾、尼采等歐美作家的作品；以及夏目漱石、川端康成、芥川龍之介、谷崎潤一郎、三島由紀夫、水上勉、宮澤賢治、廚川白村、松本清張等日本作家的作品。終戰後一代的青年，沒讀過這些書便不足以立身文學界，遑論寫作。

一本書能記載多少滄海桑田的辛酸故事？一本書能載明多少離奇的生命境遇？一段獨具建設性的觀念？或是紀錄百年孤寂的歷史真相？那是虛應人生的假面告白？還是一篇虛構情節的人性小說？

一家書店是一首耐人尋味的歌謠，吟誦不盡人生百態。一家書店是一座迷離思想的堂奧，一點一滴迴盪生命奧義。

讀書的季節，使我恍悟到，行至人生遠處，眼界所能看到的恐怕不是某個難以預期的美麗前程，更不是擺明抽象，卻摸不著邊際的假象未來，而是那段想來記憶猶新，顛簸不已的來時路。

由於喜歡閱讀，喜歡編輯，我開始大量搜集書籍；後來，藉由進入台灣第一份報紙型的閱讀報導刊物《愛書人》雜誌，與封德屏共同擔任主編，得以有機會接觸出版社、作家和書刊。從那個時期開始，我把對出版和書籍的偏愛，歸因於少年時代成長的環境漠視人文，所以，直覺到要擁抱更多新興的人文意識，必須從閱讀做起。

台北市重慶南路如繁花盛開的書店街，比起新竹市少之又少的書店精巧許多，牯嶺街的古書和舊書攤，充滿尋覓好書的趣味，加上坐落信義路三段和新生南路二段三角窗位置的「國際學舍」興起書展的新閱讀運動，愈加使喜歡書籍的人心弦顫動起來，有時為了採訪和搜集新書資訊，甘冒擁擠的購書人潮，進入學舍的書展場，有時則純粹為了選書、買書而去。

「國際學舍」書展的攤位繁多，當代重要出版社如三民書局、商務印書館、東方出版社、世界文物社、志文出版社、環宇出版社、林白出版社等，匯集新書、舊書，一應俱全。除了販售書籍，有些攤位尚販賣文具、郵票，以及印製鄉野風光、動物、植物、明星等圖案的明信片、書籤。

除了看書、買書為由，我到「國際學舍」常會到幾家熟悉的攤位走動打探有無「新貨」，這裡的「新貨」是指「禁書」，舉凡蔣家王朝、宋氏姊妹祕辛、國共內戰、失去的國土或李敖、郭衣洞、金庸等不易光明正大擺在攤位的禁書，都是搜集的焦點。

樓高三層的「國際學舍」原是國際性的文教社團，最早設立於美國紐約，主要作用在輔導留美的外籍學生，協助適應美式生活。這個文教社團先後在其他國家設立分會，藉此提升學術視野，促進國際文化交流。台北的「國際學舍」，即屬於紐約總會管轄的分會之一，一九五七年成立，占地一百六十餘坪，以低廉的租金提供給來自世界各地的外籍學生，在台的安身之處。

「國際學舍」右側建有一座體育館，平時供做籃球、羽毛球等運動場地，或戲劇表演、音樂演奏、電影欣賞的場所，一九七三年民歌先驅李雙澤、胡德夫在學舍體育館舉行民歌演唱會；十月，晨鐘出版社率先在這座體育館內舉辦第三屆全國書展，人潮蜂擁。此後，分別以春、秋兩

逛書店、跑書展是愛書人無法斷絕的癮。

季，照例在學舍一樓舉辦全國圖書出版品展覽會。

中華民國第一屆中國小姐選拔，也在國際學舍舉行！未拆除前的「國際學舍」是當代台北讀書人選書、購書的市集，也是最容易見到作家名人的所在。台灣許多著名作家常到那裡光顧買書，這是正做著文學大夢的我決心前去開眼界的重要原因；有時，我會刻意流連、守候在書攤前，看能遇見哪位知名作家到書展會場造訪。我曾在那裡遇見過小說家黃春明、詩人羅青，以及從事出版事業的小說家隱地等。

雖則當時的「國際學舍」遠不如現代的誠品書店，附設有咖啡室供讀者休閒、聊天；可在當時「國際學舍」對面的「小美冰淇淋店」，正是閒逛書展後用來跟朋友聚會的最佳場域。

「國際學舍」已然不復存在，「小美冰淇淋店」也已拆卸，但它給當代喜歡閱讀的人，以及激勵閱讀風氣，都留下深刻印記。

（原發表於二〇一三年十一月《文訊》三三七期）

國際學舍：記憶的煙塵與書香

◎游常山（《30》雜誌總編輯）

那個時代，買書用塑膠繩，一捆捆帶回家。

那個時代，主流出版社，沒有人敢缺席這個書展，除了公館的台大附近的另類書店，有些偷偷摸摸的所謂「禁書」交易外，此外，所有台灣的出版社到齊，莫不以此書展為年度重頭戲，或是進行年度的「回頭書」大清倉，或是新書促銷。

說促銷，也全然不是現在這種五花八門、踵事增華的促銷：又是華麗書腰，又是成串名人推薦，又是作者親臨簽書會、座談會，又是臉書「粉絲」專頁，搞得像是職棒選手的「握手會」。

那是「金石堂」和「誠品」兩大連鎖書店，挾其龐大資本入侵書市、結構性重組台灣出版通路之前，台灣出版界的很重要通路之一：國際學舍書展。

這個書展的重要性，表現在其真的有「國際性」，英文、日文書都有販賣，甚至其他歐洲語系的教學錄音帶等都俱全。此外，連號稱走另類通路的直銷套書，如世界地理、人類文明大系、諾貝爾文學獎全集之類的直銷書，也不敢忽視這個市場。成功高中退休國文老師、台北市國文教師輔導團成員之一的范曉雯老師，就讀師大國文系時代，就曾經替阿姨買過日文書。

最近從綠意盎然的大安森林公園走過，發現：捷運信義線快要通車了。如果，當年常辦書展的國際學舍還在，搭捷運來買書，豈非愜意美事？順著腦海的印象，拼湊昔日風貌，三十年後的此時此地，想起國際學舍，竟像是前一輩子的事情，那樣不真切了。

那個時代，要去信義路三段的國際學舍，必須搭乘22路的市公車，等候公車就是一個不確定因素，不知公車什麼時候會來，加上車上很擠，公車開得慢，想想從我學校、青島東路立法院附近，到幾公里外的信義路三段短短不過二、三公里路，有時竟要花上半小時。

在沒有捷運的年代，我一個來自桃園縣龜山鄉的公立高中通車生，最熟悉的台北市公車，叫做22路；因為22路也有到濟南路的成功高中，但是我一般清晨上學，下了火車來到館前路、忠孝西路一段、舊的《中央日報》大樓斜對面等候公車，通常我比較常搭15路，或是，乾脆走十五分鐘，省一段公車票。

所以，在我被制約的外縣市土包子的印象中，22路公車，就是和國際學舍連結了。

在國際學舍逛書店其實不是太舒服。通常是制式的書架平台擺法，一長條，擺攤式的，沒有現在每年春節前後所舉行的台北國際書展中，凸顯書籍個性、作者明星地位的特殊設計擺法，國際學舍的展覽空間也絕對比不上世貿中心的豪華、明亮、匠心設計。

國際學舍是師大附中的地盤，雖然那兒的大型國際書展對我很有吸引力，但是一開始都是新書，打七折、八折是常態，打到六折就是不得了的便宜了。

一般來說，我寧可徒步十分鐘，往八德路一段，去台北工專對面的光華商場，那兒的書，起碼五折，還會更便宜。

更重要的是，國際學舍，只有一年幾次的大型書展，但是，光華商場可是全年無休。新書的魅力究竟無法擋。那個時代，住在桃園縣外縣市的高中生，即使到了國際學舍見獵心喜，也只能少少買三、五本新書，原因是書的定價不便宜，打完七折、八折，還是貴。

另外一個原因是書包太重。當下掏錢買書的喜悅過去，還要罰站搭公車，搭回台北車站，然後，等台鐵普通車，再站一小時回桃園，這樣的路程，對四點下課的我，太過辛苦，所以記憶中，我不去國際學舍則已，每次去都是大事。

在書本還是相對高價的年代，國際學舍偶爾也會有回頭書拍賣的時候，那時，就是我大買特買的時候。

那個時代出名的出版社，幾乎都不會缺席，因為同業幾乎「同進同出」：皇冠、遠景、書評書目、志文、洪範、爾雅、晨鐘、文星、大林、水牛、九歌、純文學、大地、時報、聯經等出版社，還有報社附屬出版部——《中央日報》、《中華日報》等主要印刷媒體的副刊結集出版的書籍，書的品項多到不可勝數。

那個年代最紅的作家，也是我們搜尋作品的指標：充滿異國情調的三毛，那時好紅，是皇冠的招牌；此外，傑出的軍中作家如司馬中原、朱西甯、段彩華等小說家的作品，也是我收集購買的目標。而我常閱讀日報，知道高信疆、瘂弦、蔡文甫、孫如陵、王理璜、平鑫濤等大編輯，也陸續知道林海音（也是編輯）、琦君、張秀亞、余光中、陳若曦、王文興、王鼎鈞、高陽、黃春明、白先勇、葉珊（後來改筆名為楊牧）、郭良蕙、楊青矗、碧竹（後來改為林雙不）、李

游常山在國際學舍購得的鍾肇政《插天山之歌》，是他最珍愛的藏書之一。（游常山提供）

1981年在國際學舍舉辦的全國圖書大展，參展出版社一百六十多家。（中華民國圖書出版事業協會提供）

敖、瓊瑤、華嚴、徐薏藍等數不完的作家。

國際學舍的書，新書居多，偶爾有回頭書時，我在其中挖過寶。例如，現年八十多歲的鍾肇政先生的「台灣人三部曲」中的第三部《插天山之歌》，當年在《中央日報》連載，膾炙人口，結集由志文出版社出版。志文一向出版翻譯的書居多，竟然有本土創作，我在書展一看到，雖然是回頭書，但是當時書的狀況仍佳，而且打五折，立刻買下，一週內讀完，迄今成為我寶愛的藏書之一。

後期，國際學舍快要改建的時候，遠流出版公司也適時引進剛解禁的金庸，武俠小說大師的魅力更是無法擋。

我最愛散文、小說，翻譯的小說也喜歡，詩集買的少，因為當時欣賞品味不夠。最後一次，在國際學舍，竟然遇到大學同學林斯檀，陪他愛書人爸爸來逛書展，那時，我們已經大學畢業，甚至當兵退伍的第一年，國際學舍的風華，似乎走到尾聲。配合新的森林公園的誕生，信義路三段的國有土地，要徹底拆除違建。一個街景徹底改變。國際學舍也消失了。

緊接者，金石堂書店、誠品書店時代來臨；然後，一九九四年，美國國防部解除網際網路的管制，不久之後，無實體通路的「網路書店」更進一步威脅出版業者和書店通路，一個新的戰國時代來臨，迄今還在演變中。

（原發表於二〇一三年十一月《文訊》三三七期）

那些年，在台北晃盪尋書

從「中國書城」到「國際學舍書展」

◎傅月庵（茉莉二手書店執行總監）

十五歲出遠門，其實也就是天天過河到台北。那是一九七五年的事。此前住在河左岸，難得過一次河。考上工專後，天天得換兩班公車上下課。一年三六五天，足足搭了六年幾千次，車老顛，顛到最後，老台北橋施工縫大小共三十二道也在心底數得一清二楚了。

不喜歡上課，愛看閒書。學校旁邊的光華商場像寶窟。中午休息，省著飯錢，進去抓一本書，下午看，早上看，看完，明天到了，再來一本！

舊書可愛，新書可喜。看出興味後，遂也逐書而行，到處亂踅漫漫遊了。重慶南路是個好地方，可放學不順路，週日要打球。僅週六半天課後，6號公車到車站，下車轉個彎即是。書店那麼多，一家一家「打書釘」過去，打到衡陽路，大概也就一下午過去，一本書白看完了。七等生、黃春明、王禎和、楊青矗、傑克．倫敦、馬克．吐溫……都是這樣

「打」下來的。

相約西門町，往中國書城尋寶

一週一次畢竟不夠。最好像籃球，天天能打，哪怕十幾二十分鐘也好。四處留意著，竟然就在換車的西門町找到「球場」。公車站牌就在「鴨肉扁」前，也算西門町精華區，往圓環方向走不到三十公尺，服飾店、書報攤、賣髮箍賣襪子賣耳環……凌亂簇擁之間，小小一個地下室入口，彷彿若有光，走進去一轉折，豁然開朗，一攤又一攤，攤攤都賣書：最新的暢銷書、便宜的風漬書、翻譯文學書、詩集、雜誌……幾乎都有，真正的瑯環福地。

那就打吧。老闆翻白眼了，換攤又打，打完三五攤，個把鐘頭過去，自我提醒：「夠了，還得回家吃晚飯。別找罵挨了！」於是繞場一周，再看一次。依依不捨由另一個出口鑽出，圓環邊天橋旁白底紅字招牌寫著「中國書城」四字，相較於不遠處矗掛大片電影看板，顯得渺小不起眼，於自己，卻是比什麼都還醒目的。此時，夕陽將盡，花燈初上，街道猶留幾絲紅光，拉得人影長長的，一輛火車轟隆隆，貼著中華商場開了過去。

「中國書城」從何而來？不得而知。推測當就是幾個較有文化眼光的生意人承租下一個大樓地下室，模仿「百貨專櫃」，到處招商，出版社、書籍經銷商應召而至，遂聚成了一個「書城」。說是「書城」，還冠上「中國」兩字，派頭大得嚇人，其實也就百來坪地

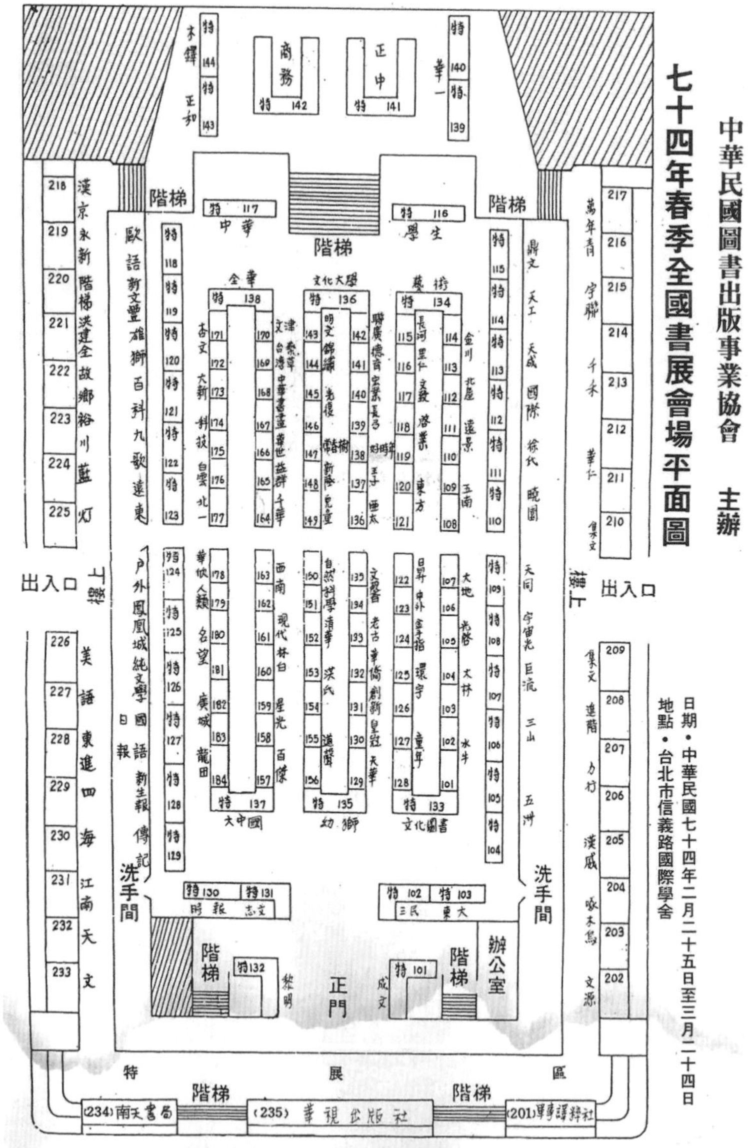

1985年在國際學舍舉辦的春季全國書展會場平面圖。
（中華民國圖書出版事業協會提供）

方，分租出二十來個攤位，每個不過一二坪大。那個時代，生氣蓬勃，機會多有，但也很有些「膨風」。

以今天標準來看，中國書城著實小得可憐。出版流通相對不發達的年代裡，卻僅因它長年營業，交通便利，加上適逢台灣出版業起飛之時，如今講得出名號的老出版社，多半萌芽茁壯於彼時，新書一出版，中國書城一定看得到。有天時有地利，遂創造出「人和」。在台北長大的四五年級文青，幾乎無人不知這一寶地。相約西門町，往往在此見面。邊看邊聊，聊夠看夠，出了地面即圓環杯楊桃汁，先喝一杯解渴，再奔往電影街，或乾脆到「南美咖啡」繼續聊了。

中國書城、重慶南路、光華商場，那是愛書人的「狡兔三窟」。「窟」是不動的，是坐賈。另外還得有些行商，流動的販書所在，也才夠看！

在國際學舍，走逛全國書展

台北市有幾個美國官兵跳舞的場所，像是現在大安森林公園靠信義路和新生南路口的一角，以前有個IHOUSE，中文叫「國際學舍」，對四年級、五年級一代來說，「國際學舍」的意象是辦書展……。

羅福全先生《榮町少年走天下》裡的一段話。有筵席餐廳有籃球場有網球場有交誼廳的國際學舍於吾等四、五年級而言，足堪追逝的，除了「美國歸主籃球隊」或「留美學聯籃球隊」的一、二場比賽之外，大概就是「全國書展」了。

全國書展，又是好大的口氣！還分春秋兩季哩。但其實也就是「室內的圖書市集」，一、二百個攤位瓜分國際學舍體育館上下兩層樓，每個攤位不過一坪大小，賣書的自是大宗，此外，賣文具賣卡片賣唱片賣錄音帶甚至賣望遠鏡益智遊戲的也都來了。各種海報看板，精心製作粗製濫造列印手寫，五顏六色看得人眼花撩亂。室內很有些大雜燴味道，室外停車場則根本就是大雜燴了。賣麵包肉粽甜不辣香腸冰棒，應有盡有。從室內到室外，精神食糧生理食糧一次可解決。

國際學舍書展特色，無非一個「亂」字。亂的不只賣的東西，連檔期也是，初時還分春秋，還稱全國，後來也不知是生意好還是場租便宜，總而言之，隨便找個名目，譬如春節譬如暑假，都可以繼續書展了。等到一九八〇年代開始，套書、兒童書漸漸成為出版流行所在，一進門，直銷人員竟也蜂擁而上，要你「參考看看！」「別讓你的孩子輸在起跑點了。」

國際學舍書展內容不足觀，有意思的是那種嘉年華夜市氛圍，但去過一二次也就夠了，除非你還年輕，意在「把馬子」而不是買書。「曾經有兩次帶了兩三千塊錢進去，準備狠買一陣，誰曉得只花了百八十塊就已經站在大門口了。我沒有機會看到新書或是從前沒看到過的書。」亮軒先生在名為〈說書展〉的文章裡如此說過。而這，大概也就是國際學舍書展的定論了。

從「中國書城」到「國際學舍書展」，那是相對窮困時代裡，連鎖書店還沒出現，買書還不很方便，台北城裡愛書人汲取養分的自娛管道。「窮有窮快活，富有富風流」，是之謂也。算一算，不過三十年前，於今卻已恍如隔世，而也確實是上個世紀的事了。

（原發表於二〇一三年十一月《文訊》三三七期）

跑文學的青春藏

◎顏艾琳（作家、豐年社總編輯）

翻開一本本少年時期的相簿，看到我那些個樣子——高職畢業晚會上模仿瑪丹娜全場飛舞、一次拿下三項藝文比賽獎狀的意氣風發、剛認識寫詩友人們的誇張打扮、充當攝影朋友試底片的沙龍藝術照、大學時搞劇場的胡鬧嬉戲……一件一件好玩的事，不同時期遇到的朋友，都在眼前生動了起來。

二十歲，已經是我生命中的一半了，但那時我已在詩友的小圈子中，因為詩跟收集絕版詩集、還有寄售大家自費出版的書籍，而有了很不一樣的生活面貌。拿著二十歲生日的聚會照片，切到那一天一夜的畫面；彼時我已和眾多詩友辦了「薪火詩社」，詩友們來自社會各種不同階層，散居北、中、南部，平時只有在編審下期投稿作品時，大家才會聚在一起。那天，幾個愛護我的哥哥姊姊幫我籌了一個盛大的生日會。熟人、還有想認識其他詩友的新朋友，總共帶來了三個蛋糕，偌大的客廳在十幾個小時內都是滿滿的客人，有人先走了、也有人半夜或凌晨來加入的。就這樣，從傍晚一直到隔天中午，留下來的人還一道出去吃中飯、逛舊書攤。

但現在他們跟我聊起，好像到艾琳家辦批鬥詩大會、《薪火》詩刊例行審稿、編詩、聊天，似乎總被我拉到舊書攤淘寶做結尾。看著近年來絕版書水漲船高，朋友們都慶幸，當初跟我淘寶得早，不然手上就沒這些天價的夢幻書了。「可是，你怎麼有那麼多聽都沒聽過的書呢？」因為我收書多集中在文人聚集的大本營附近呀。

板橋南雅市集、光華商場、國際學舍、台大公館的巷弄、汀州路、新舊書皆有的重慶南路……範圍沒出大台北，竟在二十歲以前已經淘得數百冊的詩集。掐指一算，從十三歲開始，我便購買與閱讀現代詩集，彷彿傳承了寂寞的神祕儀式，在各個可能有詩集的地方出沒，狩獵知名或默默無名的詩集，就這樣把我心中流落在外頭的鑽石、珍珠、半寶石、奇石，逐漸餵飽牆上的書架。二十歲生日的聚會，很多外地的詩友，是衝著來我家看這些寶貝的。

那可是沒有網路的時代。找書、看書、聚會，都得親身花時間、到地點，躬逢其時的一九八〇、九〇年代。基於收藏獨占的原則，離家最近的板橋南雅書店群落，我總是幾天一次搜尋，且已經跟各位老闆結交成熟友，平時他們一收到詩集就先放著，等我去篩選後再釋出於店內，以免帶詩友去淘的時候，被別人買走，而錯失心愛的詩集。

至於公館、汀州路、國際學舍、光華商場，真的就是隨機尋寶了。年輕一代的可能會懷疑，我說的光華商場是現在專賣3C科技的同一個商場嗎？是的。光華商場有近二十年時光是專賣二手物件、骨董、色情錄影帶、盜版寫真和漫畫、流行音樂錄影帶、卡帶、光碟、禁書禁片的大本營。各路懂得門道的買家，在這裡各取所需，從外表即可區分出有哪些消費族群，是台灣還冠著世界盜版之王惡名的大巢穴，在有網路拍賣前，光華商場可是人盡皆知的超超級黑市呀！

那麼國際學舍，一九七五年以後出生的人大概就陌生了。它就是現在的大安森林公園。那裡原是一片沒有土地產權的眷村，算是緊鄰台大、師大那些有分到國民政府、兩所大學特別照顧的教授、公務員宿舍之外，被安置的臨時住宅，有些是當初政府睜一隻眼閉一隻眼，讓基層教職跟公務員或軍兵住的違章眷村。在面臨信義路有一幢很重要的藝文場所——國際學舍，是當時舉辦書展、學生交流聯誼、商展、舞會等的綜合場地。它的兩旁聚集了許多家裱裝店、書報攤、小吃、雜貨，以及二手書店。知名舊書店「舊香居」的初始店也在那裡。

由於那時板橋到信義路的交通要來回三小時，我每每在上午開店時即報到，中午找家北方麵食應付一餐，便又繼續尋寶。特記得那裡的蔥油餅、水餃、大滷麵、酸辣湯，充滿了山東味，麵條水餃皮跟辣椒醬，都是每家小店的獨門配方，是我這種中學學生最物美價廉的飲食饗宴。有時我也被商展便宜而豐富的產品吸引，進去國際學舍展場買一兩色什貨，筆記本、圍巾、襪子、文具、食品……出來時總是肩上一個包放淘來的書籍、手上拎著一兩個袋，沉重又滿足地踏上歸途。

至今我還記得方正的場地，中間是主展區，與外圍攤位隔出一個口字型，除了方便民眾遊走的動線，有時也同時舉辦兩個不同主題的活動，文武市同於一處，非常熱鬧。彼時台北很少大型展場，國際學舍就像現在的世貿館，使用功能跟切換主題的展示，非常密集。

經過許多年，國際學舍早已換上樹木、草皮。現在的我從溫州街「農學大樓」走路兼運動，往忠孝新生路口搭車，經過新生南路這一大片公園綠地，常常有物換星移的感慨。天際線變了。從前買書過程，我很少抬頭看天空，眼睛總埋在一落落、一堆堆的舊書中，而雙手更是忙碌搬著、挪動著壓在上頭的書，深怕一本詩集就隱身於雜沓的書堆

顏艾琳年輕時淘得的詩集。（顏艾琳提供）

裡。於是，總在搜尋最後一家店，袋子裝滿了收穫時，才抬頭看一下天色，常常是夕陽滿天。不像現在的大安森林公園，各種綠意高高低低鋪成一張活色紙，藍天一大片、陽光活豔豔，就是夕陽也放大好幾倍……可是，當我走過信義路國際學舍舊址之處，總有一種魔幻的感覺；那裡，彷彿是被「結界」封印的一塊魔法之地，有我因為找詩的身影，還在尋找著，永遠欠缺的詩集……那是我青春「跑文學」的寶藏地。

（原發表於二〇一三年十一月《文訊》三三七期）

輯四

人文出版社傳記

耕犁出版一片天

水牛出版社

◎蘇惠昭（文字工作者）

水牛精神崛起

林語堂《無所不談》、羅蘭《羅蘭散文》、琦君《琦君小品》、朱西甯《狼》、吳濁流《吳濁流選集》、高陽《少年遊》與《風塵三俠》、姜貴《旋風》、鍾肇政《大圳》、瓊瑤《紫貝殼》與《寒煙翠》、華嚴《七色橋》、王尚義《野鴿子的黃昏》、葉珊《燈船》。

這些書有何相干呢？它們都在同一年出版，民國五十五年，那一年的出版星空燦爛非常。

其中《野鴿子的黃昏》由「水牛出版社」（以下簡稱「水牛」）出版，這也是「水牛」開始耕犁出版田地的第一年。

彭誠晃

1937年生於新竹縣橫山鄉，畢業於台灣師範大學公民訓育系，1966年與劉福增等同好創辦水牛出版社，1968年創辦《水牛》雜誌，由鄧維楨主編，一年半後停刊。1971年再辦大林出版社。四十餘年來，水牛出版文學、哲學、翻譯、史學、醫學、心理衛生、商管、語文創作、兒童文學等23個書系。彭誠晃熱心出版事業，倡導中國書城、遠東文化藝廊的成立，推廣國際書展，亦曾任台北市出版商業同業公會理事長。

《大林國語辭典》由周宗盛主編，李辰冬校訂。

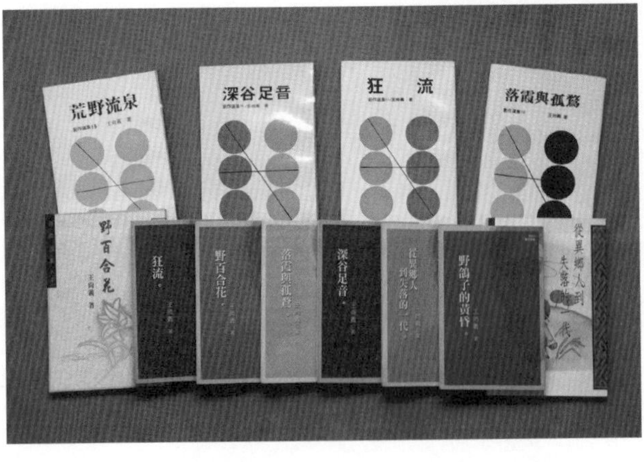

水牛為王尚義出版的著作。

這一年，七個來自竹東的同學，包括台大哲學系教師劉福增，台大中文系教師梁茂榮，在北市士林初中擔任童軍及公民老師、兼教體育的彭誠晃，三十而立的七條大漢籌措了四萬元宣布開出版社，因為大家同屬牛，出版社便以「水牛」為名，並以任勞任怨、默默耕耘、奮鬥不懈的「水牛精神」自我期許，彭誠晃被公推為社長。

四十三年過去，七十三歲的彭誠晃已經說不清楚自己當初為何拋掉鐵飯碗跳入出版這一行，或者答案也已經不重要了。重要的是當資金出現缺口，夥伴們一一離去後，獨留下他一人，他依然像水牛一樣認分犁著腳下的田地。

除了愛讀散文，除了每天摸書，從編輯、排字到業務，彭誠晃對出版卻完全外行，天真到以為只要出書就有錢自動流入，有了進帳就可以源源不絕出書，這樣的大外行在連雲街自家十坪大的地下室弄了幾個鐵架子，僱用員工一人，搞起了出版，創業作《集合淺說》、《集合論導引》兩本書推出後，四萬元就玩完了。

野鴿子的黑色效應

還沒有賺錢，「水牛」就直接走向跟銀行貸款的日子，也設法增資，四萬元的學費讓彭誠晃學習到一點「市場意識」，他看到「文星書店」出版王尚義的《從異鄉人到失落的一代》（五十三年）、《狂流》（五十四年）反應不錯，便與王尚義的父親商議，買下王尚義另一遺作《野鴿子的黃昏》，「水牛」終於有了一本暢銷書穩住陣勢，根據民國七十年的統計資料，當時《野鴿子的黃昏》已進入第四十多版，約二十萬冊。

彭誠晃再接再厲，用四千元買下一大箱子書，箱子裡存放著王尚義的筆記本、書籤和一些零碎的手稿。

在最艱困的創業初期，他一個人摸索著，扛下出版社的所有差事，從審稿、閱稿到校對，進印刷廠包書，再騎著腳踏車跑書店、送書，全省收帳……唯一的行銷方式就是登報紙廣告。他相信總有一天台灣這塊閱讀的沙漠將潤澤成一片綠洲。

也是一個人，彭誠晃在深夜的地下室與王尚義的文字靜靜的、深深的交流，終於從雜亂潦草的數十萬字遺稿中，編輯成《深谷足音》、《野百合花》、《落霞與孤鶩》、《荒野流泉》，以及王尚義翻的《真實信徒》。

民國五十二年王尚義從台大醫學院畢業，同年因肝硬化病逝於台大醫院，二十六歲的生命短暫如彗星。斯人也，而有斯疾，王尚義寧願徘徊在哲學的教室裡而不願上解剖課，他的靈魂因為現實與理想的衝突而深深受苦。他以焚燒生命的熱情大量閱讀西洋哲學與文學書籍，也深入基督教、佛教的宗教思想領域，留下的近八十萬字小說、散文、論述和新詩，影響了許多五〇、六〇年代的文藝青年。六〇年代轟動社會的兩起女學生自殺案，《野鴿子的黃昏》都捲入其中。

灰暗、陰鬱、虛無，如果這是王尚義必須背負的十字架，彭誠晃認為，從另一個角度看，何嘗不是他從絕望的谷底向著希望、光明的嘶聲吶喊？

王尚義之外，彭誠晃還接受李敖的建議，以「水牛新刊」為名，從李敖藏書中選出文史哲類書籍如羅素《幸福之路》、《哲學問題》大約一百種重印。一百本書同時排版重印，陣仗之大可想而知，彭誠晃只能用「空空肖肖」形容當時的憨膽，不知天高地厚，但水牛就這樣靠著王尚義和一百冊黑色精裝「水牛新刊」扎下基礎，打出名號。

「水牛新刊」的目錄早已散失，但一直到九十三年，水牛還重新出版王尚義全集七冊，王尚義一縷幽魂猶在人間，吸引相似的哲學心靈。

大林叢刊與鎮社代表作

那也是無孔不入的政治力量迫害思想的年代。蕭孟能夫婦於民國四十一年創立文星書店，最早以發售及影印外語書籍為主，再擴及出版，四十六年再創辦《文星》雜誌，五十二年李敖接任主編，五十四年以《文星》「為匪宣傳」為由被迫停刊一年，五十七年書店遭勒令停業。自由主義陣地的《文星》一直是水牛的精神標竿，《文星》折翼，訴諸「理性與真情」的月刊——《水牛》雜誌於五十八年繼起，彭誠晃找鄧維楨來擔任主編，又買下文星書店七十餘種書的版權，成立另一品牌「大林」，時為民國六十年。韋政通代表作《中國思想史》原隸屬「大林學術叢刊」，水牛與大林整併後，才歸到水牛名下。

《水牛》雜誌除引進新知識與新觀念，論述法律和哲學，也刊載散文、詩與小說，卻因為稿源難以為繼，銷路打不開，加上警總三不五時的關切，一年半以後宣告停刊。

韋政通《中國思想史》上下兩冊堪稱水牛鎮社之寶，書封的題字還是出自彭誠晃任職台泥竹東廠的父親之手。民國十六年出生的韋政通乃是學界傳奇，他沒有受過正規教育，透過自學成為一代學術巨擘，有很長一段時間以鬻文維生，文章經常發表在《文星》雜誌。撰寫《中國思想史》兩年間，他日日伏案十多小時，每寫一個段落就交由水牛排版，水牛也旋即奉上稿費以便於作家養家活口。韋政通編著的《中國哲學辭典》是水牛出版的另一部鉅著。

《中國思想史》、《中國哲學辭典》都有簡體版，七十七年起韋政通獲聘為北京中國文化書院導師，往返兩岸，講學不輟，他「立足現代，反思傳統」，指出傳統思想的創造性轉化之道，對學界的影響既深且遠。

《大林國語辭典》也是水牛的代表作之一。台師大國文系教授李辰冬歷二十寒暑寫下《詩經通釋》，由於結論出格（李辰冬認為《詩經》為尹吉甫一人所

《中國思想史》是水牛出版的鎮社之寶。

做）、字數太多（一二四六頁）又冷僻專門，無人願意出版，彭誠晃明知銷量有限，但學術價值無價，心甘情願投下鉅資讓它問世。

因為這層因緣，彭誠晃與李辰冬結為莫逆，而李辰冬的友人周宗盛當時擔任水牛編輯，兩人最大的心願就是編撰一本國語辭典。

由周宗盛主編，李辰冬校訂的《大林國語辭典》耗資五百萬元，費時六年後於六十九年雙十節完成。為了這本辭典，水牛特別租下一間工作室，向鑄字廠買字，並聘請一位排字師傅排版。出版後因為裝幀新穎，是國內第一本以兩色印刷，並按部首筆畫順序打孔以便於查閱的辭典，倍受矚目，但叫好之餘，因為七百元的高定價，反遭盜版十萬冊，彭誠晃為此打了好幾年的官司，最後勝訴。《大林國語辭典》至今仍維持七百元定價。

水牛及大林文庫的多元發展

「為您打開知識的寶庫，幫您走上智慧的道路」，這是水牛秉持的出版宗旨。從五十五年創社到七十三年發生水芙蓉惡性倒閉事件，水牛跨足學術、文學、生活和青少年兒童圖書，以十七年歲月出版上千種書，打造了同時期出版社難以超越的一張深具歷史意義的書單。最具代表性的「水牛文庫」書系涵括華文創作、翻譯小說、文學批評、數學、遊記、歷史、西洋哲學、思想論述、傳記、心理分析、醫學、傳播科學、電腦、宗教、法律、商業、藝術……可謂一網打盡所有類別。除了以上提到之重量級出版品外，影響深遠的文庫書還有殷海光《旅人小記》、郭榮趙《美國雅爾達密約與中國》、齊克果《齊克果日記》、赫曼赫塞《流浪者之歌》（註：蘇念秋翻譯。蘇念秋原名孟祥森，亦即孟東籬，早年他以多種筆名如漆木朵、蘇念秋、孟東籬等寫作或翻譯）、歌德《浮士德》、沙林傑《麥田捕手》、聖艾修伯里《小王子》（註：《小王子》外，水牛修伯里系列尚有《夜間飛行》、《風沙星辰》、《戰鬥的飛行員》、《南方信件》四書）、《尼采》、《紀伯倫評撰》、《沉思錄》以及一系列的希區考克小說選，胡品清、符兆祥、季季、李喬、周伯乃、畢璞、姚宜瑛等前輩作家都有作品在水牛出版。

水牛同時也是出版英國數學家／邏輯學家／哲學家羅素作品的重鎮，「水牛羅素叢書」自成書系，是國內第一家把羅素思想系統性的介紹給中文讀者的出版社，水牛與羅素的「持續不斷追求人道主義理想和思想自由」遂形成巧妙的連結。

大林的成立接收了文星的部分書籍，讓水牛的書單更加豐富充實。「大林文庫」出版了張曉風《地毯的那一端》、王文興《龍天樓》、梁實秋《秋室雜文》、王鼎鈞《人生觀察》、隱地《一千個世界》、林海音《作客美國》、洛夫《無岸之河》、徐鍾佩《多少英倫舊事》、於梨華《白駒集》、白先勇《謫仙記》、陳西瀅《西瀅閒話》、席德進《席德進的回憶》、聶華苓《一朵小白花》、水晶《青色的蚱蜢》、尉天驄《到梵林墩去的人》、蔡文甫《霧中雲霓》、施叔青《約伯的末裔》、黃春明《兒子的大玩偶》、殷海光《邏輯究竟是什麼？》……可謂名家濟濟，好書如林。多年後水牛已將版權陸續歸還給作者，彭誠晃記憶中第一個來要回版權的是王鼎鈞，林海音、隱地、蔡文甫後來都成立出版社，成為同行。

活躍的書城書展推廣

根據彭誠晃保存的一份簡史，民國七十年的水牛、大林有員工近三十人，董事長、社長以下設有編輯部、業務部、企畫部、會計室，組織架構完整。這段時期乃是水牛最生猛活躍的時期，而為實現讀者「一次購足」的理想，早在五十九年，彭誠晃與當時國語日報社長何凡、傳記文學社長劉紹唐、大學雜誌社社長陳達弘、天人出版社社長胡子丹等人，聯合了二十八家出版社在當時台北市最熱鬧的西門町成立聯營的「中國書城」，首創「書城」經營模式，彭誠晃擔任管理委員會常務委員。

六十一年，繼「中國書城」之後，彭誠晃又

彭誠晃（左）與徐速在香港書展合影。（彭誠晃提供）

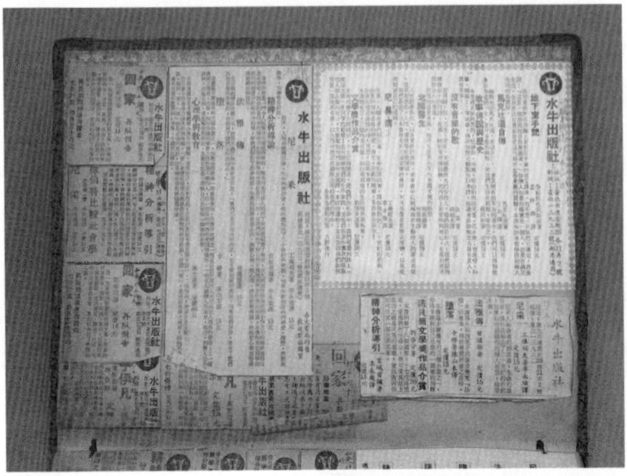

1970年代，水牛出版社在各報刊登出的廣告。

大林文庫收錄許多台灣重要名家作品。

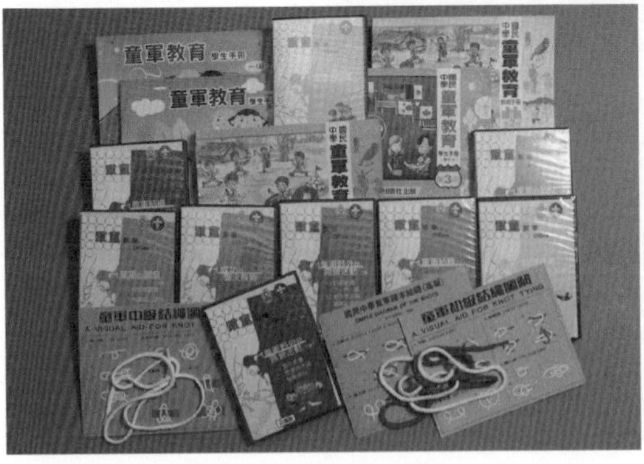

童軍課本的編寫及相關產品，讓水牛出版社的經營有了轉機。

在台北寶慶路遠東百貨公司內策畫「遠東文化書廊」，一年半後雖因租金昂貴難以負荷而關閉，卻留下了書店與「百貨公司」結合的種子。六十六年成立的「出版家書城」則由出版界直營，由彭誠晃出任管理委員會委員，採超級市場經營方式，場內沒有銷售人員，消費者只要把書帶到出口結帳就可以了。六十二年成立的「中華民國圖書出版事業協會」，彭誠晃則是共同發起人之一，水牛在出版界的分量可見一斑。

除此之外，彭誠晃也在出版之外致力於主辦書展。民國六十六年，為慶祝水牛成立十一週年，大林六週年，舉辦了「圖書成果展覽」，地點就在八德路的光華商場。六十七年策畫的「新光書展」和「桃園圖書大展」頗具規模，特別是後者，號召到近百家出版社參加，因此掀起一波桃園市民買書、讀書風潮。

五十九年彭誠晃首度赴港參加香港圖書展覽，當時的《香港時報》報導：「本屆圖書展覽，與往屆不同的地方，乃是自由祖國台灣成文出版社、水牛出版社、文海出版社，精選書籍空運來港，自設攤位陳列展覽。」

民國五十九年之前台灣出版社皆委託香港出版社代理展出，彭誠晃因為親自參展，因此爭取到出版徐速小說《星星月亮太陽》的機會。

倒閉危機的痛刻骨銘心

禍福相倚。民國七十三年，水牛遇到創社以來最大的危機，只差一步就宣告倒閉。根據七十三年十月三十日《民生報》報導，「水芙蓉」經營十多年，累積起不錯的聲名，但竟然以惡性倒閉退場，負責人莊靖次潛逃赴美，留下一億多元債務，受波及的有十多家與水芙蓉交換支票的出版社，水牛正是其一。

水芙蓉拿著水牛開的支票向地下錢莊調錢，沒多久黑道兄弟就上門來討債，水牛雖迭有暢銷書支撐，但真實的情況是「二、三十本書中可能只有一本書能暢銷，其他都在賠錢」，加上盜印猖獗，正規業者利潤被嚴重剝削，又因為版權時代尚未到來，一本翻譯書只要暢銷，便有多種版本同時在市面販售，《流浪者之歌》便有七、八種之多，這種種經營困境的夾擊下，水芙蓉事件對水牛來說無異壓垮駱駝的最後一根稻草。彭誠晃想著自己熬過無數每天跑三點半的日子，如今又捲入新的危機，出版難道是一條無止盡的黑暗隧道，只有辛苦的耕耘沒有歡喜收穫？一番長思細考，他決定請律師召開債權會議，結束出版社。

一直到今天彭誠晃還保留洪貴參律師事務所發出的債權人會議信函：「茲當事人水牛圖書出版事業有限公司代表人彭誠晃先生委稱：『查本人經營水牛圖書出版事業有限公司有年，蒙親長好友及同業先進之鼓勵與支持，方期有成，唯近因受人倒債拖累及利息負擔，竟而一蹶不振，財務困難，周轉不靈，為恐愈陷愈深，拖累債權人，爰決定清理債務……』」一字一句皆是血淚。

但債權人多不願意見到水牛從此消失，曉園出版社表示願意不計利息，只還本金，水牛就這樣保留了一絲元氣，繼續犁田，從七十四年開始一點一點償還積欠約四千萬元債務。

「你知道人生最痛苦的是什麼嗎？就是借錢。到處跟人借錢，親朋好友見到你都避之唯恐不及，那種痛苦真的生不如死。」多年後那種刻骨銘心的痛偶爾還會襲上彭誠晃心頭，相對來說，他也最能體會「無債一身輕」的快樂。

彭誠晃無論如何也想不到，挽救水牛的竟是他的老本行：童軍。八十年教育部開放藝能科教科書，其中一科為童軍，而彭誠晃是童軍協會理事，關係與人脈都在，找到專家學者編寫童軍課本毫無困難。更關鍵的是，因為當年他畢業於師大童子軍教育專修科，學歷相當於專科而非大學，為了取得大學學歷，他出錢出力，串連全省與他境遇相同的童軍教師，最後成功的向教育部爭取回師大念書，拿到大學學位。他的熱心讓許多童軍老師感激在心，加上親身出馬巡迴全省各個學校懇切說明，水牛版童軍課本因此成為最多學校選用的版本。三個年級有三冊，以每冊銷量約十萬冊計，每年就可以賣出三十萬冊，「好像我的善心得到回報一般，一下就轉運了。」彭誠晃說。

一直到九十年教育部宣布取消童軍課，水牛靠著童軍課本走出負債的地獄，「從利潤來看，那才是水牛最好的十年。」債務還清，彭誠晃還把母親當年在金山南路蓋的翠雲大廈買回來三間（含地下室），這也是現在水牛的根據地，彭誠晃與妻子、兒孫們住在二樓，四樓是水牛出版社，地下室做倉庫使用，其他樓層分別住著彭誠晃的兄弟姊妹。

水牛出版社的翻譯種類多元化。

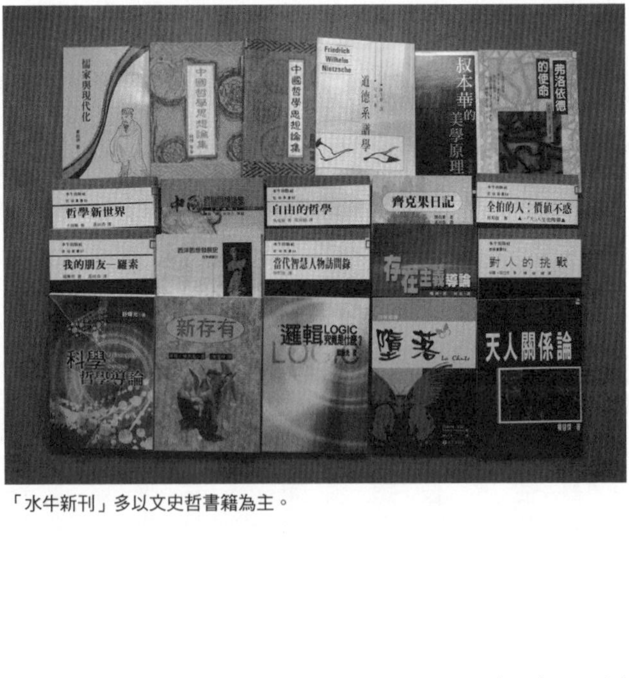

「水牛新刊」多以文史哲書籍為主。

以出版界的義工自居

九十三年以後彭誠晃重新自我定位為「出版界的義工」，不為名也不為利奉獻自己，因此也有媒體封他為「出版界的阿甘」。也就在這一年他出任台北市出版商業公會理事長，同時也擔任中華出版基金會董事長，以「尋找利基、發展活動、帶動資源、形成台灣競爭力」為工作重點，兩任六年下來交出漂亮的成績單，包括建言呂副總統重視圖書出版業。定期舉辦數位出版講座，為出版業培訓人才。與中華出版基金會合辦二〇〇八海峽兩岸著作權研討會。與台灣商業軟體聯盟合辦BSA企業軟體資產認證。與華藝數位合辦數位出版定價機制研討會。與中華民國圖書出版協會合辦兩岸出版交流二十年慶祝活動。致函馬總統建議將國民旅遊卡消費增加購書項目。

四十三年前水牛出版社成立，彭誠晃看到的台灣是一片閱讀沙漠；四十三年後，圖書出版業看似熱鬧華麗，驚奇創意處處可見，一本書的定價也從七元、十元逐步推升到平均的兩百元、三百元，似乎一切都不同了，但暗潮洶湧，危機四伏的環境依然不變。

現在的「水牛」，彭誠晃夫妻除外，只僱請兩名員工，每年仍舊出版新書，但數量已從二、三十本逐年向下遞減，每本起印量少則一百，多則一千。如果出版是一場競爭激烈的遊戲，應該說彭誠晃已經不玩了，從這幾年「水牛」推出的新書書單來看，如與日本「小學館」合作的《世界文化與自然遺產》六冊，與北京大學合作的《世界文明史》，以及《中國文學理論批評史》、《莊子精讀》、《儒家倫理的創造性轉化——韋政通倫理思想研究》、《「自由中國」與台灣自由主義思潮》、《站在民主十字路口的台灣》、《現代日本紀實》、《漂流的島國‧台灣》、《碧海鉤沉回憶思錄》等等，「水牛」實與主流出版明顯脫勾，默默走自己的路。實體通路除了三民書局，讀者很難在其他書店遇到「水牛」的書，來自於博客來網路書店的訂單倒是細水長流，殷海光《邏輯究竟是什麼？》至今還在賣，在博客來落落長的「長尾」書單中，「水牛」貢獻度不容小覷。

民國九十四年出版的《碧海鉤沉回憶思錄：孫立人將軍功業與冤案真相紀實》其實是一本話題書。作者鄭錦玉經營水電工程，因工作關係長期進出軟禁孫立人將軍的居所，兩人相交二十六年，孫立人暗中將許多第一手資料、照片交由他攜出，鄭錦玉雖一度受到警總關注，但幸運全身而退，後來他遠赴美國，為孫立人冤獄案多方奔走，又根據資料寫成本書，無疑為研究孫立人的重要參考資料。九十八年出版的《漂流的島國‧台灣》作者郭汀洲曾任駐日代表處副處長，他因有感於馬政府的傾中政策給台灣未來帶來的危機，伏案疾寫成此書。這樣的書，彭誠晃也無所謂賣或不賣，他只希望出版無人願意出版但有價值的書，對文化對教育盡一分心力，對歷史有交待。

持續奮鬥不懈耕犁出版田地

時光飛逝，彭誠晃感慨很多作家都老了、走了，很多書都絕版了。九十八年九月十一日，他忽然收到一封孟祥森索回《流浪者之歌》版權的信，信上寫道「彭大老闆：《流浪者之歌》讓你大賺了四十一年，賺飽了，現在該把版權給還給我了。」彭誠晃先去查了銷售數字，並在二十五日那天回了一封信給孟祥森：「時光飛逝，轉眼弟所經營的水牛出版社已經過四十三個年頭，期間也可說五味雜陳，冷暖自知，盼望能與您敘舊，不知您意下如何？」彭誠晃想對孟祥森解釋「獲利可觀」的誤會，他不知孟祥森罹癌並於二十一日，也就是在他收到信的十天後離開人世，那封信是再也寄不到收信人手中了。

胡品清在九十五年離開人世，享年八十五歲，「水牛」遂重新印行《夢幻組曲》、《晚開的歐薄荷》、《最後一曲圓舞》、《寂寞的港灣》、《芒花球》五書以為紀念。孟祥森走了，彭誠晃也計畫重新出版幾本他在水牛的翻譯和著作。

五味雜陳，冷暖自知，四十三年的故事說也說不完，太複雜的感慨只能往肚子裡吞。彭誠晃最大的安

2010年時位於金山南路的水牛出版社，目前已搬遷。

慰來自於，每當他自我介紹是水牛出版董事長，無論高官、學者或法官都會異口同聲說：「我是看水牛的書長大的。」就這樣一句話，一切辛苦瞬間煙消雲散。

出版的未來將面對更多的挑戰，彭誠晃唯一確信的是，就算只有一塊田，「水牛」都會繼續犁下去。

（原發表於二〇一〇年一月《文訊》二九一期）

以精進編輯實力為目標

里仁書局

◎秦汝生（文字工作者）

在桃園新屋成長的徐秀榮，雙親以種田為業。初中（舊制的國中）畢業那年，因為大旱災，家裡無法供給他繼續升學，所以沒有參加高中的升學考試，沒想到他卻收到了母校中壢中學的保送通知。在姑姑的鼓勵下，他進入了高中。對於小學五年級就會背〈正氣歌〉的他來說，學業不是難事，倒是課外書才是有趣，初一接觸了《三國演義》、《水滸傳》，初二看了《紅樓夢》、《西遊記》、《儒林外史》，這樣特殊的機運影響了徐秀榮：一位平凡的務農子弟，成為一位堅持超過三十年的文史出版社負責人。里仁的成績，在出版界已有目共睹，可以說幾乎台灣文史科系的學生，都讀過里仁書局的出版品。

生意人走上出版路

徐秀榮自淡江大學歷史系畢業後，做過《大華晚報》記者，也做過房地產市場研究的

位於仁愛路二段的里仁書局。

徐秀榮

1949年生，籍貫台灣桃園。淡江大學歷史系畢業。曾任《大華晚報》記者、台灣建築徵信雜誌社執行副社長。曾創辦九思出版社，並於1979年獨資創立里仁書局，現爲里仁書局發行人，出版過文史類書籍六百餘種，分爲中國哲學思想、經學、戲曲、古典小說、台灣文學、藝術、宗教等22個書系。

1987年，里仁書局舉辦「《紅樓夢》座談會」。左起：陳萬益、徐秀榮、王三慶。（里仁書局提供）

工作，同時接任台灣建築徵信雜誌社執行副社長。但因為經營理念不合，他離開了心愛的雜誌社。離職之後，他一下子不知道該何去何從；這時，他遇到了他的老師——淡大歷史系的李毓澍教授——鼓勵他買下結束營業的「三人行出版社」，進入出版業。徐秀榮說，這完全是無心插柳，卻展開了他的出版之路。

出版不是個容易賺錢的行業，徐秀榮則一點也不擔心走上出版這條路，因為「我很喜歡賣書！」徐秀榮認為自己能做出版這一行，不僅有自小愛閱讀的因子，也因周遭總是有很多會教他賣東西的人，例如表叔在台北龍口市場賣荔枝，不但每天把荔枝賣光光，連荔枝葉也能賣得一乾二淨！——「他跟人家說這樣拿來煮洗澡水很好！」大學每個寒暑假必到鞋店打工，受到老闆的栽培；也跟當時的女朋友（現在的妻子）、女朋友的弟妹一起擺地攤賣衣服。這總總的經驗，練就了他看準顧客需求的眼光。因此，他一點也不認為出版將會是害人的行業，他認為有人買的產品，必定可以成就事業。徐秀榮說：他就是一個這樣樂觀的人，有時候還樂觀得無可救藥。

「三人行出版社」的取名，典自「三人行，必有我師焉」，大約成立於民國六十二年。徐秀榮在民國六十六年買下該社的圖書網版後，與股東江九思成立了「九思」：同樣與《論語》有關，因為另一位股東名字裡有「九思」兩字。「九思」也以文史圖書為出版方向，並因當時還在戒嚴時期，稿源以當時沒有開放的大陸圖書為主，讀者對這方面書籍的需求頗為殷切。那時曾出版了《陳寅恪論文集》、《中國哲學史資料選輯》、游國恩

《楚辭論文集》等。《陳寅恪論文集》甚至創下了兩年內賣出五千多套的紀錄，簡直不可思議！徐秀榮認為那是一個求知若渴的年代，學生都希望讀書，也擔心下次不見得可買到同樣的書；這不僅是因為取得研究資料不易，也是因為禁書政策的氣氛讓某些書反而特別暢銷。民國四十二年七月公布的「台灣省戒嚴期間新聞紙雜誌圖書管制辦法」與民國五十九年五月公布的「台灣地區戒嚴時期出版物管制辦法」，讓敏感議題特別容易延燒，出版者也遊走在出版與禁止的邊緣。

創立里仁書局

在「九思」的時期，因為股東意見不合，徐秀榮經歷了出版生涯第一次的困境，於是他沿用出版同業傳統的辦法，舉辦圖書大清倉，短期內資金才得以周轉。民國六十八年，徐秀榮三十歲，獨資創立「里仁」，取名為「里仁」，概念還是來自於《論語．里仁篇》：「里仁為美；擇不處仁，焉得知！」這與他一向做的文史類圖書很有關係。

成立「里仁」後，他沿用九思的出版方針，繼續出版大陸學者的書，也一樣遊走於戒嚴時期禁與不禁之間。他記得有一次，友人曾提議出版周作人的作品，因為周作人既不屬於「台灣地區戒嚴時期出版物管制辦法」所指的「匪酋」（領導人物，如毛澤東），也不屬於「匪幹」（各地省委、書記等），更沒有「附匪分子」的紀錄；加上當時九思已有出版《花隨人聖庵摭憶》（註）的經驗。因此民國七十一年，在香港何廣棪教授的協助及熱心讀友的幫忙下，徐秀榮大膽出版了《周作人先生文集》二十六冊五百套。甫一出版，即造成轟動，因為被禁的爭議作者總是讓讀者好奇，當然，也帶來了出版人的生意，然則，也很快就被警總盯上，列為禁書，理由是周作人是漢奸，也是附匪分子（在北京人民出版社服務）。警總來到里仁辦公室搜索，連在廁所裡印壞的故障書都不放過，一起把它們沒收。

徐秀榮自己有歷史系畢業的背景，本身也喜歡說部，特別喜愛小說《紅樓夢》。「我喜歡看的是《紅樓夢》的『歷史』層面，主要關切的是清初的故事、曹雪芹的家世，也就是所謂『曹學』方面。」因此他將自身的興趣延展出了里仁的「古典小說系列」，目前已有三十多種書，重要作品包括馮其庸《革新版彩畫本紅樓夢校注》、梅節校注《金瓶梅詞話》、蔡守湘《唐人小說選注》、郭玉雯《紅樓夢人物研究》、歐麗娟《詩論紅樓夢》、鄭明娳《西遊記探源》等，並在里仁書局網站上有專門的分類「紅樓夢書店」，也銷售其他出版社關於《紅樓夢》的著作。

里仁的最初稿源主要來自於翻版大陸作品，也出版香港學者作品，例如民國六十八年出版，至今仍為歷史系學生必讀的鄺士元《國史論衡》四冊，這套中國通史的套書當年總共銷售約八千套。民國七十六年解嚴，開放大陸探親後，徐秀榮更積極前往大陸尋找作品。第一批找到的作者都是民初重量級學者，包括神話學專家袁珂《中國神話傳說》三冊、《山海經校注》、紅學家馮其庸作品、詞學名家龍沐勛《唐宋詞格律》、《倚聲學十講》、曲學家王季思校注的《桃花扇》、《西廂記》等。

經營約三年後，徐秀榮面臨了出版生涯的第二次經營危機。出版這一行最難的在於資金調度以及庫存書帶來的壓力，當庫存書無法及時轉為現金，只能在倉庫裡積壓，就容易產生周轉問題。這時，業者大多只好選擇低價清倉，來爭取繼續營運的時效。這一次徐秀榮仍然選擇這種他所謂出版業的「笨方法」來清倉。里仁這次的危機也確實以清倉的方法如願度過了，但他也說這是他最後一次使用這種笨方法了。以後徐秀榮又碰過一次周轉的難題，但他改弦更張，主動找債權人商量，得到他們的諒解，展延已經到期的負債。因為有很長一陣子不必為跑「三點半」而煩惱，業務終於有了起色。徐秀榮也不否認，里仁經營的前十年都是很辛苦的，隨時都有資金調度的問題。

里仁成立之前，台灣已有藝文印書館（民國四十一年）、台灣學生書局（民國四十九年）、成文（民國五十三年）、文史哲（民國六十年）等類似屬性的出版社，再加上世界書局、台灣商務印書館等大陸來台出版社，里仁的出版取向在當時並無特別不同，如何打開自己的一片天，是徐秀榮努力思索的命題。由於曾經歷出版生涯三次周轉困難的情況，促使他特別注重改變出版社的體質，而這方面首賴出版人的自我充實。徐秀榮要求自己每天至少閱讀兩小時，除了相關領域的出版物，他還特別喜愛日本出版經營管理的圖書，例如角川書店不做低價清倉，就讓徐秀榮獲得很好的啟示。此後，徐秀榮不做低價折扣，即便里仁二十、三十週年時也不做促銷。

此外，要能讓里仁在同類出版社中獨樹一幟的方法，便是了解社會環境的變化，確實掌握市場脈動。徐秀榮認為，里仁最大的一個轉折點便是台灣正式開放「大陸地區大專學術用途」簡體書進口之前的民國八十四年，他參加一次陸委會的會議，嗅到簡體書馬上要開放進口的訊息後，相當擔心。雖然同業們當時多認為讀者還不懂簡體字，繁體書仍有市場，徐秀榮卻持相反的看法，他認為同時能讀簡繁字體的讀者一定會增加。以往因台灣不易取得大陸研究資料，以大陸稿源為主的里仁，才能有台灣的市場，若是簡體書進入台灣，里仁在稿源與市場上都將受到威脅。徐秀榮回憶當時他坐在信義路新光百貨三樓的咖啡廳，感覺里仁已經沒有路了，很是苦惱；此時，他心裡忽然有了《紅樓夢》的一句話：「眼前無路，想回頭。」當簡體書開放進口，同業紛紛與大陸出版社簽約的當時，徐秀榮卻決定開始出版台灣學者的作品。

里仁出版的「古典小說系列」叢書。

尋找本地作者與選題

王邦雄、高柏園、楊祖漢、岑溢成等人著作的《中國哲學史》（民國九十四年），序言提到：「一方面圓了《鵝湖月刊》創刊二十年來的夢，我們終於為新生代寫出了代表台灣學界觀點的《中國哲學史》……。」此書企圖建立本地論述的新思考方向，是里仁出版台灣學者著作的代表作之一。徐秀榮認為，由於養成環境不同，台灣學者自由的思考態度在學術上顯得眼界廣闊；又因為政府採取開放的態度，使得學者在尋找資料上相對的方便，因而成就了很多優良的學術著作，像是歐麗娟《唐詩的樂園意識》（民國八十九年）、陳益源《台灣民間文學採錄》（民國八十八年）、張麗珠「清代義理學」三書（民國八十八年）／《中國哲學史三十講》（民國九十六年）、廖蔚卿《中古詩人研究》／《中古樂舞研究》（民國九十四至九十五年）、胡萬川《台灣民間故事類型》（民國九十七年）、龔鵬程《中國文學史》（民國九十八年）等都是本地極具分量的學術著作。

在開拓本地的稿源時，徐秀榮希望能完全經營一位作家的全部著作，而非搶一時的暢銷書。他期待里仁能展現作者全部的寫作生命，伸展學術向度，而不在乎某一本書的銷路；在選題上，里仁也逐漸以本地選題為重。由於徐秀榮個人的偏好，他特別留意「俗文學」的題材，近年來出版的選題也很獲得重視，「關於台灣的題目，還是有銷路的！」較重要的出版品有：蔡欣欣《臺灣歌仔戲史論與演出評述》（民國九十四年）、姜佩君

《澎湖民間故事研究》（民國九十六年，是本地首次研究澎湖民間故事的著作）、施懿琳／廖美玉《台灣古典文學大事年表．明清篇》（民國九十七年，是台灣本地古典文學史料的第一冊工具書）、胡萬川《台灣民間故事類型》（民國九十七年，獲得第三十三屆金鼎獎最佳工具書獎）、浦忠成《台灣原住民族文學史綱》（民國九十八年，獲得財團法人國家文化藝術基金會贊助出版）。

展現編輯實力

除了單一作者之外，里仁建立品牌的另一方式便是重視出版品的資料詳實度，徐秀榮認為在網路發達的時代，要能做到比網路更詳盡的研究，才是真正的為讀者著想，「圖片、註解的詳盡，做到『富贍』是我的目標。」像是里仁一年內排過兩次的《紅樓夢校注》應是最多本地學子

浦忠成的《台灣原住民族文學發展史綱》，是台灣首次大規模整理原住民口傳故事與現代文學。

初讀《紅樓夢》的版本，以最接近曹雪芹本子的庚辰本為底本，詳注出處典故，附錄有「《紅樓夢》版本簡介」、人物彩圖是汪惕齋的《紅樓夢》粉本；《水滸全傳校注》，中國斷代史系列的《秦漢史》、《魏晉南北朝史》、《隋唐五代史》也都增加許多彩圖與文物圖；《陶淵明集校箋》的作者龔斌參考不同版本，集結歷代研究陶淵明的成果，里仁編輯部再將每條資料回查原書；《謝靈運集校注》則是參考海外能找到的所有謝靈運作品以及註釋，用力之勤，連校注者都為之動容。徐秀榮很自豪的是，《楚辭註繹》作者吳福助曾很客氣地對他說，這本作品他自己沒什麼功勞，此書能如此詳細且宏觀，全是里仁編輯的功夫。

　　里仁一方面出版研究類圖書，一方面也有「讀本」類的書籍，也就是課堂上教師選用的教本。這類圖書的銷售量不一定特別多，但每年有固定選課的學生，就奠定了里仁經營實力的重要基底，像是

1992年，赴武漢洽談版權。左起：歐陽景賢、徐秀榮、歐陽超。（里仁書局提供）

《歷代散文選注》、《歷代詞選注》、《歷代詩選注》、《歷代曲選注》、《歷代短篇小說選注》等，幾乎都是相關課程的必修課本。但徐秀榮表示，近年來，在國科會研究獎勵方式的影響下，大學教師研究的題材走向越來越專精的領域，已經很難培養一般的「通儒」。再加上寫作一般教科書，對學校教師升等沒有任何幫助，因此很少教師願意編寫教科用書。因此對文史出版社來說，除非能建立自己堅強的編輯陣容，自己就有編輯寫作能力，否則很難生存發展，這是里仁的最大挑戰。里仁目前已經轉型，先各處搜尋資料後，由編輯部訂立編輯的體例和範本，再由內部同仁或委由外面學者來編寫。目前正在進行的有《說文解字注》、《史記會注考證》的新校標點本等。

另一塊里仁的招牌便是「人生管理系列」，也可說是「吳娟瑜系列」，這與其他學術圖書完全不同。吳娟瑜與徐秀榮在大學相識，他還未畢業兩人就結婚了。在徐秀榮展開出版事業之際，吳娟瑜也成為國內演講兩性關係、情緒管理的專家，經常受邀至國內外演講，有媒體稱吳娟瑜為「成長之母」。吳娟瑜最早在里仁出版的是《敢於夢想的女人》（民國八十五年），超級暢銷書《吳娟瑜的情緒管理學》（民國八十六年）則是再刷三十九次。她至今已在里仁出版超過十二種圖書，也分別在新加坡大眾書局、大陸北京大學出版社與陝西師範大學出版社等有不同的簡體版。

出版更多好書，服務更多讀友

里仁目前已出版超過六百種圖書，也成立了網路書店讓讀者方便查詢書目。面對數位化的浪潮，里仁並沒有特別的計畫，因為「無論載體如何改變，編輯力才是最重要的，其他都是技術性的問題。」徐秀榮打比方說，開車找不到路，只要買個衛星導航系統就可以了。至於別人已經數位化了，應心存感謝，感謝又有一種方便的數位書可以使用。

近年來，出版環境日漸衰退，里仁也感受到這股「寒意」，「自己想要買書的學生不多了，與以前大大不同！」徐秀榮感嘆的說，目前里仁的業務還稍有成長，可能是同業衰退所造成的。因此，他努力加強編輯實力，同時，里仁也慢慢的開展新書系，首次開闢了中文學術以外的「西洋哲學」系列，目前已出版了《康德的自由學

2009年台北國際書展，徐秀榮（右）主持龔鵬程「中國文學史新地圖」演講會。（里仁書局提供）

說》（民國九十八年）。另外，里仁有出版學術刊物的計畫，陸續出版「學報」是未來的工作重點：民國九十八年出版了《台灣古典文學研究集刊》，策畫中的有《宋代文哲叢刊》、《小說戲曲集刊》等。每種每年出版兩期，讓學者自由投稿，並建立審查制度，「我希望能做到成為國科會認可的一級學術刊物。」徐秀榮希望藉此提供發表的學術園地，也增進里仁的品牌識別度。也因為有這樣的品牌體悟，里仁現在不但能邀得本地學者的著作，同時也能爭取到尚未出版簡體版的大陸著作，像是趙興勤的《理學思潮與世情小說》、《元遺山論稿》等。由於大陸書號有限，圖書出版不易，面對這些品質優異的作品，里仁會主動簽下全球中文版權，不另發行簡體版，以免回銷台灣。

自民國六十八年成立至今，三十年來，徐秀榮很高興自己不僅是做了志趣所在的工作，增長

「吳娟瑜系列」是里仁人生管理系列叢書的招牌。

不少見識，同時也還能生活無慮。這當然很大一部分是「神」的功夫，徐秀榮說：「我認為編輯就是『神』，而『神』無所不在。」從學會仔細的看帳到不斷尋找新的稿源；從資料詳實到編輯自身寫作能力的培養；從戒嚴時期翻印大陸書，到以大陸、香港作者為主要稿源；解嚴後，當簡體書進入台灣市場後，又轉向耕耘本地作者與選題，里仁出版學術書的歷程同步跟隨台灣出版大環境的變化，不因學術書有穩定的學校市場而有所稍緩。尤其是當今簡體書在台市場已占有一定比率，光台北門市至少就有十一家以上，證明徐秀榮當年靈敏的嗅覺促成了里仁轉型成功，「我希望還有個三十年，讓我能夠出版更多的好書、服務更多的讀友。」

註：《花隨人聖庵摭憶》一九七八年由九思出版，作者是台灣人黃秋岳，他後來到大陸擔任汪精衛政府的祕書長，抗戰勝利後被國民政府槍決，他的作品成為禁書。朋友提起，既然花隨人的身分如此，他的書都沒成為禁書，看來出禁書有些可以冒險的地方。

（原發表於二〇一〇年二月《文訊》二九二期）

理想，永遠是另一生機的啟端

雄獅圖書公司

◎周行（文字工作者）

雄獅發行人李賢文在幽靜的雄獅美術二樓一方茶桌前坐下來，仔細地確認關於這次訪談，要談些雄獅的什麼。說是，要談雄獅的起源和歷史，談已停刊十餘年的《雄獅美術》月刊、雄獅畫廊，和如今仍然埋首經營的雄獅畫班、雄獅圖書出版……這一路好長四十年的出版歲月，要在一個短短的下午盡量談，「怎麼可能談完呢？」留著一把白鬚，古樸中有仙氣的李賢文客氣而內斂地笑說。

當然不可能談完。光是自一九七一年三月至一九九六年九月、發行逾二十五年的《雄獅美術》，如何見證、帶動了一九七〇年代後的台灣美術發展；更甚者，展現一本藝術類雜誌如何介入社會、引起議論，就足以寫成一部斷代台灣美術史。事實上，確有學生以《雄獅美術》為題寫成論文，而《雄獅美術》亦曾在創刊二十年、第二四一期的雜誌中邀請藝術學者倪再沁，以客觀角度回顧、評判《雄獅美術》二十年的歷史更迭、代表專題與

李賢文

1947年生。輔仁大學畢業。1960年開始學習西畫，1971年創辦《雄獅美術》雜誌，曾任《雄獅美術》總編輯。1996年《雄獅美術》出版307期後停刊，但仍維持出版叢書，目前已有三百多種。現爲雄獅圖書公司發行人。

《雄獅美術》是台灣第一本發行超過25年的藝術專業雜誌。

時代意義。只是，當時誰又能想到，五年後《雄獅美術》會在李賢文冷靜而不失浪漫憑弔的停刊詞中落幕消逝？

當年為了「養」雜誌而創立的雄獅畫班，如今仍坐落在台北東區鬧市的僻靜巷弄中繼續授課；為了同樣理由開始經營的雄獅圖書出版亦然，以量少質精的自製書出版，在競爭激烈的美術書市中撐起一片天。當年滿懷美術熱情的少年李賢文，笑稱自己已是垂垂老矣的「阿公」，而同樣修習藝術的兩個兒子李柏黎、李柏宏，也已開始扮演接班角色，各自擔負發行營運、書籍設計的工作。然而，說起雄獅悠長的出版歷史，似乎仍是那些辦雜誌、燃熱情的歲月，最讓李賢文難以忘懷。

從開畫廊到辦雜誌的少年夢

其實，辦雜誌一開始並不在熱愛繪畫的少年李賢文的夢想清單中。初中開始習畫的他，因為美術和體育兩門科目表現優異，在當時六年制的師大附中無須通過考試便直升高中，也因此，李賢文擁有更多時間畫畫、看畫，浸淫在美術的世界中，幻想自己有朝一日可以開一間畫廊，展出他眼中最棒的畫作。

後來，由於師大附中學風較為開放、學校鼓勵學生成立社團，李賢文便和同學創了「師大附中寫生會」，他回憶當時入會的前後輩同學，表現都相當優異精采，聽了這些後來如雷貫耳的名字，便不令人意外——奚淞、姚孟嘉、李乾朗、李雙澤等人，都是當時師大附中寫生會的一員，後來也都與《雄獅美術》結下深厚的緣分。

在繪畫創作上早慧的李賢文，也因為辦社團，獲得了最早的藝術行政概念，更加深自己日後辦畫廊的心意。等到念大學時，初次在台北精工舍畫廊舉辦個展的他，結識了席德進等畫家，李賢文和這群新朋友們談起自己的美術夢，其中有人告訴他，「台灣畫家多的是，何不做一本美術雜誌，走一條全新的路？」

想法扎了根，李賢文腦筋一動，便向父親雄獅文具董事長李阿目提出辦雜誌的「建言」：「企業應該取之於社會，用之於社會，我們應該辦一本雜誌，提升國內美術風氣，更何況把廣告費花在雜誌上，將會是更好的宣傳。」

同時，毫無經驗的李賢文，透過啟蒙老師畫家何肇衢找到他的胞弟何政廣出任雜誌主編。何政廣早些時候便曾報導師大附中寫生會的活動，也在李賢文個展後撰文鼓勵，熟稔美術界動態的他是李賢文唯一認識的美術撰稿人，自然成為主持《雄獅美術》編務的不二人選。

第一本《雄獅美術》，如今看來尺寸迷你得很：三十開本，三十頁，黑白印刷，採免費贈閱的方式發刊；直到第四期時才顧慮「不能永遠依賴廣告費」而開始販售，當時一本《雄獅美術》，只要五塊錢。

籌備期間，大家本想以報紙形式發刊，卻遭到「畫壇老頑童」劉其偉反對。劉其偉說，做成報紙只會被人拿去包油條，所以一定得採裝訂形式，李賢文回憶起來，對劉老的睿智仍是滿滿的感謝。當時已經五十多歲的劉其偉，對推廣《雄獅美術》不遺餘力，甚至曾寫信告訴李賢文：「我和席德進之後要到某某學校教書，我們會努力幫忙推廣《雄獅美術》的業務。」「想想看，兩個大畫家說要幫忙推廣雜誌業務，當時真覺得虧錢做這些事情也甘願！」李賢文撫掌嘆道。

那年，李賢文大四，一圓辦刊物的夢後，他就畢業入伍當兵去，由何政廣全權負責雜誌事宜。發刊兩年後，李阿目曾勸李賢文停刊，最後不敵兒子的堅持，雜誌延續了生命。退伍後，李賢文偕同新婚妻子王秋香於一九七三年前往巴黎。正是這一趟行旅，給李賢文和日後《雄獅美術》的走向，奠下極為重要的基礎。

台灣美術鄉土運動

七〇年代的巴黎，帶給許多負笈學人強烈衝擊，蔣勳、奚淞等人都是其一，李賢文也不例外

1977年，雕塑家陳夏雨蒞臨雄獅十週年社慶活動會場。前排右起：程延平、陳夏雨、李賢文，後排中為黃才郎。（雄獅圖書公司提供）

——是怎樣的民族性和歷史，能陶冶出生活與藝術交融不分的文化？法國人從自己的土地上獲取滋養，轉換成藝術創作，那麼台灣呢？屬於台灣自己的文化和藝術是什麼？

一邊見識、思索，一邊結交新朋友，李賢文從這些藝文界人士得到慷慨的支持，無論是撰寫稿件、提供建議、引薦當代藝術家，都成為在台灣的《雄獅美術》源源不絕的活水；然而，擔任四年主編的何政廣突然去信向李賢文表示，自己將離職辦一本新雜誌。這個轉折讓李賢文決定返台自己主持刊物，所幸，友人們紛紛提出建議和支持，例如奚淞，便直接表達：「回台後我幫你編雜誌好不好？」

一九七五年之前的《雄獅美術》，仍屬一本純美術範疇的刊物，在引進國際藝壇訊息、重要畫派評析、國內當月畫壇訊息的報導上頗能跟隨潮流、反映趨勢，例如廖修平的版畫介紹，和前無古人後

1985年，於雄獅畫廊舉辦「第一屆雄獅美術雙年展」。（雄獅圖書公司提供）

無來者的「洪通熱」，都是此時期頗具代表性的報導內容。一九七五年李賢文、奚淞返台執掌編務後，便正式宣告《雄獅美術》的「寧靜革命」——著眼的對象，從「美術」逐漸跨向「藝術」，特別是台灣在地的本土藝術。

一九七六年，在執編奚淞的掌舵下，《雄獅美術》改版為二十五開本，印刷和紙張都有了截然不同以往的表現，而雜誌封面上的「雄獅」字樣變大，美術相對顯小，充分說明了雜誌希望朝「一本提升美術家人文素養的刊物」發展的自我期許。這段時期，「布袋戲專題」預告了《雄獅》日後更蓬勃的民間藝術專題製作、「朱銘木雕」則首開國內介紹雕塑大師朱銘的先聲，其他諸如「文化與環境造型」、「環境污染與藝術創作特輯」等，則展現了《雄獅》積極將藝術與社會連結的旺盛企圖心。

等到一九七八年蔣勳出任《雄獅美術》總編時，原來的寧靜革命化身為大鳴大放的改革宣言

1985年，雄獅美術老讀者聯誼活動，邀請讀者參觀雄獅資料室。
（雄獅圖書公司提供）

——「美術」二字從封面被摘掉了，雜誌拓展為綜合性的藝文雜誌，除了奚淞負責原有的美術，蔣勳邀集了一眾日後赫赫有名的年輕人才製作不同領域的內容：姚孟嘉做攝影、黃永洪做建築、影劇找的是王墨林、舞蹈找林懷民、音樂是樊曼儂、文學則由他親自出馬，改版第一砲（一九七八年三月號，第八十五期）就端出了小說家陳映真自綠島歸來的首部作品〈賀大哥〉，足見蔣勳大刀闊斧的魄力。

然而，雄獅對於美術的關切並未因篇幅被擠壓而縮減了品質。《雄獅美術》主導的「美術鄉土運動」，一方面呼應當時的文化圈，一方面也如倪再沁日後的評述所言：「……雄獅對鄉土的認同，卻無形中成為美術界走向鄉土的精神支柱」，使鄉土寫實美術步入高峰。

這時期雜誌活力充沛的跨界演出，也引來不少爭議。原來以美術家和相關科系學生為主的讀者，覺得他們需求的篇幅少很多，表示「刊登詩作和文學與我何干？」另一方面卻也拓展了新的讀者群；表現在銷售上，就是訂戶量下滑，零售量提升，而整體銷售因此平衡，不致有太大起伏。

回顧當年的風起雲湧，李賢文肯定蔣勳等人帶來的冒險精神，「當年文學刊物剛好有缺口，像《現代文學》最活潑的時期已經過了，所以《雄獅》做文學、做廣泛的藝文專題，恰好填補了這塊空間。」

人才的風雲際會，帶給發行人李賢文唯一的「困擾」，則是因特定年代的環境使然。

這個壓力，是白色恐怖對媒體草木皆兵的關切。

「像是當時蔣勳把刊名的『美術』摘掉，就讓我被找去問了好幾次，交代為什麼跟登記的刊名不同？最後只得把『美術』再放回去。另外，我也動不動被找去解釋『為什麼登陳映真、王拓、楊青矗的文章？』」李賢文慨嘆，當時的《雄獅》走在邊緣上，可能再一步就會落得牢獄之災，而這也是那個年代發行刊物最大的壓力來源。

藝術雜誌的社會責任

不同的主編，為《雄獅美術》勾勒出紛呈各異的面貌。一九七九年隨著蔣勳和奚淞離開雜誌職務，繼任的李復興、王福東等人再度將雜誌逐步引回純美術的世界。特別是李賢文親筆函邀的王福東，特別關注新生代的青壯藝術家，除了製作一系列相關報導，更在《雄獅》點燃過去少有的評論火花，探討身為台灣當代藝術家的角色定位，十分精采。

對於數年內主導編務者迭有變動，除了第一位何政廣的出走讓李賢文頗感意外之外，其他的人事變遷他倒澹然以對，「基本上用主編就是要信任，要給自由，不要干涉太多，雖然性格上我們不見得相同，要緊的是能包容。」他強調，幾次異質的編輯風格，得以將不同的人才帶入《雄獅》，而這些人也成為日後各領域的翹楚，「這些都是相當正面的影響」，他如此歸納。

爾後，《雄獅美術》開始實行集體編輯制度，李賢文親自主導，他的理想性格和對於

1987年，雄獅主辦「公眾藝術問題研討會」。（雄獅圖書公司提供）

雄獅的書櫃上陳列著台灣美術史與雄獅出版的成長歷程。

《中國工藝美術辭典》、《西洋美術辭典》、《中國美術辭典》是重要的美術參考工具書。

歷史的敏感，使雜誌走向了不僅是純美術，且不附和時勢所趨的報導內容。

「蔣勳走後，我開始做『前輩美術家』專輯。醞釀內容時，我心想自己不是蔣勳，沒法關注這麼遼闊的文化面向，還是做自己最有把握的美術。但這塊如何做到好？我想，台灣有很多優秀美術家，只是很少人知道；現在大家都曉得陳澄波、洪瑞麟，但三十幾年前聽過他們名字的沒幾個，所以我就決定在兩、三年中做二十幾位藝術家。」

親自尋訪台灣美術史必須記載的藝術家，是李賢文至今依然念念不忘的回憶。比如為了採訪性格敏感、鮮少與外界接觸的雕刻家陳夏雨，李賢文等人多次往返台中，慢慢建立與雕刻家的交情，終於成功說服他受訪，甚至拍攝雕刻家工作時的圖像。

又如「礦工畫家」洪瑞麟，李賢文也因採訪而有機會隨其進入地下兩千公尺的礦區，捕捉畫家寫生和其他礦工的照片。又有中國知名畫家林風眠，為了製作他的專題，席德進親赴香港會面，回來寫成報導，「每個畫家，《雄獅》都有一個故事，說不完的！」李賢文說。

另一方面，自一九八六年李賢文受邀赴美訪問後，《雄獅美術》更積極地關注國內藝術環境與政策。早前，《雄獅》便曾在雜誌中呼籲政府應及早將台北中山堂由黃土水所作的石膏雕塑〈水牛群像〉翻銅維護，文建會也真的採納意見、加以翻修；而八〇年代中期至九〇年代初，諸如「公共藝術問題點——景觀雕塑與一％藝術基金」、「企業與文化贊助」、「台灣進入美術館時代？」等專輯，皆為超越時代的趨勢觀察，亦為當時的藝術環境帶來實際的提振，「例如我們呼籲公家建築設立一％藝術基金，用以購買景觀藝術作品，這個呼籲後來便立法通過，讓很多藝術家得以此延續創作和收入。」

最令李賢文慨歎的，則是藝術往往為其他權力綁架，淪為服務或妝點作嫁的客體。曾有當政者詢問李賢文，北美館長的懸缺有無推薦人選，李賢文表示，與其推薦人選，不如成立獨立於政黨外的藝術諮詢委員會，然而仍如擲小石子於大池，「作為媒體人，我盡職了。我們透過雜誌把台灣欠缺的思維說出來，有些會成功被注意，有些則不會。」

「只能用平常心看待」，談及此，李賢文最後用蘇東坡的句子比擬一路走來堅持而不失豁達的心情──莫聽穿林打葉聲，何妨吟嘯且徐行？

商業與理想的折衝

雜誌創辦之初，仰賴的是雄獅文具的挹注支持，然而從第四年起，雜誌便自負盈虧，雄獅文具則以每月一頁廣告費給予象徵性的贊助。自力更生後的《雄獅美術》，隨著逐次改版、人事擴編等營運成本上揚，亦逐步調整其零售價格。一九八〇年改版為十六開本、篇幅在一四四頁上下，定價亦逐步調整為七十元，更大幅度增加了廣告內容──主要是八〇、九〇年代紛湧出現的畫廊展覽廣告。李賢文記得，廣告的全盛時期，每期月刊約有一頁的彩色廣告，收入自然也大幅上升。

儘管對雜誌來說，廣告收入是維持營運的強心針，然而過多的廣告卻與李賢文辦雜誌的初衷背道而馳。

「我想，為什麼要辦雜誌？不是為了賺錢，要賺錢開咖啡店都比較好賺，但要辦下去就得有收入，這和為了賺錢辦雜誌是不一樣的。也因此，你得考慮做了有沒有意義。比如前輩美術家，如果我們不及時留下他們的紀錄，我們會後悔的——如果我們不對上一代肯定，將來又有誰肯定我們呢？」

這樣的理想主義色彩，讓李賢文以種種堅持經營雜誌。《雄獅美術》不賣封面，彩色內頁也不時因鼓勵而刊登某些負擔不起廣告費的展覽，長久下來，《雄獅》不免被業界指為「只會耕耘不懂收割」。

另一方面，為了讓收入更穩定，雄獅圖書出版、雄獅畫班早在一九七三、一九七七年便陸續成立。那是國人開始重視繪畫、美育的年代，兒童畫班的成立因此平衡了雜誌的開銷，同樣地，繪畫技法、藝術家傳記等長銷出版品亦讓「雄獅」的整體營運維持基本盤。

到了一九八四年底，李賢文終於實現了初中以來的夢——雄獅畫廊的開設，讓雄獅從雜誌平面的揮灑，一舉拉至展覽的立體空間。

對李賢文而言，開畫廊和辦雜誌是兩兩相乘、不相違背的；有好的畫家，一方面雄獅畫廊展出其作品，另一方面《雄獅美術》為其深入介紹，然而當雜誌屢屢出現雄獅畫廊的專題報導時，《雄獅》開始面對「媒體失去公平性」的批判，廣告營收亦隨之下滑。

對此，李賢文始終不改其志：「我心裡有一把尺。在雄獅畫廊展出的作品，《雄獅美術》不是都要做大報導的，當然我覺得好的就會做大，比如當年八十八歲的余承堯一鳴驚人的首次個展。但若是他處有好展覽，《雄獅》從不吝惜報導，而不像今天，媒體主辦的展覽已經分割到別人家的展覽我連一個字都不提，甚至是公家機關的好展覽？」

雄獅畫廊成功策畫了多檔展覽，亦促使多位藝術家的畫作水漲船高。同時間，台灣畫廊大量出現，藝術市場蓬勃發展的結果，雖然出現許多高水準的作品，卻也帶來了過度激烈的商業運作，收藏家的素質從以往的「收藏好作品」變成「買這畫能不能賺錢？」看在李賢文眼中，「好像跟買股票差不了多少。」

「我開始感覺，自己在做的事情已經失去美術本質，夢想也快幻滅了。我的腦袋都是維持畫廊生存為前提，有時候看到好一點的畫家，我想的全是如果幫他辦展要怎麼運作、找哪些收藏家來買畫……我覺得自己完蛋了，為什麼不好好看畫，欣賞畫的構圖色彩美感，而是想一些跟這張畫沒關係的事情？」警覺自己已有負少年時對美術懷抱的初衷，最後，李賢文在一九九四年終止了畫廊的營運。

只是，停掉畫廊時，李賢文沒料到有一天自己也會停掉雜誌。對商業漸感疲乏的他，在一九九二年開始重回執畫筆作畫、毛筆寫字的世界，尋回起初接觸藝術時那股動人的豐沛力量。這是李賢文個人內在的需求；從外在來說，一九九四到一九九六年的雜誌營運已不復前幾年「錢淹腳目」時滿滿的廣告收入，經營上愈趨艱困，加上由衷感覺純美術的本質已然下降、理想不再，他遂開口詢問一路伴隨經營刊務的太太王秋香：「停刊，好不好？」

李賢文很驚訝，王秋香竟毫不猶豫地同意。他轉而徵詢兩個兒子的意見，告訴他們：「如果將來到你們手中停刊，你們會被罵，在我手中停，就和你們無關，日後如果你們想復刊，人家還會鼓掌。」就這樣，家人一致認同他的決定，而二十五年來見證台灣當代美術發展的《雄獅美術》，在一九九六年九月，以停刊前回顧的特輯，為自己畫下了休止符。

面對商業牟利勝出的藝術環境，李賢文無法理解，身為報刊媒體，為什麼能為了生存賣封面、讓廣告主導刊物觀點和報導原則，他不諱言以自己的文人脾氣，「停刊只是遲早的問題」。李賢文從沒後悔在財務還可維持之際停掉雜誌，「在有能力時先做選擇，而不要被迫選擇。」

經典規格，建構台灣美術史

《雄獅美術》的停刊，固然在台灣美術界引起一陣

李賢文（右）與其擔任雄獅主編的兒子李柏黎合影。

嘩然，數年間仍餘波盪漾，不時有人詢問李賢文：「有可能復刊嗎？」然整體出版的形勢漸趨嚴峻，在他，把現有的雄獅圖書出版事業穩固經營，才是首要考量。

雜誌停刊時，李賢文並未裁員，而是將編制移轉到圖書部門，降低人事的衝擊。從全盛時期整個雄獅多達八十名員工，到目前二十多名，規模的縮減主要源於出版市場的艱困，因此，如何延續、擴充兼顧精緻與大眾美育的出版品牌形象，對於以自製書為主、每年出版量維持十多本的雄獅圖書部而言，相當重要。

目前，雄獅已出版三百多種書籍，出版方向主要分為四大類：第一類為純美術專業書籍，包括藝術評論、藝術家傳記和技法類。其中，最具代表性的當屬自一九九二年起由文建會委託雄獅製作的「美術家傳記叢書」，每一階段推出十位台灣美術家傳記，一人一書，至

2009年12月16日假文建會藝文空間，由文建會策畫、雄獅美術編製的「家庭美術館——美術家傳記叢書」第六階段新書發表會。（雄獅資料室提供）

二〇〇九年底已出版至第六階段。

這套藝術家傳記固然是雄獅出版的重量之作，與文建會洽談之初卻經歷一番波折。原來，最早提出計畫的文建會主委，希望以「十大美術家」為題製作畫冊，卻引起各界爭議，質疑所謂「十大」的判定標準，計畫因而延宕。到了郭為藩當主委時，因為此事仍需處理，便找來李賢文討論，當時他建議：「與其出畫冊，不如針對青少年出傳記類叢書，同時不要做『十大』，要叫第一階段，如此一來，若各方有疑，就說這是分階段的出版計畫，將來會有第二、第三階段……」

就這樣，雜音消失了，雄獅也一路承製發行這套叢書，從李梅樹、張大千、陳進等人，到劉錦堂、丁學洙、蒲添生等人，編製工作更從李賢文手中交棒給兩個兒子。第六階段的套書封面，從既往沉穩端莊的色調，變身為白色基底、清爽簡潔的風格，便是出自在日攻讀設計的次子李柏宏之手；而同樣赴日攻讀美術史的長子李柏黎，除了主導套書編務，更親自執筆其中的《遺民・深情・劉錦堂》一書；當這套六十位台灣美術家傳記，洋洋灑灑在雄獅的書櫃上陳列著，同時見證了台灣美術史與雄獅出版的成長歷程。

雄獅純美術書的另一擔綱要角，是自一九八〇年代起陸續推出的《西洋美術辭典》、《中國美術辭典》、《中國工藝美術辭典》等參考工具書，以及從一九九〇年連續製作至一九九七年的《台灣美術年鑑》。前者肇始於李賢文赴巴黎時，感於仍有太多不被國人認識的西洋藝術家，倘若編出一套辭典，將有助於推廣了解，便於一九七九年時邀請黃才郎擔任主編，耗費三年之力進行編撰，出版後更獲得一九八二年的優良圖書金鼎獎，也一路再版至今日。

至於《台灣美術年鑑》的醞釀，則是因應當時畫廊林立，一本對台灣美術家、評論家、畫價紀錄、年度美術文化活動有周全記載的年鑑絕對有其必要，亦有助於藝術市場發展和推廣；而雄獅當年的出版年鑑，也具備了劃時代的重要性。回顧當時電腦尚未成為辦公工具，全部仰賴人力寄發兩三千件畫家諮詢表格，畫家回傳後還要一一打字紀錄，如此連續工作八年，直到雜誌停刊後才不再繼續，「真的是靠大家支持才有可能啊！」李賢文大嘆。

設計、手作、代編的多元並進

除此之外，許多雄獅圖書成立之初的書籍，如廖修平的《版畫藝術》、席德進《台灣民間藝術》、李霖燦《藝術欣賞與人生》等，出版週期皆長達三十多年，堪稱經典長銷，特別是在李賢文口中「編輯最喜歡的作者」，前故宮副院長李霖燦的《藝術欣賞與人生》一書，最早是黑白版本，後來改成彩色版，最近中國則又發行簡體版，三個版本，版版都有扎實的銷售量，讓李賢文邊描述邊為了好書長存而滿面笑容。

此外，兒童美育類書籍、近年扮演書市寵兒的設計類書，以及手作書系，這三類出版品則為雄獅開拓出廣泛的讀者族群；自《雄獅美術》創刊來，兒童美育便曾在雜誌中扮演重要的角色，隨著畫班成立，美育相關出版品更成為雄獅進行美感教育扎根相輔相成的內容，例如二〇〇八年米勒與今年初梵谷畫作來台展出時，雄獅便針對兒童讀者出版《LOOK！米勒爺爺的名畫》與《LOOK！梵谷爺爺的名畫》，透過活潑的遊戲設計引領小讀者學習欣賞繪畫。

設計類書則為雄獅拉出新潮的出版面向，其中以「日本設計鬼才」著稱的平面設計大師杉浦康平，早在八〇年代便與李賢文一家經常往來，也陸續於雄獅出版《亞洲的圖像世界》、《造型的誕生》、《疾風迅雷——杉浦康平雜誌設計的半個世紀》等作品，今年中亦即將出版第四本中譯本《漢字的力量》（暫名），是杉浦康平在台灣的重要橋樑。此外，雄獅也出版另一引領日本潮流的設計師——無印良品藝術總監原研哉的生涯代表作集結《原研哉的設計》，透過大師自道，成功搶攻出版主流戰場。

手作書的系列出版，最早始自奚淞以毛筆抄經的生活實踐，《心與手——寫心經．畫觀音》堪稱台灣早期手作書的代表作品；其後，對日本手作書印象深刻的李柏黎，也將細膩而注重美感的編輯方式落實於「藝術趣味」、「技法入門」兩支書系的手作書，「大家來寫字」、「大人塗畫簿」等系列以宋代花鳥畫、蘇東坡詩文集等中國古典藝術品，讓成年人重新體會執筆寫字的樂趣之餘，也能細細吟詠詩文書畫之美。

儘管出書量少卻堅持質精，是雄獅能持續在美術出版市場穩健經營的主因，近年，李賢文有感於「出好書」的概念不當只侷限於出版社自製書，積極以代編型態和許多公家、民間機構合作，藉由雄獅四十年的出版經驗，協助這些機構做出更精緻到位的讀物，除了文建會外，這兩年雄獅為文具公會代編了兩本書，藉由活潑的企畫編輯，介紹台灣文具的海外奮鬥史，以及資深文具達人的故事，「我想這是我們可以有的新觀念，只要出版多使一點力，就能讓過去過於官方、沒有活力的讀物增添不少色彩，讓這些好內容被更多人看見。」

四十年，讓李賢文的招牌蓄鬍從烏黑轉灰白，雄獅也歷經無數次轉折，到今天以圖書出版默默守護著台灣美術書的土壤。面對數位時代的進襲，不是沒有憂心，但，李賢文淡淡一笑，是對自己，也是對坐在身旁的兒子李柏黎說，「說不幸是不幸，但幸運也是幸運……在我們做雜誌的時候，台灣還是文化沙漠，很辛苦，完全不敢想像收支平衡，現在至少經濟狀況比我們初期好，只是當今出版的大環境不理想，但，每個時代自有好處，也有各自需要面對的問題，怎麼如實看待挑戰，還抱著樂觀輕鬆的心情工作，我想，那是他們該見習和嘗試的。」

正是這種澹然，讓李賢文多年前為停刊辭寫下這樣的結語：「我們不必惋惜《雄獅美術》月刊的停刊，結束往往是另一生機的啟端。」而今，生機依舊，只是以更寧靜平穩的姿態踽踽前行，或許另一次理想的鳴放，正在前方不遠處，靜待雄獅點燃。

（原發表於二〇一〇年五月《文訊》二九五期）

擦亮傳家寶的時代

正中書局

◎秦汝生（文字工作者）

即將走進一間將近八十年歷史出版社的「書庫」時，我揣想著，那會是光線幽幽、塵埃在書上堆著，從地板到天花板都疊滿了書，人走在其中非常渺小的樣子呢？又或者是像現代化的倉庫般，一萬種圖書各自在棧板上，蓋著塑膠膜，方便機器直接舉起整理呢？都不是的。將近八十年的正中書庫是一間約二十來坪的圖書資料室，保存有約五千種書目。它沒有想像中來得大，卻又教人驚嘆：保存過往出版品的方式是以中國圖書分類法來分類的（可以想像其種類之廣），得用圖書館旋轉式的書架，才能容納。當現任總編輯劉興蓁旋轉著書架的把手，一一開展每個書架的當下，她旋開的彷彿是一段歷史的時光：能保存下來的每一本正中出版品，都代表著一段難忘的故事。

正中近年來最引人注目的新聞，便是二〇〇八年大陸新華出版社出版了由正中編輯的「中國文化基本教材」。一直以來，「中國文化基本教材」六冊是本地高中課程的必修

劉興蓁

台灣大學社會學系畢，曾任牛頓出版集團產品開發、行銷企畫主管。曾負責《牛頓雜誌》、《小牛頓雜誌》、《小小牛頓月刊》、《少年台灣》、《中國國家地理雜誌》編製發行，以及開發科學研習百科、小學數理百科、兒童文學、西洋文學、中國史地、心理勵志、特殊教育、親子教養、華語教材等圖書類別。受訪時任正中書局總編輯。

正中出版的工具書具有權威，如《正中形音義綜合大字典》，皆可見字詞的歷史軌跡。（翻攝自《正中書局60年》）

科目，一九九六年教育部宣布高中課程開放，一九九九年配合新課程開始實施，正中開始自編教材，邀請台師大國文系李鍌教授主編中國文化基本教材。二〇〇四年，此科目改為選修課之後，這套教材便不再發行。然而，此套教材倒是引起對岸教師的注意，認為有助於奠基儒學教育，恢復以往斷絕的國學傳統，新華出版社出版的《國學基本教材》兩冊，是中國文化基本教材的「學生版」，二〇〇九年，海峽文藝出版社出版了《論語高級讀解》、《孟子高級讀解》、《大學中庸高級讀解》是中國文化基本教材的「教師手冊」，它的書封文案這麼寫著：「華語世界權威國學讀本，台灣國學教師必讀手冊」。當台灣減少國文授課時數，對岸卻掀起向台灣學習傳統文化的熱潮，如此巨大的反差，讓正中書局的招牌再次發光了起來。正中書局則於二〇〇八年再次在台灣重新出版《中國文化基本教材》兩冊。

最資深的教科書出版者

這次的出版品讓人回想起正中的「教科書」形象，包括以往的三民主義、軍訓課本，都有正中書局印行的字樣。正中出版印行教科書的淵源要回溯到其創立之初。

民國初年，二十七歲的陳立夫擔任國民革命軍總司令部機要科科長時，對於破譯無線電密碼與密碼製作，相當有功，蔣中正頒贈獎金一萬銀元予以嘉勉，一九三一年，陳立夫用其中四千銀元做為籌辦資金，邀請吳大鈞為局長、陳登皞為總編輯，於南京成立「正中書局」，取名來由為「不曲為正，不偏曰中，正中書局的宗旨就是要出版書刊，居於不偏不倚，無過亦無不及。因此，正中書局以闡揚本黨的不偏不倚的三民主義及有關黨義的書籍，啟迪民眾的知識為主旨」[1]，是為「正中」。一九三三年，中國國民黨將籌設黨營出版機構，陳立夫便將正中書局捐獻給國民黨，正中由此成為黨營事業，至一九五〇年赴美之前，陳立夫擔任正中董事長。陳立夫名祖燕，字立夫，一九〇〇年生於浙江，二〇〇一年逝於台中，民國初年的重要人物，發明「五筆檢字法」，對於當時的檔案管理、軍事電報的查詢非常有用。他自美國匹茲堡煤礦學碩士畢業回國後，因蔣中正留用，在二十九歲成為國民黨史上最年輕的中央黨部祕書長，一九八九年九十歲創立立夫醫藥研究文教基金會，一九九四年出版《成敗之鑑——陳立夫回憶錄》。陳立夫一家人與國民黨關係深厚，他的叔父陳其美，辛亥革命初期是國父孫中山

陳立夫於1931年創立了正中書局。

的左右手，其兄長陳果夫曾參與同盟會、討袁、北伐等役，擔任過監察院副院長、中國國民黨中央執行委員等職務，正中曾於一九五二年出版「陳果夫先生全集」十冊。

正中自一九三四年開始編印中小學教科書與課外讀物，代理發行黨營與專門雜誌，出版《時事月報》刊物。初期教科書有公民、歷史、地理、植物等中等學校教科書，社會科學、教育、新生活運動等叢書五十六種，普通讀物一百種，少年讀物五十種，成立五年後，一九三六年正中的營業額占有全國出版業總額的六分之一。正中當時擁有自己的印刷廠、紙廠、各地批發處。一九三八年對日抗戰展開，正中遷往重慶繼續經營，當時曾建設防空洞兩處，一處存放檔案與避難，一處放置對開印刷機六部，繼續印刷。因為戰爭時期供應教科書不易，一九四〇年正中書局將所有中小學教科書版權捐獻給政府。一九四一年，教育部因應戰時國民教育，重新編寫課程標準，由正中編寫，並將承印權公開給其他六家，組成國民中小學教科書七家聯合供應處，按比率供應：正中、商務、中華各占二二%、世界書局一二%、大東書局一〇%、開明書局八%、貴陽文通書局四%。正中「貢獻版權」與「公開承印權」在中華民國教科書史上是首開先例的作法。一九四五年對日抗戰勝利後，正中業務擴展，全國共設分局與供應所二十七處，一九四六年起，平均每天出版新書一種。

正中書局遷至台北之後，當時政治環境仍不甚穩定，其他出版商尚無法正常運作，正中仍繼續邀請台、師大教授編寫教科書，現任總編輯劉興蓁表示，一九五〇年，全省當時即有八五%以上的學校採用正中教科書。一九六〇年，教育部頒布部編本印行實施辦法，正中書局即是核定可印行教科書的出版社其中之一。一九六八年，教科書改由教育部統一編定，再交由各出版社聯合發行。在一九四九年來台之後，正中也印行大學用書約二百種，中等與職業學校、五專教科書約九百種，與大陸時期相較，印行教科書的範圍更廣。一九七二年，正中根據教育部公布的高中職課程標準，開始自行編印各式高中職教科書，採取十六開的版本、彩色套印教科書。九〇年代則面臨中小學教科書開放的衝擊。

自一九九四年教育部陸續公布國民中學課程標準，一九九七年由民間出版社自編藝能學科與活動科目教科書，經由審查後，始能出版。一九九九年高中教科書市場全面開放。康軒、龍騰、南一等曾編印「參考書」的出版商紛紛加入，編輯教材成本提高，還需考量通過審查後的銷路問題，像是二〇〇一年新學友書局因風災損失與投資教科書成本過高，面臨龐大財務危機。正中在一九九七年國中藝能科市場開放時，自編教科書九種，一九九九年高中教科書開放，自編十一種。然而由於成本過高，整體收益減少，二〇〇三年不再編印教科書，全面退出教科書市場。正中可說是中華民國教科書史上最資深的出版者，隨政治環境與課程標準的更替，正中失去了過往的優勢，人們心中「正中」與「教科書」畫上等號的歷史也結束了。

另一方面，正中的大學教科書則有不少重量級的作品，涵括農業、工程機械、政治、歷史等領域，仍廣為專業領域採用，如「考詮叢書」的《中華民國銓敘制度》、《中華民國考選制度》，「大眾傳播學譯叢」有《不可靠的新聞來源》（Lee, Martin A.著）等，「正中政治學叢書」有周陽山《民族與民主的當代詮釋》、石之瑜《女性主義的政治批判》等；原屬於國立編譯館主編的張拙夫《中醫傷科學》、馬建中《中醫診斷學》等，也歸於「中國醫藥叢書」系列，繼續發行。二〇〇二年起新闢「大學館」系列，將各系列的重要版本重新發行，如牟宗三《理則學》、林尹《訓詁學概說》、《文字學概說》、師大國文系《國音學》、王曾才《西洋近代史》；而在正中眾多的大學教科書之中，大眾傳播領域一直用力甚深：「大眾傳播學叢書」系列有國內多位知名傳播學者的著作，如徐佳士《大眾傳播理論》、鍾蔚文《從媒介真實到主觀真實》、張錦華《媒介文化、意識形態與女性》。近年在「教育世家」書系也有相關的傳播叢書，如成

1981年，正中50週年慶，歷任董事長、總經理、總編輯合影。（翻攝自《正中書局60年》）

露茜、羅曉南主編《批判的媒體識讀》，孫秀蕙《公共關係理論、策略與研究實例》等。

從教科書到「普通書」

除了教科書之外，正中也有適合一般大眾閱讀的出版品。一九三六年西安事變後出版的蔣中正《西安半月記》、宋美齡《西安事變回憶錄》，以及一九四三年蔣中正的《中國之命運》是早期讓人印象較為深刻的「國民黨」出版品。一九四九年前後，正中推出「思想與時代叢刊」，有一九四八年朱光潛《最近五十年的中國政治與教育》、張其昀《現代思潮新論》、天文史學家竺可禎《科學概論新篇》等，其他作者有錢穆、張蔭麟、陳之邁、唐君毅、梁漱溟等人，均是文化與哲學方面的大師。此系列目前已絕版。來台之後，正中的黨營事業色彩促使其重視「復興中華文化」方面的圖書，一九六〇年代起，推出「國學萃編」系列，運用古籍原本加入簡要的詮釋，如屈萬里《詩經選注》、王夢鷗《禮記選注》、孔德成《明清散文選注》、李宗侗《史學概要》、林尹《文字學概說》、《訓詁學概說》等，此系列著作後來陸續被歸至「大學館」系列。當時另有「國學精選叢書」，出版了胡倫清《傳奇小說選》、蔣伯潛《先秦文學選》、劉延陵《明清散文選》等，二〇〇〇年最新出版的是錢南揚《元明清曲選》。

同樣是自大陸來台的出版社，商務印書館、世界書局、藝文印書館有很大一部分的出版品著重於影印古籍，正中則較偏向於出版教科書，但也曾與中央圖書館合作，影印「玄覽堂叢書」。玄覽堂叢書由鄭振鐸主輯，收錄元、明、清散佚的史學方面著作，一九七八年由正中胡惠春總編輯主持，將此書分五十冊印出。正中也曾出版字辭典，例如為了配合推行國語運動，一九六九年即推出蔡培火主編的《國語閩南語對照常用詞典》。一九七一年出版高樹藩主編《正中形音義綜合大字典》，此字典廣受好評，它將字詞從甲骨文、金文、小篆、隸書、草書至行書的演變，詮釋得相當清楚，加上援引古籍，使用者可明白字詞以往的歷史軌跡；一九九〇年推出曾永義主編《中國古典文學辭典》，是台灣地區首部編纂的中國古典文學辭典。其他已出版過的字辭典還有《西洋古典文學辭典》、《常用國字標準字體表》等。

正中也出版文學類著作，最廣為人知的是《雅舍小品》，據說，一九四七年時，梁實秋原已預備交稿給商務印書館出版此書，然因當時大環境不佳，物價飛漲，紙價一夕數變，若是將其付印，版權頁上所寫的「定價」可能趕不及真正飛漲的物價，因此商務沒有馬上印行，後來到了台灣，當時正中總編輯劉季洪得知此書，大感興趣，才將此書印行出版。《雅舍小品》最初是四冊一套，封面與內文繪畫選用傅抱石作品，目前版本是合為一冊，一九四九年出版至今已改版四次，足見其銷售之佳。《雅舍小品》原為「正中文藝叢書」系列，此系列還收錄了六〇至七〇年代重要的文學作品，像是改編為電影，轟動一時的徐訏《風蕭蕭》，還有姜穆《決堤》、畢珍《男人的故事》、郭良蕙《錯誤的抉擇》、李曼瑰《李曼瑰劇存》等等。此後的階段，正中出版的當代華文個人創作較少，一九八〇年代「正中散文系列」，有馬各《孩子與我》、李亦園《師徒．神話及其他》、葉維廉《憂鬱的鐵路》等書，約出版十五種，直至二〇〇四年，推出「典藏華文大家」系列，主要推介的是大陸作家，像是史鐵生《我之舞》、張承志《海騷》、韓少功《爸爸爸》等。由於此系列銷售不佳，目前已絕版。

推出重量級人文社科著作

一九九一年正中慶祝六十週年，推出「當代趨勢譯叢」與「當代學術思潮」系列，為正中的「普通書」樹立了重要的里程碑。此兩系列由傅偉勳主編，引介世界各國的新趨勢、思潮與議題，讓人對正中的出版品有嶄新的感受：《死亡的尊嚴與生命的尊嚴》掀起了國內討論生死學的風潮，獲得《聯合報．讀書人》年度最佳書獎，《聖嚴法師的學思歷程》獲金鼎獎，《內在革命》、《行動革命》、

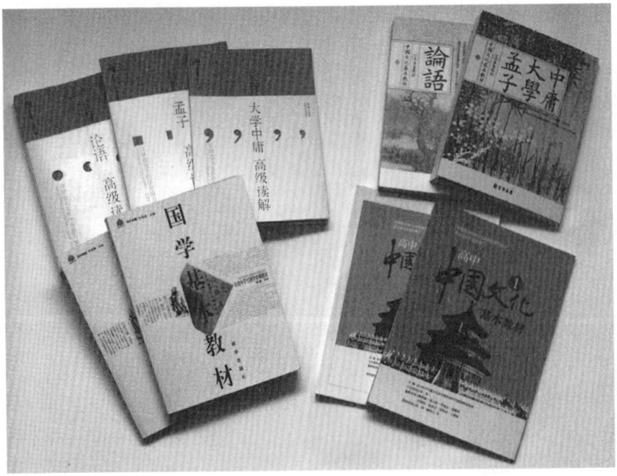

由正中編輯的「中國文化基本教材」，掀起對岸的學習熱潮。

《女太監》是新進的女性主義論述；「當代學術思潮」的《費正清論中國》、《以撒柏林對話錄》、《李維史陀對話錄》都是重量級的著作。在解嚴之後、出版業蓬勃起飛的年代，出版量的需求暴增，以往受到桎梏的思潮作品得以出線，讀者有龐大且急切的需求想要了解世界思維的變遷，正中的兩系列適時到位。在八〇年代出版量大增，且人文書的生存空間足夠之際，正中沒有缺席。此兩系列於二〇〇一年合併為「新思潮系列」，由楊國樞主編，其中《死亡的尊嚴與生命的尊嚴》將於二〇一〇年發行第六版。

正中六十週年還推出「大學知識叢書」系列共八冊，涵蓋文學、政治、傳播等領域的基本知識，如徐佳士《大眾傳播八講》、張漢良《文學的迷思》，「學人學思歷程」系列有傅偉勳《學問的生命與生命的學問》、劉述先《傳統與現代的探索》，並出齊「當代思想人物」十冊。「當代思想

正中書庫目前尚保存約五千種的書目。

人物」尤其重要，如周陽山主編《當代政治心靈》、呂正惠《文學的後設思考》、葉啟政《當代社會思想巨擘》等，皆是學術界的重要作品。九〇年代，正中另一重量出版品是「林語堂中英對照系列」。林語堂學養豐富，中英文能力優異，他晚年尚有未出版的譯作，由女兒林太乙的先生黎明整理完成，正中於一九九四年林語堂百歲冥誕出版十種十二冊，有未曾發表的譯作《老子的智慧》、《孔子的智慧》、《東坡詩文選》、《幽夢影》等，加入原有的古文，二〇〇八年改版為八種十冊，再加入白話語譯部分。除了社會科學的著作外，一九九三年正中推出「當代台灣文學評論大系」，由鄭明娳總編輯。鄭明娳在一九八九年即與林燿德為正中合編「有情四卷」（愛情、友情、親情、閒情篇），一九九〇年合編「人生五題」（童年、成長、事業、憂患、信念）五冊。「當代台灣文學評論大系」是收錄各種文類批評難得一見的文集，五冊的主編均是文學界的知名人物：第一冊《文學理論卷》簡政珍主編，第二冊《文學現象卷》林燿德主編，第三冊《小說批評卷》鄭明娳主編，第四冊《新詩批評卷》孟樊主編，第五冊《散文批評卷》何寄澎主編。

走向輔助教材與華語教材

正中除了早期的教科書之外，在兒童、青少年課外書領域的銷售也相當優異，經常獲選為學校的指定課外讀物，像是有王永慶等名人的成長故事《叫太陽起床的人》（一九八六年），相信在國高中時期的暑假課外讀物書單裡，許多人必定印象深刻，此書銷售已達八十萬冊。其實早在一九四七年，正中早已出版兒童課外讀物，「兒童勞作小叢書」是當時出版界首為兒童編寫的常識性讀物。來台之後，約五〇至六〇年代，正中也負責印行國立編譯館主編的「新中國兒童文庫」，約接近一百種，其中亦有名家謝冰瑩《愛的故事》等；二〇〇一年，正中七十週年，由資深出版人周浩正規畫「輕經典」系列，重新包裝《小王子》、《動物農莊》、《大亨小傳》等經典譯作，也有中學採購做為課外讀物。二〇〇八年正中整理過去的散文作品，推出「i閱讀」系列。劉興蓁笑說：「正中是個有很多『老寶貝』的地方！」「i閱讀」就是將「老寶貝」逐一依主題整理分冊出版，其中不少來自原來的「成長之

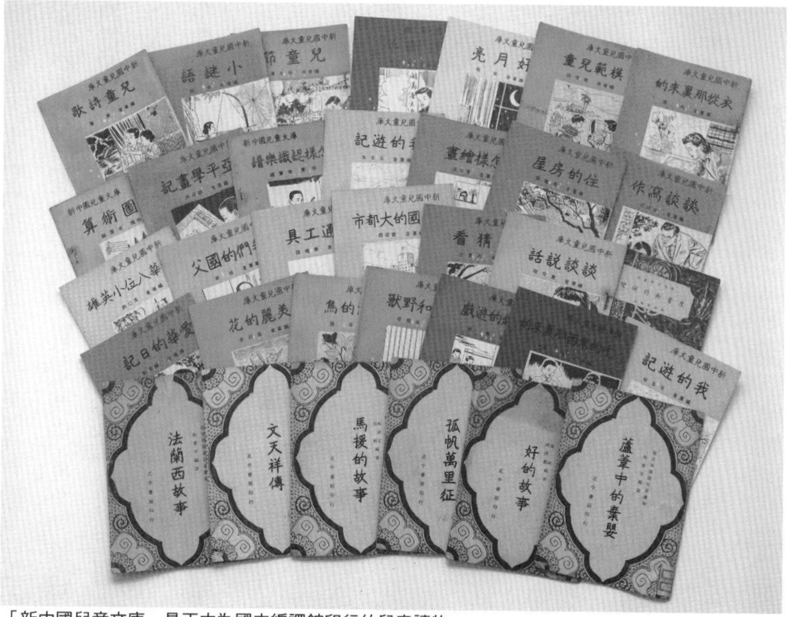

「新中國兒童文庫」是正中為國立編譯館印行的兒童讀物。

書」系列，「成長之書」約出版一百多種，以青少年讀者為主要對象，內容有勵志傳記、寫作訓練、各行各業傑出人士的成長故事，《跟時間賽跑的人》就是其中之一，後歸至「i閱讀」系列，獲台北縣滿天星讀書計畫推薦，《名作家鮮體驗》、《一口快樂井》獲新聞局中小學優良課外讀物推介，《讀書，大樂事》獲台北市圖「好書大家讀」推薦。更往上年齡的課外參考書則有《琹涵老師寫作教室》兩冊、廖玉蕙、陳義芝、周芬伶主編的《繁花盛景：台灣當代文學新選》。

正中由於原有的教科書路線，以及著重人文方面的出版品，很多作品很容易成為大眾學習的「輔助教材」，甚至進而變成「教材」。一九九一年正中重新出版《新編古春風樓瑣記》三十二冊，此書原由六〇年代台灣新生報「新生副刊」高拜石的專欄「古春風樓瑣記」結集，讀者能以看故事方式，了解文史軼聞。一九九一年正中重新出版後，再次引起讀者矚目，二〇〇一年改版為「講古系列」，等同於是另一形式的輔助教材。一九九九年，正中出版大陸作家錢念孫《中國文學史演義》，此書採用「演義」體例，深入淺出敘說從先秦魏晉至明清的文學歷史，二〇〇五年開始陸續受到中山女高、北一女中、雄中教師的注意，幾乎已成為高中必讀的「教材」，目前大約已累積有一百萬冊的銷量。正中在增訂第五版加入了白話註解、作者原有的插圖，以及年表，引起對岸出版社的注目。「沒想到這冊引進自對岸的書，竟然還有大陸出版社詢問是否已售出簡體版權！」劉興蓁說。

正中擁有教科書與輔助教材的資源，水到渠成所匯集的出版經驗，便是近年最受矚目的「華語教材」出版。除了本身的編輯動員能力，華語教材的推廣還需充分掌握通路的需求，才能在編輯與銷售達到好的成績，讓此系列能長遠走下去。華語教材的出版與發行，可回溯至正中早年出版僑教教材的經驗。

一九四九年來台後，正中在香港成立分局「集成圖書公司」，將中小學教材改編供各地僑校使用，當時以東南亞僑校為主要供應範圍，在一九六九年前後編印的版本有南僑版、越南版、菲律賓版、泰國版、香港版與美洲版，共計六百九十種左右。一九七一年因僑民多遷往美國，東南亞各地版本大多沒有繼續發行，而在一九七八年重新編印「新編美洲版」教材。由於正中在各地業務量大，世界各地幾乎都有成立發行處：一九五三年在東　成立海風書店、一九六八年在京都成立東海書店、曼谷成立集成圖書公司，並在西貢設立辦事處，一九七六年在香港成立大華出版社，以及紐

2008年，正中於華沙書展展示華語教材成果。（正中書局提供）

約、加拿大、多倫多、英國等分局。之後因各地營運不如以往，正中陸續結束在各地分局的業務，而是交由美加地區的「中華書局」來發行教材，目前正中轄下「流傳文化公司」即是負責處理這項發行工作。

雖然過去在世界各地分布的通路優勢不再，正中卻不忽略這方面所累積的資源，而將過去的經驗延伸於「華語教材」的出版發行。一九七八年正中曾編製《華語》課本，一九九〇年改編為《修訂版華語》，二〇〇三年出版《全新版華語》，至二〇〇五年完成十二冊後，還推出輔助教學資源，包括CD、輔助光碟、教學法示例VCD等，以及成立「流傳文化華語小學」網站，希望將來能建構以此為華語教學平台。

二〇〇七年劉興蓁擔任總編輯後，過去曾在牛頓出版社擔任產品開發任務的她，首要任務便是積極開拓華語教材的產品線。上任第一年，獲得總經理張洰文的支持，她即至美國各地僑校了解華語教材使用與銷售的狀況。她觀察到，由於當地孩子只有週末才能接受華語課程，在時間不多的情況下，若能運用多媒體教材，容易引起學生興趣，加強學習效果。接下來劉興蓁的主要任務之一，便是開發《全新版華語電子教科書》，也就是在原有教材之上，加入電子書概念的輔助教材，例如在電腦上演示筆順的寫法，運用動畫與音樂來吸引學生的注意。目前已完成了第一、二冊的電子版。

除了上述的十二冊《全新版華語》是提供海外僑校的教材，還有給幼稚園兒童學習華語的《嘻哈樂園》。劉興蓁表示，正中的教材不但有注音符號的標示，也加入了漢語拼音，以及簡體字的標示，讓各地教師都能因應各地的狀況採取最合適的教學法。此外，針對外籍成人學華語，正中近年也開發了很多教材，一九九九年出版台師大國語教學中心葉德明教授主編的《實用視聽華語》，二〇〇八年改版為五冊，廣為國內各大華語教學中心採用，其他教材還有《看報學中文》、《迷你廣播劇》、《華語簡易通》、《實用中文讀寫》等。正中已出版的華語教材約有一百多種，劉興蓁認為，華語教材市場競爭激烈，正中未來的策畫方向就是設法在原有教材的基礎上，將教材再分別往下與往上延伸，提供各年齡層都能學習華語的教材。此外，在世界的華語熱潮下，台灣也該有自己的觀點與態度，正中在二〇〇九年與世界華語文教育學會合作出版「對外華語文教學研

位於衡陽路上的正中大樓，已於2001年結束門市。

究叢書」，由世華會祕書長董鵬程策畫、中央大學學習與教學研究所長柯華葳主編，邀請台灣華語文教學的學者來分享台灣華語教學的專業成果，目前已出版《華人社會與文化》、《華語文教學實務》等九冊，預計在二〇一〇年出齊另外九冊。

結語

一九七六年，正中在台北市衡陽路二〇號蓋起「正中大樓」，成為重慶南路書街一帶顯著的地標，這是正中來台後建立的第一個門市。一九八八年在衡陽路門市裡成立「中華民國行政機關出版品展售中心」。一九九三年成立台中門市，一九九五年結束。隨著重慶南路書街的衰退，衡陽路門市也於二〇〇一年結束，將原在新店的倉庫改建為辦公室大樓，辦公室也搬至新店，同年成立正中網路書店。

二〇〇三年，正中結束國民黨營事業的身分，改制為私人持有股份的公司；再加上失去教科書印行的

正中位於新店的辦公室。

利潤後，正中必須如同其他民營出版社，學習如何在競爭激烈的台灣出版市場生存。七十週年慶之後，正中做了不少新嘗試，例如成立集團品牌「CCBC」，出版生活風格類圖書如「葉錦添作品集」、葉怡蘭《在味蕾的國度，飛行》、「夢工場」系列有詹偉雄《e呼吸》等，二〇〇二年成立子品牌「墨文堂」，出版翻譯小說，像是電影原著小說《史密斯任務》、知名科幻小說家菲利普．狄克作品等。雖然這類嘗試不甚成功，也表示在轉型過程中，正中試圖改變形象的努力。

正中過去的國民黨營事業身分使其在總經理、總編輯的派任上，較為短暫，對於單一書系無法有更長期的經營：近八十年的歷史，有超過六十個書系，一萬種以上的書目，不少書系是重整過去書單又另行開發書系；雖以「文史哲」書系為主，但生活類書籍也不少，其實是「綜合型」出版社的規模，光是「醫藥保健」類圖書即有超過三個書系：「正中醫學保健叢書」、「大眾醫學叢書」、「民俗醫療系列」等。然而這家擁有豐厚資產的老字號，以往的作者人脈、圖書資源則是未來開發選題的最佳幫手。因此，劉興蓁目前一方面要整理過去的合約版權與圖書，將萬種的出版品書目建檔，清理過去八十年的歷史，另一方面，劉興蓁則希望能將目前的出版方向專注於輔助學習教材：將正中網路書店與流傳文化華語小學網站，建置得更為完備，提供完善的學習華語、購買華語教材平台，並且在華語教材的開發上，繼續朝向數位化方向前進。在輔助教材方面，由於正中在《中國文學史演義》、《中國文化基本教材》的成功表現，二〇〇八年開始，劉興蓁繼續策畫了

《圖解國學常識》、《圖解文學常識》，用圖表方式，將文學知識做提綱式的整理，希望能做為中學生學習國文的輔助教材。

做為最資深的教科書出版者，到側重文史哲思潮方向的圖書出版社，如今每年出版書種數只有三十至五十種、員工數約三十人的正中，雖然與過往遍及海內外的龐大機制與人數不能相比，然而，目前仍有一千至兩千種書目在市面上流通，即將邁向第八十年的正中，就像擁有祖傳寶石的後代，在華語教材與輔助圖書的方向，又找到了擦亮傳家寶的道路。

註：周怡倫，〈一個出版事業巨人的誕生：陳立夫談正中書局的創辦經過〉，《中央月刊》，一九九一年十月。

參考資料

1. 陸以霖，〈風雲際會，永不缺席——正中書局發展簡史〉，《文訊》，二〇〇一年十月。
2. 郭曉梅，《臺灣圖書出版業之變遷探討：以正中書局為例》，世新大學傳播研究所碩士論文，二〇〇二年六月。

（原發表於二〇一〇年六月《文訊》二九六期）

守候南方的文化傳承

麗文文化事業機構

◎簡弘毅（文字工作者）

在過去被人貶稱「文化沙漠」的台灣南部，麗文文化事業機構卻已經默默在高雄耕耘了三十多年，從一家書局拓展到六家出版社及二十餘間書店門市，在政經文化資源過度集中在台北的現實條件下，「麗文」的發展格外具有特殊意義。

從服務業到文化事業

一九七六年，剛結婚的楊麗源、蘇清足夫婦，在當時的「省立高雄師範學院」旁，開設「高雄復文書局」，經營高雄師院所需要的大專用書與校園服務，進而成立「高雄復文圖書出版社」，開始跨足圖書出版領域。初期的想法很簡單，「出發點其實就是一個服務業的心情，以復文書局為中心，與早期高雄師院的師生建立起豐富的革命情感。」蘇清足執行長在談起這段往事時，仍掩不住臉上自信而愉悅的神情。歷經了「省立高雄師範學

蘇清足與楊麗源

蘇清足（左）與楊麗源夫婦白手起家，於1976年創立了高雄復文書局，進而成立高雄復文出版社，跨足出版領域。1989年進駐中山大學、台南師範學院，開啓校園書店的版圖，目前已有二十餘間門市。至1992年成立麗文文化事業公司，自此朝向專業出版的方向，接連於1999年併購巨流圖書公司、駱駝出版社，2000年成立麗華文化公司，2005年成立可諾外文書店，經營外文書；2007年成立藍海文化，推廣資訊書籍，並擴大成爲麗大文化事業機構，總計出版兩千多種書籍，涵括社會學、教育、文學、醫療、傳播等。

麗文出版以服務大學教學需求為大宗。

院」到「國立高雄師範學院」再到「國立高雄師範大學」，復文書局一直以校園書店的形態，持續服務著學校師生的圖書需求，也為「麗文」打下了深厚的基礎。

隨著高雄師院校園書店的口碑越來越好，一九八〇年成立的中山大學也邀請復文書局開設校園書店，從此之後，復文陸續進駐了多所大學、專科學校，這些多半是各校基於情誼及口碑而主動邀請，例如一九九一年中正大學民雄的新校園，以及一九九四年花蓮的東華大學，復文的校內書局都是與草創時期的學校同步發展，幾乎是在「荒煙蔓草」裡就開始為學校師生服務。這種接近拓荒者的克難精神，使得復文很快地就在眾多大專學校間得到很多好的評價。今天，全台灣已有「高雄師大」、「高雄大學」、「中山大學」、「義守大學」、「南台科大」、「台南大學」、「中正大學」、「東華大學」、「政治大學」等共二十三所大學院校的校內書店，是由「復文」或「麗文」直接經營的。

因為進駐校園書店，替這些學校解決專業書籍與教科書的需求，也因此更加理解到這些大專圖書的市場，「這也是復文決定投入專業書籍出版市場的原因之一。」蘇清足說，從校園服務走到文化出版，就像是必然的趨勢一樣，也可視為是一種服務範圍的擴大。復文早期的出版方式，其實也不脫校園專業書籍的範圍，而且多半是學校教授教學所產生的專業著作、教科書，也替教授論著與升等論文提供出版服務。

從「復文」到「麗文」

在前述的發展過程中，「復文書局」仍是以校園圖書服務為主要的宗旨，對於文化出版的事務，其實著墨並不深刻，一直到一九九二年，楊麗源、蘇清足夫婦決定成立「麗文文化事業有限公司」，朝著專業化出版社的方向邁進一步。

談起「復文」與「麗文」這兩個名稱，蘇清足表示，「這兩個名字各自代表著一段傳承與延續的精神。」

楊麗源、蘇清足夫婦當年是在台南的復文書局工作認識，一九七六年結婚之後決定到高雄開書店，在當時台南店長的建議之下也延用了「復文」這個店名，為了有所區隔，加上了地名為「高雄復文」，在企業品牌概念不太鮮明的年代裡，這樣的店名延續反而是一種濃厚人情味的表現。在「麗文」成立之後，「復文」則成為一份記憶與情感的紀念名稱，也繼續扮演著服務老顧客、老朋友的角色，出版教育類與專業論著類的圖書。

蘇清足是台南灣裡人，靠海的灣裡早年生活清苦，但她的父母卻很重視人格教養，曾分別榮獲模範父、母親的表彰，也用以嚴格要求子女必須守紀律，「要當模範父母親的小孩，其實比大家想像的還辛苦呢！」蘇清足笑稱。在這樣的家庭環境下長大，無形中也較一般小孩重視教育與文化，慢慢地就走上了這條文化出版事業之路，這也是復文一直堅持從事教育文化出版工作的出發點。

當復文決定走專業出版的道路時，也決定創立一個新的「品牌」：麗文文化。這個名字其實是取自創辦人楊「麗」源及大兒子楊宏「文」各一個字組合而成的，象徵著兩代之間密切的薪火相傳，也代表著永續經營的理想精神。在他們二代之間，共同秉持著「文化是延續性的事業」，而「出版事業就是文化的傳承方式」，這也成為麗文的成立宗旨，希望以延續不斷的文化出版工作，達成提升國民文化素質的目標。如今，夫妻倆仍堅守著事業崗位，而兒子、女兒、媳婦等晚輩也都陸續接掌著公司業務，分工合作地各自負責不同區塊的工作，真正做到了家族傳承的理想。

麗文成立之初，就出版了一系列大陸學者所撰寫的大陸文學叢書，轟動一時，打響了麗文的知名度。但多年來，麗文出版的書

1988年，高雄地下街文化廣場開幕。楊麗源（右二起）、蘇清足與時任高雄市長蘇南成合影。（麗文文化事業機構提供）

麗文於崑山科大、政大及中正等大學經營校園書店。（麗文文化事業機構提供）

籍仍以教育類、語言學、文史哲等大學教科書為主，大致延續了復文時期的出版路線，仍舊以服務大學教學需求為大宗。因為麗文成立之初，原始股東就有大學教授加入，連總經理都是特聘某大學退休校長來擔任，在此情況下，麗文的出版選書多半是由股東──即大專教授們所挑選，自然容易以教科書為導向，以期符合教學使用的需求；更經常與教學單位合作，提供了大學教授論著的出版園地。如王家通等著《中等教育》、蘇石山編著《革新本古文觀止（上／下）》，以及各大學所選編的「大學文選」、「應用中文」等圖書，幾乎都是麗文出版的對象。

但麗文的視野不願侷限於此，面對越來越專業化的大學教學需求，麗文也決定跨足更為專業的出版領域。一九九九年，在因緣際會之下，麗文併購了「巨流圖書有限公司」與「駱駝出版社」，成為當年度出版界的大事，也使麗文朝向更全方位的出版事業邁進。

捨不得的一份情

成立二十餘年的麗文，一直深耕南部文化版圖，一直到併購了巨流圖書，才有了與北部出版市場的直接連結，也讓麗文的出版領域涵蓋到了社會學與文學理論。但說起併購巨流的這一段，蘇清足卻告訴我們一段不同於商業操作思維的故事。

一九七三年，熊嶺先生從「大江出版社」獨立出來，創辦了「巨流圖書公司」，多年來在人文社會學、政治學、文學理論等方面的著作，一直是人文領域研究者非常重要的閱讀來源，而位在高雄的復文書局多年來一直經銷、販售巨流的圖書，在書籍經銷的關係上往來十分密切。九〇年代末期，熊嶺打算退出出版市場，回到老家浙江嘉興去辦學，而其子嗣也無心接手，如此一來，巨流這個人文領域重要的出版社終將消失。本來熊嶺希望把部分股權賣給麗文，並委託麗文經營，經過多方考慮之後，最終麗文索性買下了整家出版公司。

在談妥併購之後，熊先生幾度猶豫，畢竟這是他一手創立的人文出版重鎮，有著難以割捨的情感。因此，楊麗源先生特別承諾，妥善經營這個比復文還老字號的出版公司，甚至到今天，巨流所出版的書仍然使用原本的商標與名稱，在版權頁上，也仍可見創辦人熊嶺先生的名字。許多同業間並不十分清楚這樣的轉變，甚至以為麗文只是承接了巨流的總經銷業務，無形間也延續著這塊金字招牌的聲譽。

有一年，熊先生從大陸回到台灣，看到了書店裡巨流仍持續出版著好書，並沒有隨著轉賣而消失，覺得十分感動，特別打電話感謝楊麗源夫婦對當年承諾的堅守，畢竟這並非白紙黑字、行諸於文的約定。但蘇清足認為，這是一份將心比心的情感，「如果有一天，被賣出去的是復文、麗文，那麼我們一定會更捨不得！」

今天的巨流圖書，在社會學、文化研究、性別研究、文學理論、政治經濟學、文化人類學、國際關係等方面的論著，都有相當豐厚的成績，其中許多都是熊嶺先生主持巨流時期的出版品，但麗文接手後，這些悠久的傳統並沒有被推翻或遺忘，反而再接再厲，匯集翻譯自外國的學術鉅作與國內人文研究學者的專論，持續在相關領域中扮演著貢獻學術、教學及研究的重要角色。例如王振寰、瞿海源主編的《社會學與台灣社會》，雷蒙·威廉斯（Raymond Williams）《關鍵詞——文化與社會的詞彙》，江寶釵、范銘如主編的《島嶼妏聲》等，都是當今學術界相當重量級的作品。而巨流的出版能量與實力，更成為麗文文化集團裡最為雄厚的資產。

一九九九年這一年，麗文也買下了「駱駝出版社」這家以人文與文學類圖書為主，規模卻不大的出版社。如今「駱駝」這個商號已不再發行新書，當年取得所有出版版權的書籍仍持續販售，但是部分的國外著作當年翻譯得並不夠理想，在重新翻譯之後，就改以巨流的名義發行。

加入了巨流及駱駝這兩家以社會科學、文史哲研究為主軸的出版社之後，麗文大幅增加了人文領域的學術書籍和教科書，而將出版事業的版圖進一步擴大。今

巨流圖書公司秉持成立時的理念，麗文併購後仍以社會學為出版走向。

天，麗文所出版人文領域的教科書與專業書籍，已包含了社會學、教育學、傳播、政治經濟、語言文字、中國古典文學、現當代文學、史學等約十五大類，據第二代楊宏文表示，麗文旗下的出版社已出版超過兩千種的著作，成績十分可觀。

新的格局與新的挑戰

在二〇〇五年，麗文以旗下的進口部為基礎，成立「可諾外文書店」，專業代理包含社會科學、文史哲學、商學、藝術、健康、運動休閒等不同領域的進口原文書。二〇〇七年再成立「藍海文化事業有限公司」，跨足資訊科技類專業圖書的出版，也算是趕上當年科技界熱門的「藍海熱潮」。

「藍海」觀念所強調非競爭性的、共存共榮的經營理念，正是麗文賴以在南部出版同業中生存的核心精神。也或許是處在競爭相對之下比較不激烈的南部市場，得以讓麗文好整以暇地面對出版事業的挑戰。如今，整個麗文集團旗下共有五家主要的出版單位，以及二十三間校園書店，總共一百多位員工，形成一個完整的文化事業體系，逐漸在台灣南部的出版界中占有一席之地。

在台灣教科書、大專用書的出版者之中，三民書局、五南圖書出版公司都是與麗文質較為類似的同業，在出版品的屬性及經銷通路的管道之間，都有些許的競爭關係。倘若要加以比較，麗文在出版品數量、種類、整體規模等方面較為不足，而在校園門市、經銷管道與服務品質等部分，麗文則明顯占有優勢。

但麗文的發展並非一帆風順，二〇〇五年八月，政治大學的校內書店「政大書城」由於合約關係而結束營業，負責人李銘輝選擇在台灣師範大學旁開設新的「政大書城」，原有的政大校內書店則由麗文接手，改名為「政大巨流書城」。新的經營團隊必須接手轉換後的諸多問題，開學在即，時間非常緊迫，而學生卻對新書城有許多誤解，引發了幾次不愉快的糾紛。特別在書籍售價與折扣數的做法上，與前任經營者有些差異，自然會造成學生的反彈，讓麗文遇到了不小的挫折。當時蘇清足也曾多次親自北上與學生、校方溝通，並調整部分做法，前後大約花費兩年的時間，慢慢才化解了學生的不信任。

經營校園書店多年以來，麗文一直沒有發生太多的爭議，也善於提供學校師生所需的服務。但麗文所經營的第一家北部校園書店，卻發生接手的種種問題，蘇清足並不灰心，也未將它視為是南北校園生態的差異，反而珍惜這些寶貴的「危機處理經驗」，當作未來經營時的借鑒。並且，若能好好經營政大這類人文學科重鎮的大學書店，也是麗文在出版與銷售相關專業書籍的重要助力。因此，未來北部優質校園的展店計畫，仍然是努力的重點目標之一。

在政大的經驗之後，麗文思索如何更為全面地提供校園服務，在第二代經營者的推之下，架設了「CAMPUB校園共和國」網站，著力於校園學生族群的行銷通路與資訊交流平台，不限定於圖書方面的銷售，也納入多元化的服務、環保市集的開發以及娛樂訊息的交流，試圖藉由這個網站，創造更大的服務內容，掌握更廣泛的通路優勢，並藉以拉攏更多年輕族群的心。

但出版領域的挑戰則比經營校園通路更為嚴峻，特別是出版業的條件越來越困難，以及閱讀人口的不斷減少。對於這點，蘇清足卻有不同看法：「一來我們的閱讀者永遠都在學校內，只要教學形態沒有太大的改變，我們的市場也就不會有所萎縮。」而當下十分熱門的電子書與數位學習領域，麗文也以不變應萬變的態度，從容面對。

審慎樂觀，迎接考驗

「閱讀不論是以紙本或是電子媒體為承載物，本質都是相同的。出版者要做到的，是永遠保持出版品的品質優良，有好

2007年，夏日高雄國際圖書博覽會麗文文化的攤位。（麗文文化事業機構提供）

的著作，不論以什麼形式來問世，都會擁有一定的閱讀者。」蘇清足對出版市場現階段的考驗，保持樂觀積極的心態。她也認為，諸如POD（Print On Demand，隨選列印）是一個不錯的解決方式，可以減輕出版社的倉儲壓力，也可以活化出版市場的僵局，對於出版品數位化也有正面助益，將是未來出版發展的趨勢。甚至，類似早年斷版、絕版的，再版時卻有銷售壓力的書籍，也可透過POD、電子書等方式重新出版。

不管以何種方式面對，蘇清足認為，紙本仍將是無可取代的閱讀模式，只是讀者的選擇性增加而已。到目前為止，麗文對文化出版的電子商務領域，仍舊抱持著審慎而樂觀的態度，在與作者洽談出版合約時，也納入了電子書的版稅部分，即便

麗文旗下的「可諾外文書店」，代理不同領域的進口原文書。

目前電子書營收還很有限，仍依照比例給付給作者，也提升了電子書的未來開拓空間。

隨著學術研究的演進與專業領域的不斷分工，麗文出版的書籍經常性地參考教育部、國科會等單位的教學研究方向，以作為大學授課的教材可用性為出版指標，與時俱進地調整出版品內容，保持與大學的密切互動。麗文將旗下編輯出版部門視為「產品部」，業務員除了推銷出版品，也大量蒐集大學教學現況，作為出版教科書的依據。這樣隨時調整步伐的靈活彈性，可說是麗文作為大學專業用書出版者，不得不然的作法，也是能在這個領域成為領先者的策略之一。

多年來，麗文也積極參與政府、圖書館編目採購的市場，拓展產品開發的範圍，真正將文化出版當作一項有利可圖的「商品」來經營，其中所隱含的意義，正是對文化出版事業深具信心，體現將永續經營的理念加以落實的作法。另外，也接受學生社團與學術團體的出版委託，提供良好的出版服務，例如學會出版品、學術論著、學術期刊

麗文在2007年成立的藍海文化，跨足資訊科技圖書的出版。

等，都是與學術單位密切合作的結果。

早年在巨流出版著作的研究者們，多半仍保持與巨流／麗文的良好互動；再加上麗文長年在各大學校園內累積的教學者人脈，共同成為穩固的作者群，涵蓋了北中南各地，在互相協助的基礎上，保持持續的出版能量。例如「卓越新聞獎基金會」，由於董事長清華大學蕭新煌教授與巨流多年來的合作關係，因此該基金會絕大部分的出版品就是由巨流所出版。

文化是良心事業

出版作為一種文化事業，楊麗源、蘇清足夫婦始終秉持著文化事業的社會責任來經營麗文。談論所謂的「社會責任」其實未免抽象，蘇清足舉例說道：「一九八〇年代，台灣盛行打麻將的風氣，很多高雄師院的師生也要求復文書局販賣麻將牌。書局販賣麻將聽起來似乎合理，但我們當初就堅持不能賣，因為麻將所代表的賭博習慣，將足以戕害一個人甚至一群人的心靈，所以復文寧願被罵，也不願意賣這樣的東西。」她認為，不管是書局還是出版社，都必須堅持捍衛「文化是良心事業，不能只想著賺錢」的理念，這就是他們所肩負的社會責任。

當然開設一家出版公司，主要的目的仍是營利賺錢，終究不是慈善團體。但出版公司與一般企業的最大不同之處，在於核心的本質是文化。從高雄復文書局到麗文文化事業機構，唯一不變的初衷就是為文化提供更好、更全面的服務，多年來累積的豐富成果，也始終是以文化服務為主要的宗旨。今天的麗文——掌握了出版產業的上中下游，包含了出版、經銷以及門市等環節，形成一個完整的文化生產體系，這或許是麗文得以在同業間占有優勢的條件之一，但蘇清足認為，對人際關係的經營，對人情、倫理等傳統價值的尊重，以及合作代替競爭的多贏視野，才真正是麗文最重要的資產與價值。

雖然擁有了全台二十三間校園書店門市，享有豐沛的通路資源，但麗文始終沒有開設一家獨立店面的計畫，一方面麗文的主力讀者多半存在於學校內，二來高雄的文化環境經營不易，開設店面有水電、店租等營運成本的考量，也讓麗文的獨立

2004年，麗文同仁於戶外開會。（麗文文化事業機構提供）

店面一直未曾被認真看待。

一九九〇年代中，麗文搬到高雄五福一路現址，本身就是辦公空間兼圖書展示中心，占地四百多坪，其實已經具有開設門市的條件了。談到這裡，蘇清足言談之間又展現出了豐富的活力與熱情，包括改裝現址、開設大陸書籍展售專區等諸多想法，都一一在著手規畫進行之中，除了顯示出麗文的企圖心之外，其實也代表著下一代逐步接班的新格局正在展開。

從一家小型校園書店，到跨越各領域專業書籍的出版集團，麗文始終默默耕耘，雖然在校園書店的名聲與實力被各界所肯定，但出版事業的經營相對低調了許多，對教學領域或一般閱讀者來說，甚至巨流的名聲都遠大過於麗文，這源自於麗文過去著重於服務內容，並不致力於企業

麗文於高雄五福一路的辦公空間兼圖書展示中心。

品牌與形象的建立。但談起今後的發展趨勢，終將是一個「品牌」的時代，唯有慢慢建立起屬於自我品牌的鮮明形象，企業——即使是文化事業——也才能有永續經營的發展，對走過三十五個年頭，長年耕耘台灣南部的麗文而言，這也是必然要走的道路。

樂觀開朗的蘇清足，笑稱「正派經營」用台語來念，恰好諧音成了「真歹經營」，用以對一身致力經營的文化事業自我解嘲。但麗文的確努力堅守著「正派經營」、「永續經營」的道路，多年來獲獎無數，更在二〇〇七年由麗文旗下的巨流圖書，與其他四十七家出版社共同榮獲新聞局頒發「金鼎三十『老字號金招牌』資優出版事業特別獎」，這不只是一份榮耀，更是一份鼓勵與鞭策，鼓舞著麗文文化為教育及文化出版事業，貢獻更多的心力。

（原發表於二〇一〇年七月《文訊》二九七期）

寸草心，泥土情

春暉出版社

◎陳學祈（《新地文學》執行主編）

沒有顯眼的招牌，也沒有氣派的門面，走進隱身在高雄市巷弄裡的春暉出版社，很難想像，映入眼簾的不是光鮮亮麗的室內裝潢，也不是辦公桌椅與電腦設備，而是各式印刷、裝訂機器與工作人員忙碌穿梭的身影。穿過印刷廠的機台，照著工作人員指引登上狹窄的樓梯，才看到出版社辦公室。此時才知道，原來春暉出版社就是在這樣的環境下，三十年來不斷的為台灣文壇出版了一本本作家詩文集與學術著作。當然，這也包括了葉石濤先生的《台灣文學史綱》。

從草葉到春暉

春暉出版社是詩人陳坤崙於一九八〇年在高雄所創辦，當時的他年紀才不過二十八歲，但陳坤崙早在二十歲出頭，就已經有進入出版界的想法。陳坤崙表示，生平所接觸的

陳坤崙

1952年1月31日生。曾任三信出版社、大舞台書苑出版社編輯。1980年創辦春暉出版社，1982年與高雄文友創辦《文學界》雜誌，先後任發行人與社長，1991年與葉石濤、鄭烱明、曾貴海、彭瑞金等人創辦《文學台灣》雜誌。現任《文學台灣》雜誌社社長、春暉出版社發行人及春暉印刷廠負責人。曾獲優秀青年詩人獎。出版詩集《無言的小草》、《人間火宅——陳坤崙詩集之二》。

隱身在高雄市巷弄裡的春暉出版社，是結合雜誌社、文學台灣基金會、出版社與印刷廠「四位一體」的經營方式。

第一間出版社，是友人鄭欽華於台北成立的「草葉出版社」，由於當時年紀尚輕，所以打算在這裡好好磨練一番，藉以累積出版經驗，但沒想到出版社尚未出版任何書籍，鄭欽華便前往法國讀書，出版社遂因此無疾而終，自己也未學到任何東西。陳坤崙真正進入出版界接觸出版業務，是從「大舞台書苑出版社」開始，而當中的關鍵人物就是高雄文史研究者林曙光。陳坤崙與林曙光的結識，起於一九七四年於「三信出版社」出版第一本詩集《無言的小草》，再加上哥哥是林曙光在三信家商的同事，兩人遂因此成了忘年之交。在林曙光的引介下，陳坤崙進入大舞台書苑出版社，正式接觸到出版社的編輯、發行業務。大舞台書苑結束營業後，陳坤崙再次經由林曙光的介紹進入三信出版社。在三信的這段期間，可以說是陳坤崙出版生涯的轉捩點，因為往後的出版事業，大抵就在此時期確立下來。

三信出版社對陳坤崙的影響有三：第一，在出版實務方面，由於擔任出版社編輯並負責發行業務，所以在三信這段期間，陳坤崙累積了不少出版經驗。第二，在經營模式方面，陳坤崙延續了三信以「印刷廠養出版社」的方式[1]，在春暉出版社成立六年後，買下印刷廠作為後盾，使得基礎得以穩定下來。第三，也是最重要的一點：在出版路線方面，由於三信出版社在創辦人林瓊瑤與經理林曙光的合作下，陸續出版多本本土作家作品，如鍾肇政的《青春行》、葉石濤的《鸚鵡和豎琴》、《噶瑪蘭的柑子》、《葉石濤作家論集》以及李喬的《恍惚的世界》、《痛苦的符號》、張彥勳的《他不會再來》等，使得擔任編輯的陳坤崙開始注意到本土作家的作品。對於此點，陳坤崙明確表示，春暉之所以把出版重心鎖定在台灣本土作家，就是受到當年三信出版社的影響。或許可以說，春暉出版社的走向，其實就是延續著當年林瓊瑤與林曙光的出版路線而來。不同的是，整整三十年的堅持，使得如今的春暉，取得了比當年三信出版社更為耀眼、豐碩的成果。

南台灣的文學出版重鎮

從一九八〇年出版莫渝編選的《法國散文選》、杜國清翻譯的《西脇順三郎的詩與詩學》和自己的第二本詩集《人間火宅》開始，到二〇〇九年承印台灣筆會所策畫的「台灣詩人選集」（共六十六本）為止，春暉出版社在陳坤崙的「咬牙苦撐」下，陸續出版了多位中南部作家詩文集及相關研究專著，經過多年的堅持，如今的春暉出版社已累積了不少成果。對於春暉出版社的貢獻與特色，本文分為下列四個面向予以介紹：

一、資助《文學界》與《文學台灣》等雜誌

春暉出版社對文壇的貢獻，首先是對文學雜誌的支援。例如協助承印《笠》詩刊，以及資助二〇〇三年由成大台文系師生創辦的《島語：台灣文化評論》。但最重要的，莫過於《文學界》與《文學台灣》，因為這兩份雜誌皆因陳坤崙的出資參與，而與春暉出版社有著密不可分的關係。《文學界》的出現，起因於傳聞《台灣文藝》即將停刊，在為了延續本土文學命脈的使命感下，陳坤崙遂在一九八二年與鄭烱明、曾貴海一同出資創辦

《文學界》。雖然這本雜誌在出刊七年後因稿源不足而停刊（共二十八期），壽命不算長，但從文學史的角度來看，卻有其不可抹滅的時代意義。《文學界》之所以重要，原因在於雜誌匯聚南部本土作家的力量，藉由發表作品、挖掘史料、闡揚論述三種方式，積極的建構台灣文學的主體。在發表作品方面，當推東方白的《浪淘沙》與陳冠學的《田園之秋》最為人所矚目。前者是在鄭烔明的邀請下，於《文學界》連載了約一百萬字，後者則因當年陳冠學堅持一字不改，在屢遭報刊退稿的情況下，由陳坤崙邀請至《文學界》連載發表。如今，《浪淘沙》與《田園之秋》都已是台灣小說與散文中的經典，這也證明了當年鄭烔明與陳坤崙的選擇是對的。至於史料方面，則有翻譯《中華日報》的

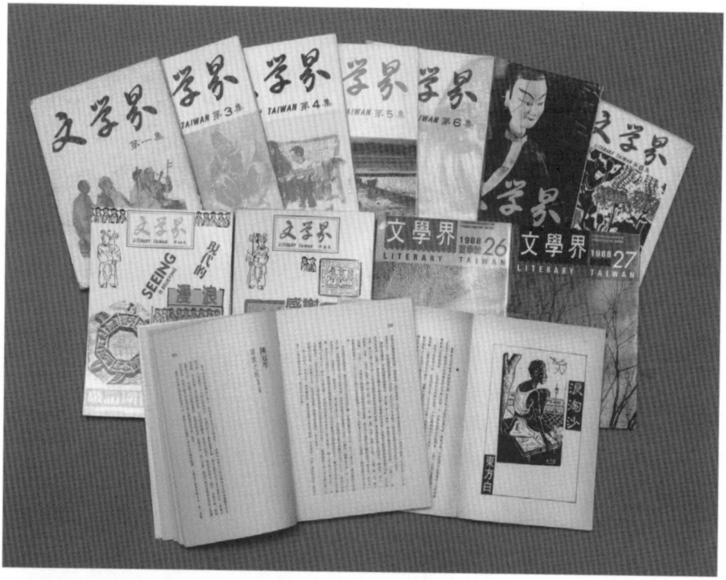

《文學界》凝聚許多南部本土作家的力量，建構出台灣文學的主體。

「日文版文藝欄」、重刊《新生報》的「橋」副刊與鍾肇政在一九五七年發行的油印同仁刊物《文友通訊》。這三份資料的刊載，都是研究戰後初期台灣文學極為重要的史料，正如葉石濤所言，這使得「最混沌不清的戰後初期的台灣文學情況，得以找到較清晰的脈絡」[2]。而論述部分，當推葉石濤的「台灣文學史大綱」。葉石濤表示，在撰寫期間，因有鄭烱明、陳坤崙、曾貴海、蔡明殿夫婦的資助，以及《文學界》同仁提供的一手資料，所以才能完成[3]。此專欄之後與林瑞明的「台灣文學年表」合為一書，在陳坤崙的協助下於春暉出版社出版，這就是我們現今所見的《台灣文學史綱》。

如果說《文學界》的停刊是「休息」，那麼一九九一年創刊的《文學台灣》就是「走更長遠的路」。《文學台灣》也是由陳坤崙、曾貴海、鄭烱明組成的「鐵三角」出資創辦，而擔任副社長一職的陳坤崙，也再次擔起承印雜誌的任務。也因為經手雜

葉石濤《台灣文學史綱》是春暉的「招牌書」與「長銷書」。

誌的印刷出版工作，陳坤崙遂在雜誌社舉行創刊週年紀念會後，遭到警總約談。基本上，《文學台灣》可以說是《文學界》的延續，但不同的是《文學台灣》在論述方面因有了陳萬益、林瑞明、呂興昌等學界人士支持，所以雜誌的影響力更廣。例如台灣的第一所台灣文學系：真理大學台文系以及國家台灣文學館，就是在《文學台灣》與多位學者、團體呼籲下所成立[4]。換言之，《文學台灣》不單只是刊登文學作品的藝文雜誌，它同時也承擔起推動台灣文學運動的功用。比起當年的《文學界》，《文學台灣》可說是向前跨了好幾個大步。

一九九六年八月，《文學台灣》雜誌社同仁再次集資，成立「財團法人文學台灣基金會」。成立基金會後的《文學台灣》，參與台灣文學運動的程度也越深，因此影響力也越大，例如從二〇〇一年至二〇〇五年間，「文學台灣基金會」就舉辦或協辦了二十多場文學活動，其中較為重要的活動有：二〇〇一年的「土地、人民、流亡：葉石濤、高行健文學對話」、二〇〇二年的「李魁賢文學國際學術研討會」、二〇〇三年的「蕭泰然音樂國際學術研討會」、二〇〇四年的「笠詩社四十週年國際學術研討會」，以及二〇〇一年至二〇〇三年間的「葉石濤全集蒐集、整理、編輯」研究工作等[5]。而基金會能承辦這麼多活動，自然也少不了陳坤崙的幫忙，例如基金會成立之初，設址於鄭烱明家中，但隨著工作量不斷增加，便有成立辦公室之必要，陳坤崙遂撥出印刷廠空間供基金會使用。至此，《文學台灣》雜誌社、文學台灣基金會、春暉出版社與春暉印刷廠，在陳坤崙的資助與維持下「四位一體」的緊密結合著。而四者的緊密結合，也反應在接下來要談的春暉出版社出版品中。

《文學界》、《文學台灣》及「文學台灣基金會」，雖不是陳坤崙個人獨資創辦，但可以肯定的是，若無陳坤崙以春暉出版社及春暉印刷廠作為「後勤支援」，這兩份雜誌與基金會，能否發揮影響力與繼續出刊、辦理台灣文學推廣活動，都還是未知數。對於陳坤崙多年來的奉獻，鄭炯明表示：「我深深感受到他個性的敦厚、寬容與永遠為這塊土地付出不求回報的高尚情操，由於他的參與、奉獻，使《文學界》、《文學台灣》、文學台灣基金會締造了豐碩的成績」[6]。由此觀之，鄭炯明稱陳坤崙為「台灣文學的俠客」，可謂實至名歸。

二、出版本土作家詩文集、全集

除了協助基金會的推廣活動與擔起《文學界》與《文學台灣》印務工作，春暉出版社在陳坤崙的主持下，更陸續出版多位中南部作家的詩文集與全集。首先是一九八〇年規畫的「文學叢刊」，此書系以詩集為主，中南部本土詩人如陳秀喜、黃樹根、曾貴海、林宗源、蔡文章、岩上等人，均有詩集在此書系出版。春暉出版社的第二個書系，是始於一九九五年與《文學台灣》雜誌社合作的「文學台灣叢刊」[7]。此書系與「文學叢刊」相同，也是詩集占多數，但仍有其他文類的出版品，例如小說部分有舞鶴的《拾骨》、葉石濤的《紅鞋子》、《三月的媽祖》、《蝴蝶巷春夢》與吳濁流的《亞細亞的孤兒》、詹明儒的《番仔挖的故事》等。其中，〈拾骨〉曾發表於《文學台灣》第七期，而《番仔挖的故事》更奪得文學台灣基金會舉辦的「臺灣文學獎」首獎。散文部分則有葉笛的《浮世繪》、江自得的《漂泊：在醫學與人文之間》等。而比例最高的詩集，則有莫渝、陳坤崙、李昌憲策畫的「台灣詩人群像」，這套叢書中的叢書，從二〇〇七年至二〇〇八年為止，共出版林亨泰、江自得、莊柏林、趙天儀、錦連、旅人、陳明克、謝碧修、莫渝、黃騰輝、李昌憲、陳銘堯、岩上十三位詩人選集。

至於作家全集部分，首推一九九七年出版的《鍾理和全集》。這套全集最早是由張良澤負責編輯，於一九七六年於遠行出版社出版，是台灣作家中第一部作品全集，但限於當時的政治環境，只好將較為敏感的段落抽出（如二二八當天日記中的特定段落），所以遠行版

春暉出版叢書以詩集出版比例最高。圖為「台灣詩人群像」叢書。

的全集並不完整。而春暉版的全集，補足了遠行版的缺漏，最後在鍾理和文教基金會董事曾貴海與陳坤崙等人的協助下出版，算是彌補了過去因政治因素所造成的缺憾。此外，《葉石濤全集》與台語文研究者許成章的《許成章作品集》，也都是因春暉出版社的協助，才能順利出版，對台灣文學研究者來說，這些作品集與全集，也都是珍貴的研究資料。

綜觀「文學叢刊」、「文學台灣叢刊」及其他作家作品集，可以發現春暉出版社的兩個鮮明特色。第一，就作者身分來看，春暉的出版品，大多以中南部本土作家為主。第二，就所屬文類來看，兩個叢刊竟有半數是詩集！這樣高比例現象，在台灣的眾多人文出版社中，可謂罕見與可貴，春暉出版社對台灣本土文學用心，在此展露無疑。

三、出版台灣文學研究專著

台灣文學相關學術著作，也是春暉的出版重點之一，除了「文學台灣叢刊」中與「文學台灣基金會」合作出版的《點亮台灣文學的火炬：葉石濤文學國際學術研討會論文集》、《越浪前行的一代：葉石濤及其同時代作家文學國際學術研討會論文集》與《逆浪淘沙的台語先覺：許成章作品學術研討會論文集》等會議論文集，「文學台灣叢刊」中也有彭瑞金的《葉石濤評傳》、《台灣新文學運動四十年》、陳明台編選的《桓夫詩評論資料選集》、中島利郎編輯的《一九三〇年代台灣鄉土文學論戰資料彙編》等。不過有關台灣文學之學術著作，主要還是集中在「文學研究叢刊」裡，此書系較重要的著作如：陳建忠的《書寫台灣．台灣書寫：賴和的文學與思想研究》與葉笛的《台灣早期現代詩人論》，這兩本學術著作，是研究賴和與日治時期新詩不可或缺的專書。此外，施懿琳的《從沈光文到賴和：台灣古典文學的發展與特色》與《跨語、漂泊、釘根：台灣新文學研究論集》以及應鳳凰的《五〇年代台灣文學論集：戰後第一個十年的台灣文學生態》等，也都是研究台灣文學時不可或缺的重要著作。

在這些出版品中，最重要且最具時代意義者，當推前文提及的《台灣文學史綱》。葉石濤的這部巨作，雖然在撰寫時未受重視，但隨著台灣文史研究的興起，如今的《台灣文學史綱》，已是諸多台文相關系所學生人手一冊的必讀著作，《台灣文學史綱》遂因此成為春暉的「招牌書」與「長銷書」（另一本「長銷書」也是葉石濤的著作：《台灣文學入門：台灣文學五十七

台灣文學論述著作是春暉的出版重點。

問》）。這想必是當年葉石濤與陳坤崙料想不到的。

四、出版高雄地方文史

除了資助《文學界》與《文學台灣》雜誌與出版中南部文人詩文集、台灣文學學術專書，春暉出版社的另一個貢獻，是出版高雄地方文史著作，例如《高雄文化研究》年刊與彭瑞金的《高雄市文學史》增定版。不過最重要的，是規劃了以高雄地方文史學者林曙光譯、著作為主體的「鄉土文學叢刊」。此一叢刊共有七冊，分別是《高雄人物評述》一、二輯（以筆名「照史」出版）、《打狗滄桑》、《台灣文化展望》（劉捷著，林曙光譯）、《打狗搜神記》、《打狗瑣譚》、《打狗採風錄》。雖然只有七冊，但對高雄地方文史研究而言，都是極為重要的參考資料。陳坤崙表示，曾有高雄的地方文史導覽員告訴他，春暉所出版的高雄地方文史著作，對用來補充導覽內容甚有助益。有了讀者的回應，林曙光的研究與春暉的出版，也就有了意義。陳坤崙更進一步表示，春暉出版社將來會持續關注高雄地方文史資料的整理與出版，例如林曙光的「高雄人物評述第三輯」、「郭國基傳」、「高屏地名物語」及自己所掌握的鄭坤五相關史料，如一九二七年創刊且由鄭坤五主編的《臺灣藝苑》等，這些都是將來春暉出版社打算整理出版的史料之一。

是特色，也是困境

從一九八〇年創辦至今，三十年過去了，陳坤崙及春暉出版社對台灣文學所付出的心力與貢獻，不僅獲得文壇與學界的肯定，更贏得了一般讀者的好口碑。訪談中，陳坤崙笑著表示，甚至還有讀者專程南下買書，目的就是為了想看看這個出版本土文學書籍的老闆長啥樣子。

出版社可以經營到讓讀者千里迢迢專程南下拜訪，確實不容易，但這則看似光榮的故事，背後卻也暗示著春暉出版社所面臨的困境。在前文介紹「文學叢刊」、「文學台灣叢刊」時，筆者點出了春暉出版社的兩個特色：第一，就作者身分來看，春暉的出版品大多以中南部本土作家為主。第二，就所屬文類來看，兩個叢刊有半數是詩集。此兩點雖是春暉的特色，但反過來說，卻同時也是春暉最大的兩個問題。首先，出版中南部本土作家的作品雖是春暉的特色，但不能否認的是這些作家幾乎都是非主流作家。關於這點，江明樹也注意到了，江明樹曾將陳坤崙與隱地並列比較，認為：「隱地是經營名家有成，近年來才遭到困境；但『春暉出版社』始終慘澹經營，沒有利潤」[8]。其實不只是隱地，另外的四間出版社：九歌、洪範、大地、純文學，也都各自

1997年12月，首屆台灣文學獎頒獎典禮。左起：曾貴海、陳坤崙、彭瑞金、葉石濤、羅元信、詹明儒、鄭烱明、李敏勇、李哲朗。（春暉出版社提供）

擁有「名家」，但瀏覽春暉的三個書系，除了葉石濤與林亨泰等少數幾人外，幾乎找不到位居主流或是知名度較高的作家。至於第二個特色：詩集的高比例現象，這也是春暉所面臨的問題。詩集在台灣出版界向來有「票房毒藥」之稱，但偏偏春暉有近半數的出版品是詩集。作者是非主流作家，內容是市場狹小的詩集，兩者相互影響，這也怪不得出版社始終是慘澹經營。而這兩個問題，也讓我們看到了文類之間受歡迎程度的差異與文壇南北發展失調的現象。

庫存是存款，營收是利息

對於出版社的經營，陳坤崙是這麼說的：「其實我做出版業，都不像在做生意」。的確，從春暉擇善固執堅持出版中南部本土作家作品來看，這兩句話一點也不誇張。而春暉之所以能持之以恆，最主要的原因是陳坤崙以春暉印刷廠的盈餘補貼出版社的損失，這就是為何走進春暉出版社，首先看到的不是辦公設

1992年11月，馬漢茂教授（右）訪春暉出版社，與陳坤崙於鉛字架前合影。（春暉出版社提供）

備，而是各式印刷機器的原因。而這種樓上負責編輯、樓下負責印刷的經營方式，也稱得上是台灣人文出版社中的特殊景象。

不過，春暉出版社最特別的，還是陳坤崙對「發行」與「庫存」看法。對於出版社的發行業務，隱地在《出版心事》裡表示：「如果要使台灣的出版業步上正軌，必須走上產銷分離，出版和發行各自獨立，分工合作，殊途同歸。問題是，哪一個出版社敢把自己的發行部撤銷？」這個問題，已經有了肯定的答案，因為春暉就是一間不做發行的出版社。春暉出版社之所以不做發行，原因在於多年來持續出版本土作家作品，使得出版社累積了不少口碑與知名度，所以想購買本土作家作品的讀者或機構，自然會主動與出版社聯繫。但這樣的讀者與機構，畢竟是少數，由此觀之，春暉出版社勢必面臨庫存的壓力。對此，陳坤崙提出了一個不同於其他人文出版社經營者的看法：「我沒有庫存的壓力，因為我把庫存當作是存款存在銀行，而賣出去的書就是利息」。陳坤崙會有這樣的看法，其實是來自於他的出版理念，因為對他而言，作家的詩文集，除了有商品的價值，更有文化上的意義，即便是銷量再差，這層意義，也無法抹滅。

回饋土地，嘉惠文壇

春暉出版社的名稱由來，取自孟郊的〈遊子吟〉：「誰言寸草心，報得三春暉」。對陳坤崙來說，多年來所從事的諸多文學與社會運動，其實就是為了腳下的這塊土地。許多

1992年1月12日，《文學台灣》創刊紀念會。坐者左起：彭瑞金、葉石濤、鍾肇政、鄭烱明、曾貴海、陳千武、李魁賢；立者左起：張恆豪、許振江、陳芳明、陳明台、陳坤崙、李敏勇、江自得、呂興昌、楊明芬、陳萬益。（春暉出版社提供）

2008年3月，葉步月《七色之心》新書發表會，家屬與出席學者、作家合影。（春暉出版社提供）

人可能不知道，陳坤崙除了擔任「文學台灣基金會」社長與主持春暉出版社、春暉印刷廠之外，更擔任「高雄市綠色協會」理事長一職，從事中南部地區的環保運動，如：柴山與半屏山綠化工作、高屏溪整治、自來水質改善等，這些參與，也在在顯示出陳坤崙對這塊土地的關心。

同樣的，在文壇方面，陳坤崙也出了不少力，除了資助刊物以外，若不是莊金國的文字紀錄，很多人可能不知道陳坤崙在協助出版《鍾理和全集》之餘，更自掏腰包為鍾理和紀念館捐贈一座公共廁所[9]。而出版方面，更是陳坤崙為人所知之處，正如出版社的「春暉」二字，從持續出版中南部本土作家的詩文集來看，春暉的確如母親一般，辛苦的出版一冊冊文人的作品，這可以說是春暉為台灣文壇所做的貢獻，也可以說是陳坤崙為這塊土地所做的付出。儘管銷售成績未必理想，但可以預見，在高雄的陽光下，將來的春暉出版社，勢必將取得更為耀眼的成績，也為台灣的本土文學，開拓出一片更寬廣的園地。

註釋

1.不著撰人，〈三信出版社專訪〉，《出版家》第三十三期（一九七四年十一月），頁一一。

2.葉石濤，〈序言〉，《台灣文學入門：台灣文學五十七問》，高雄市：春暉，一九九九年，頁一一二。

3.同上註，頁二一。

4.林慧敏，〈從《文學界》到《文學台灣》〉，《屏東教育大學學報》第二十五期（二〇〇六年九月），頁三〇三—三〇四。

5.同上註，頁三一一—三一三。

6.鄭烱明，〈台灣文學俠客陳坤崙〉，《台灣現代詩》第十八期（二〇〇九年六月），頁四二。

7.由林春輝所成立的「光復書局」，曾推出「春暉叢書」，常有讀者誤以為此叢書與春暉出版社有關。

8.江明樹，〈出版家角色的詩人：雜談陳坤崙二三事〉，《台灣現代詩》第十八期（二〇〇九年六月），頁三六。

9.莊金國，〈陳坤崙的眼神〉，《笠》第二六〇期（二〇〇七年八月），頁一九四。

（原發表於二〇一〇年九月《文訊》二九九期）

英語專業出版一甲子

遠東圖書公司

◎秦汝生（文字工作者）

一九四九年政府遷台，原在大陸的出版社也在台灣繼續開業，像是世界書局、臺灣商務印書館、中華書局、正中書局等，今日稱重慶南路為「書街」，就是當時逐漸形成的風景。「書街」有大陸而來的出版社，也有人秉持興趣，另起一份志業。遠東圖書創辦人浦家麟原本在重慶的正中書局任職，來台之後，也繼續從事本業，一九五〇年創立了遠東圖書。回憶起父親來台之後為什麼選擇了開書店，而沒有從事其他行業，現任董事長浦永剛說道，那是一個人人執著於本業的時代，總是想自己原本在大陸上做什麼，那就繼續做吧。秉持專注本業的精神，遠東圖書出版第一部由台灣本地主編的英漢字典，開始了至今超過五十年的英語專業出版事業。

浦永剛

1946年生於上海。美國馬里蘭大學工商管理學士畢業。現爲遠東圖書公司董事長。

浦家麟

1916年生。籍貫江蘇無錫，上海新中國法商學院法律系畢業。爲遠東圖書公司創辦人。曾任職於上海文華圖書公司、南京正中書局、中央宣傳部國際新聞攝影社，並曾任上海市黨部編審科長、祕書等職務。1949年來台後，於台北重慶南路設立「遠東圖書公司」門市部，一生投效於出版業，奠定遠東圖書公司穩健發展的基石。

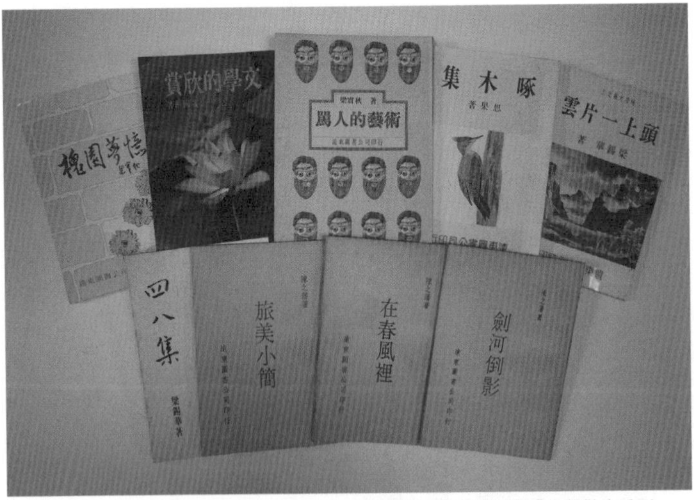

遠東早年的文學叢書「文學散文系列」。

交朋友帶來出版品

浦家麟生於一九一六年，大學時期主修中文系，來台之後，三十多歲的浦家麟於一九五〇年以「遠東」為名，在台北市重慶南路一段六四號一樓開起了書店，販售各家出版社的圖書，這就是遠東一開始的面貌。之後，浦家麟覺得管理門市人員、現金過於麻煩，便於二、三樓開始了遠東的出版事業，出版初中、高中英語教材。這就奠定了遠東的事業基礎。

浦永剛記得，當時他們一家就住在出版社樓上，父親正如上一代不多話的家長角色，很少談及經營出版社的辛苦。不過，浦永剛倒是知道，父親是個喜好文藝、愛交朋友的出版人。浦家麟曾是革命實踐研究院學員，當時還寫了《總裁言論表解》（一九五七）、《國父遺教表解》（一九八一）等書。他與胡適、思果、南宮搏、梁實秋等人都有交誼，也出版了他們的作品。遠東早年有一系列文學叢書「文學散文系列」，出版有：胡適《胡適文選》與《四十自述》、曹禺《北京人》、《曹禺戲劇集》、陳之藩《一星如月》、《旅美小簡》、《劍河倒影》等散文集、梁錫華《頭上一片雲》、思果《啄木鳥集》、徐益堂《歷代名賢處世家書》等，此系列約出版二十種。在歷史方面，有「歷史傳記系列」，出版過梁啟超學生黎東方的著作《新三國》、《清代祕史》，黎曾留學法國，於北京大學、清華大學、文化大學任教，被譽為「現代東方講史第一人」；並出版過畢業於北京大學歷史學系、著有《民國百人傳》的吳相湘作品《現代史事論叢》、《清宮祕譚》，本系列共約出版五種。

「藝術系列」出版兩種：《動物寫生畫集》六冊（一九八六）與顧景舟《宜興紫砂珍賞》。《動物寫生畫集》是知名畫家梁丹丰父親梁鼎銘的著作，浦永剛說，父親浦家麟愛交朋友，與梁家是世交，與梁鼎銘的兩位雙胞胎弟弟特別熟悉，他從小也與梁家的孩子一起長大。「父親很愛請人吃飯，退休後到了美國，仍不改愛交朋友的性格，唐德剛、夏志清都是他經常找吃飯的對象。」由於浦家麟交遊廣闊，才成就了遠東在英語出版品之外的文學歷史出版品：種數不多，之後也沒有出版品可接力原有的書系，卻是在既有的出版專業之外，透露了遠東創辦人的品味與交誼。這正是出版社與其他行業迥異之處：在原本的志業之外，同時能保有個人志趣的事業特色。

台灣第一部自編英漢字典

遠東最具代表性的出版品是梁實秋主編的《遠東英漢大辭典》。梁實秋一九〇三年生於北京，一九二三年至美留學，主修英美文學，一九二六年回國後曾在南京東南大學、北京大學、北京師範大學等任教，與徐志摩合辦《新月》雜誌，一九四九年到台灣，擔任國立編譯館代理館長，曾任台灣師大、台大教授，一九八七年十一月病逝於台北。梁實秋逝世後，遠東成立「梁實秋獎學金委員會」。

梁實秋主編《遠東英漢大辭典》，也主編了遠東的初、高中英語教材，對台灣的英語教育影響甚為廣大，「八〇年代以前，幾乎每個學生都人手一本梁先生編的《遠東英漢辭典》。」（引自：莊坤良〈梁實秋（一九〇三～一九八七）——英語教育的大師〉，《教育愛：台灣教育人物誌IV》，二〇〇九年十月）詩人羅青也曾這麼說：

打從我念初中一年級開始，也就是民國四十九年，便與梁先生在英語課上結了「仇」。當時學校採用的課本是遠東版的初級英文，封面上大大的印著「梁實秋主編」五個大字。放學回家，到書店裡去買中學適用的遠東版最新英漢字典，上面印的還是「梁實秋主編」幾個大字。就這樣，從初中念到高中，六年英文讀下來，大考小考模擬考外加大專聯考，翻來覆去，每日總少不了要與「梁實秋」三個字為伍，直念得我頭昏腦脹，咬牙切齒，連做夢都在考英文。[1]

《遠東英漢大辭典》之前，梁實秋先編有《最新英漢辭典》，出版於一九六〇年，收有四萬餘字，一九六三年出版《最新英漢辭典增訂版》，另有《最新實用英漢辭典》，增為八萬多字，一九六九年，浦家麟提議再度擴編字典，由梁實秋帶領師大英語系同仁，董昭輝、王進興開始編纂，朱良箴總編輯，傅一勤總校訂，陳秀英主持注音。《遠東英漢大辭典》有一特色是，當時台灣多以美國KK音標為主，但不少自大陸來台的英語教師接

遠東圖書創辦人浦家麟（右）與梁實秋（左）夫婦有多年情誼。（遠東圖書公司提供）

以梁實秋《遠東英漢大辭典》為基礎的增訂版本。

梁實秋在遠東的重要翻譯作品「莎士比亞全集」。

受英式音標的教育，於是《遠東英漢大辭典》兩者注音標示兼具。一九七一年七月全稿完成，收十六多萬字，是台灣第一部本地自編的英漢字典，一九七七年獲新聞局金鼎獎。自此之後，梁實秋主編的版本成為遠東各類字辭典的「標準範本」。浦永剛指出，遠東多次曾想修訂此辭典，在美國、大陸找了約四十多位教授，卻無法達致以往的標準，這是他目前比較遺憾之處。遠東的英漢字典因應不同的需求，調整單字數量，而有各種版本，浦永剛還記得小時候他都以字典的外皮顏色來記憶那些字典，像是最早版本的《最新實用英漢辭典》是「黃皮書」，第二版《最新英漢辭典增訂版》是「綠皮書」。最多版本的時期，大約是民國六十年左右，也就是遠東約成立二十年後，已出版二十多種英漢辭典。

梁實秋也主編了漢英辭典，最早版本為《最新實用漢英辭典》，目前最新版本為《遠東漢英大辭典》。浦永剛回憶到，約一九七五年出版時，當時他到香港，發覺連牛津大學出版社也還未開始做漢英辭典。這是遠東早先開始的優勢之一。遠東的字典銷售遍及北美、東南亞等市場，各地也有偏愛使用的版本，像是台灣早已不再出版的《最新五用英漢辭典》，香港地區至今仍在銷售。至二〇一〇年為止，遠東的英漢辭典、漢英辭典、英漢漢英雙向辭典、拼音辭典等各式版本共有五十一種。

除了英漢辭典之外，遠東也出版國語辭典，主編者皆是當時的名家學者，像是著有《人在紐約》等多部散文集的作家張北海主編《遠東國語辭典》（一九六九），熊光義主編《中國成語辭典》（一九五五）。國語辭典目前已出版六種。

雅舍小品與莎士比亞全集

梁實秋除了主編英漢字典之外，他的知名散文佳作《雅舍小品》，也在遠東出版了中英對照本。《雅舍小品》一九四九年在正中書局出版了四冊，一九六〇年由時昭瀛翻成英文，由遠東出版，當時一年有上萬本的銷量。譯者時昭瀛，一九〇一年生，畢業於北京清華學校，保送留美讀書，進入哈佛大學法學院獲法學碩士，回國後曾於武漢大學任教，後來擔任外交部工作。梁實秋的另一重要作品為翻譯「莎士比亞全集」。莎士比亞劇本在台灣有兩個知名版本，一是由世界書局出版，由朱生豪等人翻譯，另一則是由遠東出版，梁實秋翻譯。一九三〇年，胡適任職於中華教育文化基金會的翻譯委員會，計畫由聞一多、徐志摩、葉公超、陳源、梁實秋等人翻譯莎士比亞全集，期待五年內完成[2]。然而，由於戰亂的緣故，人員散佚，當時也還未談好出版商，梁實秋卻在後來一人獨自完成了翻譯的工作。

梁譯莎士比亞，在大陸完成十劇，來台後，到了一九六四年陸續譯了十劇。前二十劇原由文星出版社出版，至一九六七年，遠東出版莎士比亞全集三十七種[3]，一九六八年遠東再出版三種，此一翻譯工作持續三十八年，至此全部完成。梁實秋在紀念妻子程季淑的《槐園夢憶》中，屢屢提及支持他完成莎劇翻譯工作的人，其中有父親的鼓勵：「父親關心我的工作，有一天拄著拐杖到我書室，問我翻譯莎士比亞進展如何，這使我非常慚愧，因為抗戰八年中我只譯了一部。父親說：『無論如何，要譯完他。』我就是為了他這一句話，下了決心必不負他的期望。」[4] 當然還有妻子程季淑的關心：「我翻譯莎氏，沒有什麼報酬可言，窮年累月，兀兀不休，期間也很少得鼓勵，漫漫長途中陪伴我體貼我的只有季淑一人。」[5] 一九六七年梁實秋完成翻譯工作，「中國文藝協會」、「中國青年寫作協會」、「台灣省婦女寫作協會」、「中國語文學會」聯合發起莎士比亞戲劇翻譯出版慶祝會，當年梁實秋六十六歲，也是他與程季淑結婚四十週年。

余光中在《秋之頌》序文之中指出，梁實秋的成就之一是：獨立一人翻譯莎士比亞全集，「五四以來只有梁氏一人。」羅青雖然稱梁實秋先生是他的「敵人」，但一讀梁譯的莎劇，便相當入迷，「這時候，梁先生所譯的莎士比亞，註解詳盡，意思暢達，立刻成了我在莎翁英文大海中的『救生圈』，抱之不放，日夜捧讀，幾乎達到廢寢忘食的地步。」（引自：羅青〈我的「敵人」梁實秋〉，《秋之頌：梁實秋先生紀念文集》，頁二四一，九歌，一九八八）遠東曾授權大陸中國廣播電視出版社的簡體版權，宋培學在簡體版序文〈梁實秋與《莎士比亞全集》〉也指出，梁譯莎劇的獨到之處便是加了大量注釋，可輔助讀者理解。

英語教材與華語教材

遠東一開始的出版品就是初中、高中英語教材，這是五十年來重點經營的出版方向，之後高中、高職、全民英檢教材也陸續加入出版書單。由於歷史悠久，又有出版英語辭典的優勢，遠東一直在教科書市場占有一席之地。梁實秋在師大期間，帶領了許多師大學生編輯字辭典，像是後來也是師大英語系教授的傅一勤、擔任英文《中國日報》總編輯的朱良箴、擔任遠東圖書總編輯的洪傳田（畢業自政大法學系）等人，師大英語系的學生便成為遠東英語教材編輯的部分主力，如傅一勤編有《KK音標快速入門》、師大英語系施玉惠主編《遠東新英文法》、陳純音主編《遠東新英文法中階版》、施玉惠、林茂松主編《高中英文》教材。

在教科書市場開放後，浦永剛坦言，教科書競爭比以往激烈很多：「以往銷售教科書著重的是教材本身，現在則必須增添許多輔助教材，才能吸引教師的注意。」在正規教科書之

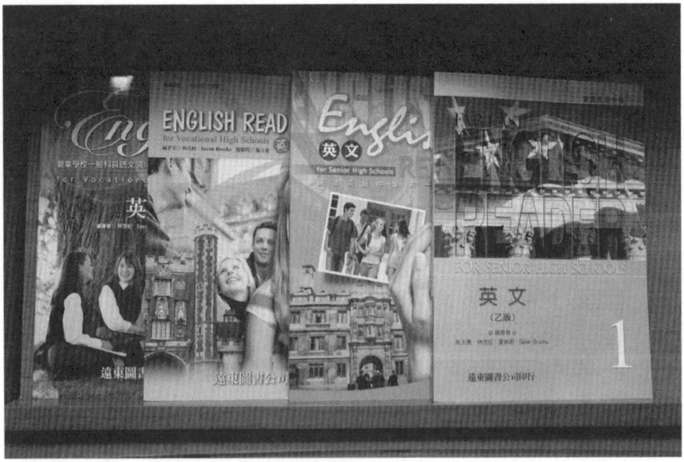

英語教材是遠東五十年來重點經營的出版方向。

外，遠東也需製作教學的投影片檔案，輔助教師的教學，另外並出版了「英文故事系列」、「遠東時事精選系列」等輔助教材。「輔助讀物有些來自國外授權的教材，有些則是由我們找外國編輯來寫。」浦永剛非常重視教材是否正確流暢，一定要由以英語為母語的人來寫作，才能確認英語教材的正確度。

九〇年代，遠東開始製作英語教材的多媒體互動光碟，成立遠東圖書專屬網站，加入英語線上學習的部分，字典也附有光碟。《遠東英漢大辭典》即有光碟版「遠東超時代英漢百科大辭典」。目前附有多媒體光碟的字典共有七種。近年來，字典光碟版的銷售不如以往好，英語線上學習倒是成為各家出版社的必爭之地，遠東在線上提供單字測驗、字典查詢、線上發音檢測，並針對高中職另設「遠東高中高職英文網站」等，「我們很早即開始重視線

除英語教材，遠東也開始著手「西班牙語版」的華語教材。

上學習，這方面一直是重點發展的方向。」在未來需要調整的層面，浦永剛體認到，目前雖然已可做到在線上全文英語發音，但只有單字發音正確，全篇文章的音調起伏仍不正確，因此，往後在英語教科書的出版品部分，遠東將會致力於電子書的發展，改善此方面缺失。

除了發展英語教材之外，遠東也開始發展華語教材。十多年前，遠東在美國設有US經銷公司，專門代理遠東與其他出版社的圖書，近年改為全力銷售遠東的華語教材。與在美國推廣華語教材的正中書局不同，正中書局以華人學生為主，遠東的目標讀者則是以英語為母語的外籍人士。教材分為兩類：一是正式教材「天天中文」系列，分別給兒童、青少年、成人，主要由美國知名中文教師吳威玲（Wei-ling Wu）主編，另有一類是給成人自修的教材，如師大華語文研究所葉德明主編的《遠東

左起：浦永剛、浦家麟、袁家騮及兩位友人。（遠東圖書公司提供）

生活華語》、最近剛出版的《哈啦中文》（*Chit-Chat Chinese*）。

除了目標以英語為母語的讀者，遠東也開始著手「西班牙語版」的華語教材。浦永剛指出，目前在北美，中文的確是英文之外的第一外語，然而面對大陸以官方資源全力推廣漢語學習，身為民間出版社的遠東難免稍覺吃力。以往遠東都在北美經營華語教材，除了強調課本特色與主編者的知名度，未來的發展重點就是「西語版」華語教材。目前遠東逐步將中文教材加上西語注音，預備朝向南美洲市場發展。

在華語方面，遠東保有字辭典出版的優勢，由師大華語文研究所第一任所長鄧守信主編《漢字三千字典》，選取常用三千個中文字，詳列每個字發音、字義、筆順、部首等，相近的英文字義，並同時將簡、繁體，漢語拼音與注音符號並列，也附有光碟，同樣也發行西語注音版。

結語

談起經營出版社，浦永剛多年來唯一覺得做得少的事便是與對岸的合作。遠東與大陸出版界接觸得早，卻沒有發展出較好的合作計畫。一九八五年，浦家已透過美國領事館的接觸，前往大陸拜訪，一九八七年第一次授權繁體字版權（遠東英漢大辭典）。一九八九年，浦永剛買下徐中舒主編的《漢語大字典》繁體字版權，簡體版卻已迅速的在台灣開始銷售，繁體版晚了四、五個月才出版，錯失了銷售良機。

今年（二〇一〇）是遠東成立六十週年，面對未來，浦永剛會將重心放在華語教材，「英語教材的市場日趨飽和，剛要起步的華語教材有比較大的發展空間。」另一件浦永剛想做的事，便是出版「大字本」的字典，浦永剛笑說：「大概是自己老了的緣故。」以往遠東曾做過兩、三種字典的大字版，當時銷路不佳；今天台灣面臨高齡化社會的來臨，遠東期待大字本字典能輔助看字較困難的讀者繼續學習。

目前遠東員工數約有一百多人，依然是在一九五〇年創辦之初的重慶南路辦公室；當時開設的門市大約在一九七〇年代結束，改為目前在原址十樓的遠東圖書展售區。六十年前，重慶南路有大陸來台的大型書局，也有在台灣本

在重慶南路駐立數十年的遠東圖書公司。

地開始發芽的出版社，當時逐漸發展成為辦出版兼開書店門市的繁榮景象；如今，重慶南路一樓的出版社門市逐漸改為其他商家，正中書局、東方出版社收起直營門市，「書街風景」已經不再，然而，經歷一甲子的遠東仍然保有它的特色：一如《遠東英漢大辭典》之於本地英語教育的重要性，重慶南路上第一家出版本地自編英漢字典的出版社仍然靜靜的發揮著它的影響力。

註釋

1. 羅青〈我的「敵人」梁實秋〉，《秋之頌：梁實秋先生紀念文集》，頁二四〇，九歌，一九八八。
2. 余光中編《秋之頌：梁實秋先生紀念文集》，頁五二六，九歌，一九八八；梁實秋〈關於莎士比亞的翻譯〉，《略談中西文化》，進學書局，一九七〇。
3. 胡百華〈梁實秋先生簡譜初稿〉，《秋之頌：梁實秋先生紀念文集》，頁五四五，九歌，一九八八。
4. 梁實秋，《槐園夢憶》，頁七九，遠東，一九九六。
5. 梁實秋，《槐園夢憶》，頁一〇三，遠東，一九九六。

（原發表於二〇一〇年十月《文訊》三〇〇期）

長安傳奇

大安出版社

◎秦汝生（文字工作者）

圓一個知識青年的理想

一九七〇年代，距國民政府遷台已超過二十年的時間，當時仍處於戒嚴，台灣的命運走向劇烈的變化：一九七一年台灣退出聯合國、一九七五年蔣中正逝世、一九七九年中美斷交，也正是台灣從封閉走向開放的年代，如今我們所熟知聽的Bob Dylan、蘭陵劇坊與《影響》雜誌、「美新處」等的文化影響，將為台灣之後的文化氛圍鋪陳了曲調[1]。

當時，大陸來台的出版社如世界書局、商務印書館在台繼續營運，台灣本地成立的出版社則已開始萌芽，展開一段燦爛的出版年代，文學出版社如文星（一九五二）、三民（一九五三）、皇冠（一九五四）、水牛（一九六六）、志文（一九六七）、純文學（一九六八）、仙人掌（一九六八），已在六〇年代或之前創立；大地（一九七二）、水

劉漢初

1948年生於香港。台灣大學中文系博士。曾任教於台大、中興、輔仁、清華、台北師範學院，並爲台北師範學院語文教育系創系主任。受訪時爲東華大學中文系副教授、大安出版社常務委員。專研古典詩歌，兼及文學理論。

康來新

1949年生於台灣台北。台灣大學中文系畢業，美國印第安那大學東亞研究所碩士。現任中央大學中文系教授、大安出版社社務委員。專研古典與現代小說。著有論述《晚清小說理論研究》、《發跡變泰》；散文《應有歸來路》、《可愛——我讀美人詩》等。

葉國良

1949年生於台灣桃園。台灣大學中文系博士。曾任台大中文系教授，香港中文大學、捷克查理大學、泰國朱拉隆功大學客座教授。現爲台灣大學中文系教授、大安出版社社務委員。著有《宋代金石學研究》、《石學續探》、《古代禮制與風俗》等。

芙蓉（一九七二）、好時年（一九七二）、遠景（一九七四）、聯經（一九七四）、河洛（一九七四）、遠流（一九七五）、時報（一九七五）、藝術家（一九七五）、爾雅（一九七五）、桂冠（一九七五）、洪範（一九七六）、南天書局（一九七六）、長橋（一九七六）、九歌（一九七八）等陸續在七〇年代接棒，學術性質出版社雖然數量不多，如台灣學生書局（一九六〇）、成文書局（一九六四）、五南（一九六六）、文史哲（一九七一）仍持續至今。

從七〇年代成立的出版社數量（還不包括已經結束的），那的確是個「如果想要一個人破產，就叫他去辦雜誌」的年代，也可以想像，正因為人們對知識的企求，對自身文化提升有所期待，才在封閉的年代頻頻彌補知識的缺口。可以想像，創辦「大安出版社」的一群學生是如何浸淫在一股隱隱然形塑的文化氣氛裡，又是如此的期待能像海綿吸水般的，羅納學術上所見所知的一切。

解嚴之前，在大陸與香港地區的出版品，是不能任意在台灣出版的，然而，當時彌漫於學生之間的，卻是急切得到新知的氣氛。例如也是學術出版社的里仁書局負責人徐秀榮即指出，在里仁（一九八〇）之前他成立的九思出版社（一九七七），出版《陳寅恪論文集》在兩年內賣出了五千多套，「那是個求知若渴的年代，學生都希望讀書，也擔心下次不見得可買到相同的書。」[2]那時在台大中文系的學生也有這樣的心情。台大中文系的學生李偉泰、陳萬益、葉國良、劉漢初、呂正惠等人，大三、大四有機會接觸到來自香港與大陸的出版品，這些在一九四九年以前在大陸出版的學術著作與古籍，資料可貴，對於研究上相當有幫助。由於劉漢初是香港僑生，當他回香港時，總能搜羅到當時台灣市面上看不到的出版品，總是迫不及待與同學分享，像是標點本的《苕溪漁隱叢話》、范文瀾《文心雕龍注》等。

劉漢初記得當時的顧頡剛《古史辨》是不准出版的，台灣卻不只一個出版社翻印，他的朋友，也是香港僑生的何步正成立的「萬年青」出版社，也印了《古史辨》。他記得有天晚上，何步正帶著一卡車的《古史辨》來住處找他，「時局有點緊張，請你幫忙藏一下書。」劉漢初也就收下了這些寄放書，完全沒有考慮警備總部可能的追查。那個時代，越是查禁的書，越是得到學子的渴求，反而越有熱銷的可能。

「大概是受到我們的老師臺靜農先生的影響吧！」劉漢初說，當時年輕的他們好像都有這麼一個想法：凡是知識青年都該成立出版社，宣揚一點理想。那時陳明鑑成立了「明倫出版社」，出版過相當多的大陸書籍，後來還因此坐了牢，但對學界卻有很大的貢獻，他的做法對年輕人其實是有示範作用的。而且當時影印費相當貴，影印一頁便要一元，一般學生也不過是七、八元即可解決一餐，於是，抱著分享好書的心情，現為東華大學中文系教授的劉漢初、台大文學院院長的葉國良與幾位同一研究所的同學閒聊起來，提議成立出版社，還有工學院的同學跑來參加！葉國良想起，「那時好多出版社成立了兩、三年就倒了，也不知道我們哪裡來的勇氣！」二十出頭的年輕人還搞不清楚成立出版社的條件，便已熱血沸騰了！當時成立出版社的登記資本額是三十萬元，「足可買下景美地區一間三十幾坪的房子。」劉漢初想起當年的不知天高地厚，只一心想著成立出版社的傻勁，十幾位同學竭力湊了十三萬元，「還差十七萬呢」，葉國良說要回家與父親商量，葉木榮先生一口氣借出十七萬元，大安出版社的前身「長安出版社」，於一九七四年正式成立。

長安時期：以「有限」延續經營

起初取名「長安」，一方面是聯想至漢唐的古都，具有文化的意義，一方面也求取吉利的意義，期待能長治久安的經營。長安一開始的方向就是選擇出版古籍，以及沒有意識形態的學術著作。一開始翻印了《經學五變記》與《詩草木今釋》等書，稍後也出版一些當代學人的好書，像是周振甫的《詩詞例話》，那是劉漢初回香港偶然發現的「寶」：「那時還沒人知道周振甫是誰，起先我只以為是通俗讀物，不過順手翻翻而已，哪

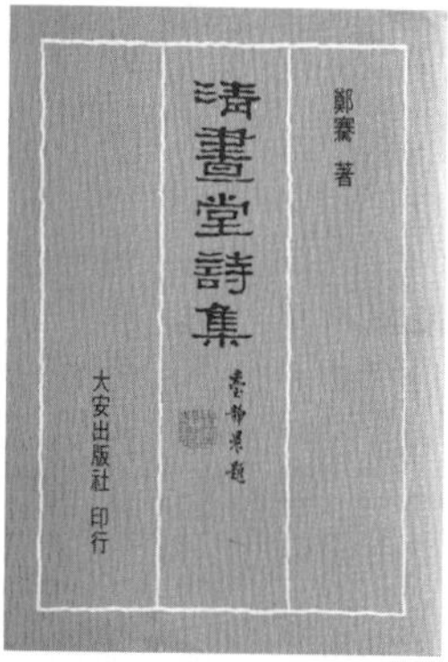

鄭騫與王叔岷於大安出版的《清晝堂詩集》、《慕廬餘詠》。

知才看了七、八行，我卻有了『驚為天人』的感覺，自己平常讀詩話詞話，老遇著些說不清、猜不透的評說，這書卻能夠在兩、三句話之間，就把問題講解得一清二楚，就像真正的美女，不用脂粉裝扮就明豔照人，令你心神搖蕩。」此書一拿回來，社裡的呂正惠、陳萬益紛紛叫好！長安出版此書時，若是遇到提及「毛澤東」、「馬克思」等敏感字句，便會刪去。這是長安最早「改裝」出版品的經驗。由此來看，當時學術資源的確不足，學生對於新知求知若渴，也相當小心，不想涉及敏感的政治議題。《詩詞例話》至五南出版社正式獲得作者授權後，長安即停止出版。

劉漢初記得，台大的師長們希望學生專心讀書，連在外兼課都會引起師長不快，成立出版社多少是商業行為，大家都怕師長們不高興。

所幸長安的工作只有編務，真正經營販售的時間不多，一年能出的書也就是兩、三種，而且都是專業學術著作，這反而獲得老師們的支持。臺靜農先生即曾主動拿出蕭滌非的《漢魏六朝樂府文學史》吩咐可印，這是抗戰時期在重慶出版的重要作品，研究六朝詩文的劉漢初特別興奮，「這本書的紙質極劣，很像現在的平版衛生紙，色澤昏黃，而且木質纖維又粗又多，許多字根本印不清，我做了六次校對才正式出版。」這也是長安第一本重新排版的出版品。「年近七十的馮承基老師還拿出他自己的稿子《小說卮言》（一九七五），說這只是普通的論文，不算好，我們一看，這書每篇文章雖短，對於古典小說的見解卻如此精闢，這樣的好書師長願意免費給我們出版，那是很直接的鼓勵啊。」

這是長安唯一一本作者授權出版的作品，對於長安的意義很重大：台大的師長們認可「長安」的出版方向與品質，讓一群學生辦出版不再只是一、兩年的事；在中文學術著作的出版道路上，長安立下了第一個里程碑。

長安的社址最初是在台北市興隆路二段二二〇巷，「所謂的社址其實也就是我住的地方，」劉漢初笑說，當時與室友合租了一間四房的公寓，就把長安的庫存書放在客廳，其他室友也不以為意，直到其中一個室友搬走，才由長安負擔租金，將倉庫「擴大」至另一個房間；曾經放在同學王慶光的地下室，「結果書全部受潮發霉啦」。

經營的狀況就在如此「且戰且走」的狀況繼續下去，「正因學生沒什麼錢，我們選擇打的是『有限戰爭』」，也就是說，待有足夠的盈餘才出版下一本書，雖然能出的書種不多，正因如此，反倒將長安安安穩穩的維持了下來。

大安時期：慎選稿件，堅持品質

著作權法正式實施後，長安不再翻印沒有版權的書，自此也改名為「大安出版社」。當年偶然相遇的「出版人」還沒有自己的出版品可發表，進入「大安時期」，那時只因共同興趣而相聚的中文系學生也漸漸進入中文學界，「大安」的出版方向走向新階段。

一是大安開始自編教材，由於大安的發起人開始在中文系授課，有感於各類教材不足，教學不方便，興起了自編教材的想法。像是中國現代文學的資料不足，也沒有現代文學的選本，大安的教師們決定自行來編教材，集合了中文學界的教師施淑、何寄澎、林明德、賴芳伶、劉龍勳、吳達芸、呂正惠、康來新、李豐楙、簡宗梧等人編纂《中國新詩選》（一九八〇）、《中國現代短篇小說選析》（兩冊，一九八四）、《中國現代散文選析》（兩冊，一九八五），做為課堂上教學之用。古典文學方面，有陳萬益等人編《歷代短篇小說選》；葉國良製訂體例，重新設計排版樣式，並加入詳細的注釋，讓古典著作的內文與註釋不再是密密麻麻的排列，更加好讀，編成「古典新刊」系列：《四書章句集注》、《文體序說三種》、《老子四種》、《楚辭補注》等八種，都是大安出版社廣獲大學中文系採用的教科書。又有感於現代人不大會寫書信，於是邀集李偉泰、葉國良、劉漢初、李豐楙、呂正惠、何寄澎、周志文、陳萬益，選擇自先秦以來，至六朝、唐宋、明清的書信，每篇予以一千兩百字的附註與解說，出版為《性靈書簡》（一九八六）一書。

大安的出版品以中文學術著作為主。

另一個出版方向則是接受中文學術著作投稿，審查後始出版。大安出版社採取股東制，每三年由股東選出總幹事一人、常務委員兩人（一人負責財務總務，一人負責編務）、社務委員四人。七人每兩個月開會一次，負責例行事務，並且討論投稿作品，並送交外審，確認品質後才予以出版。現任教於中央大學中文系的康來新認為，大安是有共識的朋友組成的出版單位，在出書不多的營運狀況下，對於出版品質更是必須堅持。「國科會人文學研究中心」補助出版品的計畫，幾乎大安只要申請，通過審查的機會都很高，像是《中國文學流派學初論——以常州詞派為例》、《義理易學鉤玄》、《魏晉學術人物新研》、《慧菴存稿——慧菴論學集》、《古典小說與民間文學——故事研究論集》都獲得補助，突顯大安自我「高要求」的表現。

長安時期，每年出書兩至三種，大安時期每年出書約五至十種，依然採取「有盈餘，再出下一本書」的營運模式，正因經營的小心，無形中也保障大安的出版品

大安出版社的「青年學術叢刊」。

質，同樣獲得中文學界的認可。像是鄭騫教授生前願意讓大安出版《清晝堂詩集》，即是相當大的肯定。康來新記得，小說家王文興都稱讚，大安能有鄭騫、王叔岷這樣的作者，表示大安已建立了「品質」，真是相當不容易。同樣的重量級作品還有中研院院士何大安《漢語方言與音韻論文集》、《聲韻學中的觀念和方法》、葉嘉瑩《中國詞學的現代觀》與《唐宋名家詞賞析》，林文月《中古文學論叢》、胡萬川《話本與才子佳人小說之研究》、鄭明娳《現代散文縱橫論》、《現代散文類型論》、《現代散文構成論》、《現代散文現象論》等作品。

解嚴之後，簡體書尚未全面開始在市面上販賣，學界教授則可以因學術研究之用購買簡體書。為了要讓學子與教師也能分享資源，大安的老師便在汀州路的社址開設門市，販售簡體書與大安的本版書。台大中文系畢業後，赴美國求學，回國任教後才加入大安的康來新曾在當時擔任總幹事，她和葉國良為門市取了「書巢」的名字，特別在購物袋上印了「書巢」的五個意義：一，南宋詩人陸放翁的書室之名，二，現代愛書人的愛之窩，三，唯一免費提供書桌閱讀的文史哲書店，四，開放的空間充滿人文的芬芳與人情的溫暖，五，坐享古今智慧的時光隧道。

「書巢」就像當初大安成立時，一群朋友相聚談天的園地，那是八〇年代末期至九〇年代很熱鬧的時期，大安因為賣簡體書賺了一點小錢，於是也辦起了講座，學者劉漢初、康來新、王邦雄曾就自己的專業演講過，後來因為人力不足，門市與講座便逐漸停辦了。

倒是劉漢初從十八年前第一次談「世說新語」開始，到現在每週六的晚上仍然維持在「書巢」講課的習慣，最近一次要講的主題是「周邦彥詞」。

細水長流的出版傳奇

目前大安有八個書系，一百多種圖書，出版的方向以中國古典文學為主，但「我們真正希望的是像蔡元培在五四時期的包容精神，沒有任何的文化偏見」。大安不但有文學著作，也有一套「國別史叢書」，分別是歷史學者段昌國《俄國史》、張四德《美國史》、陳炯彰《英國史》、陳炯彰《印度與東南亞文化史》，還有知名化學學者劉廣定從特殊角度談紅樓夢的《化外談紅》，同時也鼓勵年輕有潛力的新生代學者發表著作，像是「青年學術叢刊」的吳明益《以書寫解放自然：臺灣現代自然書寫的探索》、許秦蓁

大安出版社30週年社慶叢刊。

2003年大安出版社的股東大會，右起林文寶、何澤恆、陳振風、夏長樸、周志文、黃沛榮、葉國良、陳萬益、劉漢初，背對鏡頭者為康來新。（大安出版社提供）

大安出版社的成員們，皆為中文學界優秀學者。左起：康來新、葉國良、陳萬益、夏長樸、陳振風、周志文。（大安出版社提供）

《戰後臺北的上海記憶與上海經驗》等。

在台灣出版史上的幾次重大事件，如兩岸交流、簡體書全面開放、電子書浪潮，似乎都沒有影響大安的生存，大安至今尚未賣過簡體字版權給大陸出版社，也沒有買過對岸的版權。葉國良認為，大安之所以能支撐了近四十年，這是因為一向秉持著出版中文專業學術著作的原則，第二個原因是因為有出版品被選為大學教材，像是「古典新刊」系列與《史記會注考證》等書，加上「有盈餘時，才出版下一本書」的原則，始終不變，於是，無心插柳的事業，成為細水長流的出版工作。

樂蘅軍《古典小說散論》原在純文學出版社出版，純文學結束營運，發行人林海音無條件的讓出版權，樂蘅軍也樂於讓大安繼續出版。此書每年結的版稅不多，每當結版稅時，劉漢初已經很不好意思，結果「樂老師每到年底還會送兩瓶紅酒來，我一看那紅酒的價值，都遠多於版稅了。」每想到有這樣的作者，甚至是林海音那樣願意奉獻的出版前輩，他們在意的是情義，敬重的是大安的出版品質，劉漢初覺得正是這樣的「古風」與大安的出版風格很「對味」。更有趣的是，今日位於台北市汀州路的社址，還是二十年前幾位股東合力買下的房子，再「租」給大安：二十年來大安大致維持著第一年的租金，在售書略有盈餘之後，「房客」大安才給「房東們」加了一點租金。

不同於出版中文學術著作的里仁書局、萬卷樓的組成，甚至於同年成立的河洛出版社，做過專印戒嚴時期作品與古籍的出版品，也曾到達員工有一百人的規模[3]，在大安，始終只有一位員工，股東們無論擔任什麼職務或是主編叢書都是各自認領工作，沒有酬勞，僅能獲得新書一本，「從沒有人計較過」，葉國良說。如果快要沒錢了，便請股東「增資」，這也是出於自願的性質，像是年底結算盈餘時，有時不夠付版稅，股東也會自願的墊錢，從未想到拿回的一天。康來新記得，她與劉漢初都墊過十幾二十萬，正因為大家志趣相投，從不在意什麼時候把錢拿回來。

「在這裡，唯一的酬勞是一年一次股東大會時，大家喝喝酒、聊聊天」，劉漢初笑著說。目前大安的股東陸續增加至三十多位，現為大安出版社常務委員、負責編輯事務的劉漢初期待，未來有新生代的學者加入大安，為理想繼續接棒，傳承大安的精神。來自於思潮洶湧的七〇年代，原先一群學子的動機只是想看看那些看不到的書，卻慢慢澆灌出一片花園，開創了果實纍纍的園地：當年的中文系研究生成為今日的重量級學者，在這裡，結交了一輩子的朋友，理想沒有墮落，始終不以

大安出版社凝聚的是學子求知的心念，數十年來走出學術專業的道路。（大安出版社提供）

營利為前提，自己的志趣成為事業，真正是一則台灣出版界的傳奇故事了。

註釋

1. 參考《七〇年代懺情錄》，楊澤主編，時報，一九九四。
2. 〈以精進編輯實力為目標——專訪里仁書局〉，秦汝生，《文訊》雜誌二九二期，二〇一〇年二月。
3. 河洛出版社成立約八年後結束營業。參考資料：〈傳奇阿圖要讓鐘聲再響！〉李心怡，《新台灣新聞》週刊第二五八期，二〇〇一年三月二日。

參考資料

1. 《出版社傳奇》，游淑靜等著，爾雅，一九八一。
2. 《台灣人文出版社30家》，封德屏主編，文訊雜誌社，二〇〇八。

（原發表於二〇一〇年十二月《文訊》三〇二期）

「早起」的好眼光

允晨文化公司

◎巫維珍（出版社主編）

一提起允晨時，腦中第一個浮現的影像總是那褐棕色的書背。一九九四年，新著作權法規定，於一九九四年六月十二日後，未獲授權的外國翻譯作品不得販售，「六一二大限」帶來了許多大特賣的書，那是我提早升大學的日子，幾乎兩、三天就到重慶南路一趟。不曉得為什麼，在眾多的翻譯書裡，我常在褐色書背的《張愛玲的世界》、《我城》前面停駐，既沒有立刻買下，卻老是時常去看看翻翻。當年還沒全盤了解張愛玲，對於西西也是一知半解，沒想到後來念了中文系，正是與這些文本密不可分，更沒想到二十年後，有機會因專訪而結識允晨文化。

「當代學術巨擘大系」奠立出版方向

出版過白先勇《孽子》、《寂寞的十七歲》、莒哈絲《情人》等書的允晨文化，跨

廖志峰

1964年3月11日生，籍貫台灣台北。淡江中文系畢業，台灣師範大學教育學分班結業。曾任廣告公司文案、編輯、國會助理等。現任允晨文化公司副總經理兼發行人。編有杜正勝《古代社會與國家》、孫康宜《陳子龍柳如是詩詞情緣》、康正果《出中國記》、李劼《上海往事》、馮青《給微雨的歌》、李奭學《三看白先勇》等。

「當代學術巨擘大系」是允晨第一個書系。

吳東昇於1982年創辦成立允晨文化實業公司。（允晨文化公司提供）

過二十一世紀，已經創社將近三十年。允晨文化由吳東昇創辦成立。吳東昇是台灣新光集團吳火獅先生的么子，家裡有從商的背景，他則到哈佛大學念了法學博士。吳東昇在哈佛就讀期間，結識了不少人文社會思想背景的好友，現為中研院院士黃進興、《當代》雜誌總編輯金恆煒、作家白先勇、學者鄭樹森等人，都是「允晨」初期的幫手。這批來自學界、文化界的朋友，定調了允晨的出版方向。第一個書系「當代學術巨擘大系」是允晨早期的代表作。該書系的企畫案由彭懷恩提出，當時他在時報工作，在此之前曾與朱雲漢合編《中國現代化的歷程》，主題是從現代化理論來看中國近代如何面對西方挑戰；由於有這方面的背景，加上台灣正處於解嚴之前，各類思潮開始鬆動萌芽，彭懷恩提及（〈台大知旅——出版的風雲時代〉http://penfrank.pixnet.net/blog/post/2432010），當時李敖主編《中國歷代演義》（遠流）、高信疆主編《中國歷代經典寶庫》（時報）、沈登恩主編《諾貝爾文學獎全集》（遠景），市場反應不錯，他到哈佛大學訪問時，向吳東昇提議，策畫引介社會科學的「當代學術巨擘大系」，吳東昇也認為，台灣需要引介多元思潮，於是當時人在哈佛讀書的吳東昇在一九八二年正式成立了「允晨文化實業股份有限公司」。

彭懷恩籌畫的「當代學術巨擘大系」，網羅了國內重要的學者擔任各學門的主編：李亦園（人類學）、林鐘雄（經濟學）、胡佛（政治學）、楊國樞（心理學）、葉啟政（社會學）、郭博文（哲學），每學門有五本介紹當代大師的作品，初期計畫出版三十本，共計一年完成，於一九八二年正式出版。哲學方面像是有朱建民編譯《現代形上學的祭酒：

懷德海》、《世紀的智者：羅素》（阿耶爾Ayer, Alfred Jules, Sir著，陳衛平譯），經濟學方面有《經濟學界的史懷哲：米達爾》（陳素甜著）、《經濟理論的革命家：凱因斯》（謝德宗著）等，從目前可找得到的書目來看，該書系所引介的思想家與作者，皆是一時之選，為允晨打開了知名度。

「當代學術巨擘大系」奠定了允晨的發展方向，卻無法帶來與名氣同等的銷售量，當時任總編輯的彭懷恩策畫了「允晨現代文庫」，預備用其他選題來刺激銷售。「現代文庫」的選題仍有一些思想性的東西，如書系第一本《東亞銳鋒》（Roy Jr. Hofheinz、Kent E. Calder著，陳衛平譯），也有勵志、心理方向的選題，《掌握你的時間與生命》（Alan Lakein著，陳衛平譯）曾登上金石堂排行榜第二名，「生活叢書」則完全走向生活方面的題材，如兩性關係、親子教養等，像是《為什麼要結婚》（David Knox著，彭懷真譯）、《快樂的兒童教育》（Rudolf Dreikurs、Pearl Cassel著，沙永玲譯），這兩書系都是以翻

彭懷恩引介西方多元思潮，奠定允晨的發展方向。

譯書為主；「新聞傳播叢書」書系倒是全由國內知名傳播學者與新聞實務工作者執筆，共十三冊，有《新聞傳播總論》（鄭貞銘）等，本書系出版自一九八四年，晚於三民書局的新聞傳播類大學用書，但早於九〇年代遠流與正中的「傳播館」，由此也可見允晨當時編輯的企圖與眼光。

這個階段的允晨還推出了「企業文庫」、「掌舵者」偏向商業、傳記類的書系，日本推理文學「推理小小說」、英語學習教材「生活叢書」《讀報紙學英語》等書系，每個書系約出版十冊左右。當時的允晨就像是初入出版界的新生兒，亟欲探索每個議題，活力充沛。

累積台灣學術著作，引介非英美文學

一九八六年，吳東昇的好友黃進興策畫了「允晨叢刊」，將允晨的人文方向加添幾許史學、傳記的色彩，本系列第一冊書即是黃進興的老師余英時的著作《方以智晚節考》，接連出擊皆是知名學者的重量著作，如劉述先《黃宗羲心學的定位》、陳其南《文化的軌跡》、徐復觀《無慚尺布裹頭歸：徐復觀最後日記》（翟志成、馮耀明校注）、勞思光《思光時論集》、逯耀東《且做神州袖手人》、瞿海源等著《改革的呼聲》、黃進興《歷史主義與歷史理論》、黃仁宇《放寬歷史的視界》、林瑞明《台灣文學的本土觀察》、陳奇祿《文化與生活》等，如果說「當代學術巨擘大系」是引介了世界各地的思想家，「允晨叢刊」就是專門出版華文世界的學術系列。引介他國著作後，正是累積華文出版資源能量的開始。

現任副總經理廖志峰回憶，他剛到允晨著手編輯的第一冊學術方面著作，就是杜正勝的《古代社會與國家》（一九九二）。「書稿裡有很多字是打字打不出來的，得要重新用針筆去畫，」不但有排版上的困難，廖志峰還記得一次難忘的插曲，有天他從中研院向杜正勝拿回八十多萬字的校稿，騎摩托車回出版社時，遇到一個大坑洞，他當時不以為意，繼續向前騎，沒想到後面有車子一直按喇叭，「我還想，為什麼一直按喇叭，又沒什麼事！」沒想到，回頭一看，幾十張的校稿沿路散落著，那天還下大雨，廖志峰緊張死了，要是八十多萬字的校稿掉了，可得從頭來過啊！「有趣的是，我沿路撿回校稿，居然一張

黃進興、金恆煒、鄭樹森等人，從初期即定調允晨的出版方向。（圖由上至下）

也沒掉，只是看回校時，杜老師說了一句：『咦，稿子怎麼這麼髒啊？』」作者可不曉得這位編輯一路的膽顫心驚哪！

一九八七年由鄭樹森策畫的馬奎斯（Garcia Marquez）《愛在蔓延時》，揭開了允晨「經典文學」的序幕。此系列由鄭樹森精選，包括馬奎斯《迷宮中的將軍》、略薩（Vargas Llosa）《愛情萬歲》、若熱・阿馬多（Jorge Amado）《丁香與肉桂的女郎》、卡爾維諾《阿根廷螞蟻》、埃里希・馬里亞・雷馬克（Erich Maria Remarque）《生死存亡的時代》、卡米洛・何西・塞拉（Camilo Jose Cela）《蜂巢》、雅洛斯拉夫・哈謝克（Jaroslav Hasek）《好兵帥克歷險記》等，此系列挑選了台灣不注重的非英語文學，並用原來的語文版本翻譯，甚至到二十一世紀的今天，都是歷久不衰的經典，像是略薩即獲得二〇一〇年諾貝爾文學獎。廖志峰說，他就是因為喜歡這套書，才想到允晨應徵的。此系列還有為人熟知的莒哈絲（Marguerite Duras）《情人》，獲二〇〇三年聯合報讀書人獎的《班雅明作品選》等。近年來，廖志峰仍延續以往的選書方向，推出阿根廷重要作家艾內士多・薩巴多（Enesto Sabato）《隧道》，以及諾貝爾文學呼聲很高的墨西哥作家卡洛斯・富安蒂斯（Carlos Fuentes）《鷹的王座》。

多元出版路線，著重華文創作、中國議題

廖志峰原本就讀淡江中文系，畢業後在滙文書局上班，「那時上班最大的好處是，客人不多的時候，可以看很多的書。」他迷上了允晨出版的《哈佛瑣記》（一九八六），也就是黃進興使用筆名「吳詠慧」寫下在哈佛求學的故事。廖志峰一九九〇年三月進入允晨，在這裡工作二十多年，從未換過工作的他，一九九六年升任允晨的副總經理兼發行人。廖志峰認為，當他進入出版界時，正是台灣出版市場最為蓬勃之際，「當代學術巨擘大系」、「允晨叢刊」、「經典文學」確立了人文關懷的走向，他的任務則是讓允晨的出版品能延續以往關切的重心，並更貼近當代生活的脈動，除了允晨既有書系之外，廖志峰著手發展《輕鬆學日文》，青少年小說「陽光少年」、「flyer」系列，其中《鯨騎士》獲二〇〇六中國時報開卷最佳青少年圖書獎。

「生活美學」系列的第一本書《遠離台北》，就是廖志峰的點子。當時旅遊節目主持人謝佳動有一些文稿，經由朋友引介後，廖志峰即開始著

「允晨叢刊」為允晨添上濃厚的史學、傳記人文色彩。

手策畫，讓原本為數不多的文稿發展為一本書的分量。「沒想到我在允晨企畫的第一本書，賣了兩萬多本！」廖志峰在「經典文學」系列承襲以往鄭樹森的選書標準，「生活美學」書系方面大致也是如此，既承襲「現代文庫」著重生活美學、旅行文學、名人傳記的選書方向，如前柏林愛樂首席小提琴手赫爾穆特自傳《弦裂》、被卡拉揚譽為「同輩中最傑出的小提琴家」在華文世界首次出版作品的基東．克雷默的《弦外之音》、二十世紀初期的舞蹈改革家依莎朵拉．鄧肯《舞者之歌》。

選書時，也加入非英語系作品與特殊的選題，如二〇〇五年獲得中國時報開卷好書獎的《柬埔寨旅人》，恐怕也是廖志峰受到前輩的影響，敢於嘗試讀者不熟悉的議題：「那時，柬埔寨是一個沒什麼台灣人去過的地方，作者原本是記者，她在海外和平工作團的時期，用人類學家的眼光去觀察了當地人民的飢餓與痛苦，既像是旅行文學，也是報導

大陸的文學與中國議題的作品，是允晨文化關注的另一層面。

文學。」《帶著希羅多德去旅行》也是多次有諾貝爾獎得主呼聲的波蘭記者卡普欽斯基，以報導文學家的眼光寫下的第一部作品。《借來的時間：愛滋追思錄》是白先勇推薦給允晨的書，譯者楊月蓀已譯好了二十多年，因為愛滋議題的關係，卻始終找不到適當的出版社；廖志峰說，他很高興能出版這部感人且深刻的作品，「在楊月蓀老師過世前，我與他通的最後一封email，可以感覺得出來，他終於了了一樁心願。」

「當代名家」系列第一本《人情之美》，是當時擔任《聯合文學》副總編輯的丘彥明記述與作家們的交遊，另外像是余秋雨的《藝術創造工程》、李歐梵主編《上海的狐步舞：新感覺派小說選》都是允晨早期知名的作品。此系列最為人熟知的應是白先勇的《孽子》與《寂寞的十七歲》，此兩書原有遠景版，在一九八八年授權給允晨後，一直由允晨出版，當年允晨也將白先勇參與編輯的《現代文學》復刊，共有二十一冊。《孽子》與《寂寞的十七歲》原先已有極高的評價，「原來

以翻譯為主的「現代文庫」書系。

大約一年是一千本左右的銷量，在電視劇上演之後，我們終於了解偶像劇的魅力。」《孽子》在二〇〇三年由曹瑞原改拍為電視劇，引起熱烈的迴響，連帶使讀者真正注意到原著，電視劇上演後，《孽子》至今有七萬多冊的銷量，《寂寞的十七歲》也有五萬多冊。另一部知名作品是鄭樹森的《張愛玲的世界》，這大約是喜愛張愛玲的讀者都不會錯過的一本書，後來，蘇偉貞接續編撰《張愛玲的世界續編》，以及《魚往雁返：張愛玲的書信因緣》。

相對於「經典文學」引介翻譯文學，「當代名家」的路線則是華文創作，在《當代》雜誌總編輯金恆煒引介康正果的《出中國記》後，此書系的大陸作者也增加了不少。「康正果一生的經歷很特殊，他的祖父是大陸北方佛教的領導人，也正因為如此，他自身沒有任何反動意識，卻被視為反動分子。」廖志峰認為這是一個平凡人卻不平凡的自傳，康正果個人的生命歷程是此書最動人之處。此書原訂為「我的反動自述」，廖志峰建議改為「出中國記」，較能引起讀者的好奇。沒想到，不但引來讀者的注意，也出版了康正果的下一本書《肉像與紙韻》，開啟允晨出版大陸作家的契機，像是張翎《溫州女人》、巫寧坤《一滴淚》、賈平凹《靜水深沉》、曾著有《天下無賊》的趙本夫《無土時代》，以及馬建的《肉之土》，都是相當有分量的作品。康正果介紹允晨出版的《上海往事》更是獲選二〇一〇年《亞洲週刊》十大中文小說之一。談到這本書，廖志峰提起了他帶作者李劼到九份喝茶時的編輯心得。六四之前，李劼是大陸的重要學者，六四之後，他離開中國大

2003年3月，《聯合報．副刊》、允晨文化於國家圖書館舉辦「白先勇名著《孽子》研討會」。左起：馬森、鄭樹森、白先勇、彭鏡禧、虞戡平。

2010年10月，允晨文化於綠逗豬式會社咖啡館舉行「從劉曉波得獎，余杰被軟禁，談中國的未來」座談會。左起：廖志峰、王定士、王丹、林保華、曾建元。

陸，也寫了一些小說。要怎麼為一位多元寫作的作家打造定位呢？李劼原本計畫寫作上海二十世紀的三部曲，以二十世紀末為背景的最末一部《星河流轉》已經出版，那麼寫二十世紀早期的第一部曲《上海往事》該怎麼定調呢？廖志峰認為，每個城市有它自己的作品，像是喬伊斯寫《都柏林人》、白先勇寫《台北人》，他認為上海人也該有一部自己的故事，「李劼回去後想了想，也同意我的看法，《上海往事》就是老上海人寫上海的代表作品。」

除了大陸的文學作品之外，這幾年來，允晨最知名的就是關於中國議題的書了。由於董事長吳東昇與《當代》雜誌總編輯金恆煒的交誼，「當代叢書」系列最初出版的就是《當代》雜誌文章的結集，後來廖志峰認為政治、族群、經濟等議題的書也適合放進此書系，像是早年出版的詹明信《後現代主義與文化理論》。近年來，本書系炒熱話題的是《來生不做中國人》，原本只是網站上的單純問題：「如果有來生，你願不願意再做中國人？」沒想到卻形成了話題，由旅居挪威的香港人鍾祖康記錄近年來的中國事件，結集成書，銷量達四萬冊之多。

繼《來生不做中國人》後，廖志峰又出版了中國異議作家余杰的《從柏林圍牆到天安門》。該書出版後，余杰向廖志峰推介劉曉波的文集《大國沉淪：寫給中國的備忘錄》，二〇〇九年十月出版時，劉曉波已經失蹤。基於對知識分子的關懷，廖志峰認為，「此書是對讀者的提醒：中國已經崛起，但神權與人權是沉淪的。」劉曉波在台灣出版的作品不多，他於二〇一〇年獲得諾貝爾和平獎，也再度引起了讀者對他的關注，此書已有一萬二千本的銷量。此系列引起讀者注意的還有王丹《我的理想年代》，余杰《泥足巨人》、《中南海厚黑學》等，它們有個共同特色：都是在中國不能出版的禁書。兩岸交流的方式往往是繁簡版權互相授權，允晨甚少授權給大陸出版社，卻能先於大陸出版社、出版中國作者的作品，為允晨的出版方向開闢了另一個層面。

結語

成立近三十年的允晨，每年約出版二十種書，已將近有六百種圖書，員工編制始終維持在八個人左右，包括圖書編輯部，以及另一個代編刊物部門，廖志峰笑說，這是在人文書市場不佳的狀況下，維持出版社穩定營運的方式，像是允晨也接案營運，如編輯「群策會李登輝學校」系列，代理香港傾向出版社的書籍如《在土星的光環下：蘇珊桑塔格紀念文選》、《半先知與賣文人：哈維爾評論集》等作品。談到圖書市場的景況大不如前，廖志峰說，「似乎我一入行以來，出版市場就下滑了。」說的是玩笑話，事實的確如此，八〇年代後的台灣書市競爭激烈，人文書卻得面臨暢銷書恆大、小眾書極小的M型出版現象，中間型的圖書反而逐漸找不到在書店的位置。「還好，我們自己做發行，雖然成本比較高，但可以為允晨的書在通路找到適當的位置。」

允晨在廖志峰之前有四位發行人：吳東昇、林伯峰、楊志民、丁元春，除了一九九三年至一九九六年擔任吳東昇國會助理，廖志峰一直在允晨的崗位上。他從編輯升任為副總經理兼任發行人，是出版界少有的例子，面對這個挑戰，他說，做編輯時，有單純做一本書的快樂，擔任發行人，得擔起經營與法律的責任，只能前進，不能卸責。當然，也因為面對經營的壓力，他在選書出版時，可以從整體的視角觀照出版市場，也就更深層的了解到出版的使命，「出版人既然要砍這麼多樹來做書，就得選好書。」

回憶在允晨的二十一年，廖志峰說，他最難忘的是搬倉庫的時候，「每隔幾年就會搬一次倉庫，記得有時得在大雨中打開貨車後車門，而我們總會喝著罐裝台啤等雨停……」雖然出版市場的變化、出版角色的調整都讓責任比以前更沉重了，廖

允晨出版的人文系列內容多元。

志峰提起即將要出版的書，依然相當帶勁：講話速度快得要命的他，常讓人來不及記下那長長一列的新書書單，「二〇一一年的新書都很經典，有墨西哥作家卡洛斯・富安蒂斯《墨西哥五個太陽》、尉天驄《荊棘中的探索》、李劼的最重要作品《百年風雨》、《未帶地圖的旅人：蕭乾回憶錄》、賈平凹《商州初錄》、洪素麗二〇一一年五月出版的小說……」允晨不僅有暢銷佳作，也獲獎連連，在人文議題、文學經典、思想議題方面都有獨到的眼光，或許是因為它的名字的關係吧。據說取名為「允晨」是創辦人吳東昇希望能夠「天天早起」，我認為，這表示允晨能領先讀者一步，為大眾做開拓閱讀的先鋒，擁有「早起」的好眼光。

（原發表於二〇一一年四月《文訊》三〇六期）

在台灣文化的最前端

前衛出版社

◎鄭順聰（文字工作者）

坊間的報導，將林文欽形容為台灣出版界的「狂人」、「蠻牛」，其堅定的本土意識與批判色彩，予人一種剛烈的形象；再加上其經營的「前衛出版社」，號為「台灣本土文化最後堡壘」，易與某些空洞的政治意識產生聯想。

他卻穿著淡黃色襯衫，從辦公室走出來，敦厚誠懇，訪問全程福佬話應答，俗語與雅言交融，生動又具文采。不喊口號、沒有虛情假意，心心念念的，是如何為台灣的「讀書界」編輯專業的作品。

人的志業，往往在童年或青少年時期就萌芽，林文欽亦不例外，話說從頭，懷想故鄉雲林，他的眼神溫柔了起來……。

林文欽

1954年生。中國文化學院中文系文藝組畢業。1979年起任三民書局主編，編過近五百種書籍。1982年設立前衛出版社，任社長迄今，堅持「台灣本土意識」，並曾創辦《台灣新文化》雜誌，接辦《台灣文藝》。曾獲紐澤西關懷台灣基金會「文化貢獻獎」(1990)，及全美台灣人權協會「王康陸人權獎」（2009）。

前衛出版社近三十年來，堅持台灣本土意識，不媚俗，是出版界的異數。

「前衛叢刊」第一號，是葉石濤主編的《1982台灣小說選》

濁水溪畔的文藝青年

嘉南平原的最北、濁水溪溪畔，雲林縣崙背鄉的五塊厝，是林文欽的出生地，過去，是平埔族洪雅族貓兒干社的領域。父親是虎尾糖廠的職員，在原料區招募農民種植甘蔗，在這個「市鎮小知識分子家庭」中，林文欽是六兄弟的老么。六歲之前，全家住在虎尾糖廠的宿舍，在鄉下可說是較高級的住宅區，但對林文欽來說，童年，只有「孤單」兩字——父親忙於上班，母親操持農事，兄哥上學勞動去了，留林文欽孤單在家。某個冬日，有個乞丐婆拿起枴杖，往門敲打，想乞討些食物吃，林文欽驚嚇不已，衝出門找媽媽，沿著五分車的鐵軌一路狂奔，哭得幾乎要斷氣。

林文欽說，成長環境乃典型的台灣民間社會，讀書人少，更別說文藝氣息。直至國小畢業，在激烈的競爭中脫穎而出，考上虎尾初中，每天坐五分車到虎尾街上通學，這車一天兩班，早晚各一。那時，星期六中午就放學，在那個空閒無事、等候五分車的下午，林文欽在虎尾街閒逛，發現了「新生書局」，走進了文學的啟蒙地。他大量閱讀，浸淫在文學的美好，當然讀過很多台灣作家的書，但影響最深遠的，是俄國作家屠格涅夫，以及印度詩聖泰戈爾，林文欽當場就背誦《飛鳥集》的詩句：「有一次，我們夢見大家都是不相識的；我們醒來，才知道我們原是相親愛的。」（Once we dreamt that we were strangers. We wake up to find that we were dear to each other.）

閱讀日深，自然就想動筆，從模仿名家開始，林文欽將所見所聞所想，化作文字，寫成小說，在虎尾高中時，就寫了十多篇小說，發表於《中華日報》、《聯合報》、《中央日報》的報紙副刊。林文欽說，他追隨虎尾中學學長的文藝路，以寫作聞名，而他說的學長，指的就是林雙不（碧竹）與宋澤萊。

懷抱著作家夢，林文欽考上中國文化學院中文系文藝創作組，中學時創作量充沛的他，北上就讀大學，文思反而枯乏，只在《中外文學》與《台灣文藝》各發表一篇小說。「文藝創作組」雖以創作為名，卻在他就讀時轉向國學研究，文字聲韻訓詁等枯索的課程，讓他背向學校，四處打工端餐盤、逛書店，暑假還跟著哥哥跑野台演布袋戲。大學四年讀完，許多女同學還不太認識他，在學校來去匆匆，被封為「一陣風」。

不過，林文欽對文學的喜好不曾稍歇，平日讀《中外文學》、《文學季刊》、《台灣文藝》以及各種文學作品。那時在華崗，結識文名頗盛的渡也，和向陽、李瑞騰與劉克襄等人，共約創辦刊物，初名「大學文藝」，但他幽默地說，第一次出版收據、第二次出版信，就無疾而終了。

風風火火的三民時期

之後畢業、當兵、退伍，林文欽進入職場，一九七九年六月，到三民書局上班。民國六十、七十年代，三民書局乃考試用書、大學用書、高工及五專教科書的最大宗，可說是全台規模最大的民間私人出版機構，林文欽在三民任職期間，正逢出版的高峰期，三天就要編一本書，尤其暑假配合教科書的運作，星期六日也不得閒。在職三年十個月，經手的書籍超過五百種，三民的姊妹公司「東大圖書公司」的「滄海叢刊」也要負責。而且，書籍內容龐雜多樣，除了文史類，更廣及社會科學及應用科學類等。

對於三民書局老闆劉振強的照顧，林文欽至今仍相當感激，進入公司才三個月，就被拔擢為主編，以日夜不休的工作磨練編輯的基底，更重要的，林文欽在劉振強身上，學到開闊的氣度與不凡的視野，後來前衛許多出版品，都源於三民時期的啟發。

工作三年多，雖月領遠超過大學教授的薪水，每年有六個月年終獎金，公司還配給宿舍。但工作太過勞累，三十歲就有五十肩，有一次，影印機使用過度，竟燒了起來。而且，對他這樣獨當一面的

前衛出版社曾有多部出版品遭禁，在解嚴後重新出版。圖為禁書再出版宣傳海報。（前衛出版社提供，以下同）

編輯來說，許多獨特的想法與個人喜愛的好書，在大公司的體制中，往往掣肘。按台灣人的傳統，學徒之養成「三年四個月」就可「出師」，雖經再三慰留，延了一陣子，林文欽仍於一九八三年四月離開。但前一年九月，「前衛出版社」已「先斬後奏」成立了，林文欽邁開步伐，衝向獨立出版的新天地。

走在時代的前端

以工作的積蓄為底，再向三五親戚好友籌款，前衛出版社募得資金，初步構想，是出版一九二〇、三〇年代世界文學大師的經典，但當他知道香港的《今日世界》，財力雄厚，還找第一流的人才翻譯，遂改變念頭，從熟悉的台灣文學出發。

出版社之所以命名「前衛」，是「要走在時代的前端．守在本土的前頭」，但這名字的發想，還有另一段故事。一九七八年五月，同仁刊物盛行

鄭清文（左）和日本台灣文學學者岡崎郁子出席前衛出版社新書發表會。

的年代，張恆豪、張德本、陳國城（舞鶴）、許素蘭等人，合辦《前衛文學叢刊》，第一期，以舞鶴的小說〈微細的一線香〉為名，是分量十足的文學雜誌，林文欽相當欣賞其本土氣味與批判力道，但因資金短絀，發行到第三期就停刊，林文欽相當惋惜，心想不如用以作新出版社的名稱，也符合當初想出版一九二〇、三〇年代世界文學的意旨。

是以第一批出版品的書系名稱，就叫「前衛叢刊」，編號第一，乃葉石濤主編的《一九八二台灣小說選》，陸續是李季編的《一九八二台灣散文選》、李魁賢編的《一九八二台灣詩選》。到了第四本，經典出現了——陳冠學《田園之秋》的「初秋篇」（當時仲秋、晚秋仍未書寫或發表），陳冠學隱居鄉間、低調樸實，林文欽在三民書局時，陳冠學出版《老台灣》，林文欽相當敬佩其文筆及觀點，與其通信，後〈田園之秋〉在《文學界》雜誌發表，即去邀書，陳冠學沒第二句話就答應，一出

林文欽常自嘲「流落街頭，賣書維生」。

版，不僅是前衛的創業作，更是代表作。

林文欽說，在台灣開出版社是件迷人的事，門檻低、可攻可守，新出版社募得資金後，會推兩三波書籍試試，不好就收攤，反應良好就拚搏下去。當時前衛有一百萬，可出版五批書、約二、三十本量，林文欽說他運氣不錯，前三本文學選集，大膽冠上「台灣」兩字，突破禁忌、銷量不錯；《田園之秋》是經典作品、細水長流；到了第五本，林文欽精心規畫，針對讀者口味，請蘇偉貞在著名的女小說家中，如三毛、李昂、朱天文、朱天心、蕭颯等人，精選愛情小說，集結為《愛情人生》，市場反應相當熱烈，一年內賣了兩萬本。到了第六本，風格再變，推出宋澤萊《禪與文學體驗》，寫參禪坐向的經驗，以及對台灣文學的批判與期許，也頗受歡迎。

創業初期的成功，讓林文欽更具信心，遂大步邁開步伐，在政治訴求、社會議題、文化論述與文學作品上拓展，至今出版過的書籍，超過一千兩百種，成為台灣本土文化的出版重鎮。

反對論述的大本營

對一般大眾來說，前衛的出版品，最為人知曉的，是政治議題與反對論述。

一九八〇年代到一九九〇初期，台灣從封閉體制走向開放，社會運動接連不斷、反對運動風起雲湧，在此氣氛下，前衛出版許多突破禁忌的書，可說是當時知識分子對抗極權統治、發抒內心不滿的重要出口。

如同當時的黨外雜誌，前衛的出版品，多次受到文檢單位關切、甚而被查禁。林文欽猶記得，第一本被禁的書，是施明正的《島上愛與死》，但這個禁令，讓他大惑不解，想說施明正在雜誌發表時，雖寫到牢獄的情形，還是安然過關，怎麼書一出，就發生事情呢？當警備總部到各書店抄書後，來了一紙公文，林文欽才恍然大悟——原來，《島上愛與死》內文沒事，是宋澤萊的長序，將台灣形容成巴士底監獄，「挑撥人民與政府的感情」，所以「禁」。

那時前衛出版的書，相當具戰鬥精神，批判力道強悍，充滿台灣意識，挑動社會的敏感神經，甚至引發反感，曾有前衛的書一送到書店，就被老闆整批丟出門口，大罵：「台獨的書拿回去！」

台灣共產黨、二二八事件、白色恐怖、台獨運動、政治犯、黑名單、美麗島事件、黨外運動……在那個年代，都是相當「危險」的，但林文欽為了反映歷史真實、幫助瘖啞無聲的受壓迫者，大膽出書：鍾逸人《辛酸六十年》、彭明敏《自由的滋味》是代表作，史明、陳芳明、呂秀蓮、盧修一、林樹枝、陳婉真、阮美姝等人，都是重要的作者。

在以強烈政治訴求的書籍沖決體制的同時，林文欽也觀察到，文化上的批判運動，也在如火如荼進行，於是在一九九〇年建立之書系，名「台灣文史叢書」。那時，林文欽聞說旅日的黃文雄，是繼陳舜臣、邱永漢之後，能在日本出版界占一席之地的台灣人，其批判中國、以台灣文化為核心的立場，極具顛覆性，在日本銷售極佳，遂翻譯引進台灣，第一本《台灣．國家的條件》，給台灣本土知識分子帶來鼓舞，此後還推出《台灣人的價值觀》、《台灣．國家的理想》、《豬狗牛》等書。

特別要談「新台灣文庫」，在前衛的書籍目錄中，都會附帶標上「台灣．美國同步發行」，這有段歷史因由：一九八〇年代，在美國、加拿大、歐洲、日本等國的異議分子，因列入黑名單而無法返台，醫生林衡哲為聊慰這些旅外台人的思鄉之情，一九八八年於美國成立「台灣出版社」，發行海外各地，卻只有台灣買不到，走在時代前端的林文欽，慨然引進台灣，第一批十三本，之後同步發行，直到林衡哲回台成立「望春風」出版社才終止。這套書影響十分深遠：首先，是挖掘歷史人物，第一本書《現代音樂大師》，讓台灣社會重新認識音樂大師江文也；陳芳明鉅著《謝雪紅傳》，描摹這位偉大的女性與台灣共產黨發展；謝里法《台灣出土人物誌》，讓那些埋沒的文藝作家重新發光。其次，許多文學家、政治家及宗教家，如吳濁流、楊逵、王昶雄、吳新榮、彭明敏、郭雨新、林義雄、黃武東等人，紛紛在此系列出版自傳、回憶錄與文集，極具啟發意義與史料價值。再者，吳濁流《台灣連翹》、李喬《台灣人的醜陋面》等書，針砭心理病症、批判社會現象，一針見血。當然，這系列最重要的文學收穫，是東方白《浪淘沙》，允為台灣文學大河小說的經典。

本土文學的孕育地

除了政治論述與文化批判，前衛本土文學作品，也是一大特色。在那個高壓窒悶、本土派不受重視的年代，林文欽勇於出版本土文學作品，相當具勇氣與魄力。吳濁流、鍾肇政、葉石濤、李喬、宋澤萊、林雙不、劉克襄、黃娟等名家，都是前衛的作者，後來出版品分流，前衛維持文史政治的路線，「草根出版公司」則專門出版文學藝術。

在所有的文學作品中，最戲劇性的，莫過於《浪淘沙》。東方白長期旅居加拿大，有一次應台灣筆會之邀，回台舉辦座談會，林文欽之前對其在雜誌發表的《浪淘沙》相當讚賞，第一次見到他，以「青暝牛不怕槍」的精神，當面邀書，東方白不置可否。經頻繁書信連絡，誠意感動，東方白答應給年輕人機會，說「你若不怕賠錢，就試試看」。林文欽說，台灣的大河小說，之前有鍾肇政「台灣人三部曲」、李喬「寒夜三部曲」等，但篇幅未有如此之厚重的，為此，東方白寫到十分之九時，病倒於書桌上，是為了出書，才挨著病體補寫完成。《浪淘沙》全書一百五十萬字，兩千兩百頁，分上中下三冊，編了一年多，無論是撰寫或編輯，都是馬拉松式的過程。

好作品不會寂寞，《浪淘沙》一九九〇年出版，兩個月之後就再版，榮獲「吳濁流文學獎」小說正獎，被中國時報選為十大好書的第二名，僅次於馬克斯《資本論》，成為台灣文學的不凡經典，二〇〇五年，改編為電視劇上映，廣為大眾喜愛。到目前為止（二〇

東方白是前衛重要作者之一，返台參與新書發表會。

前衛出版社出版「台灣大眾小說」一套十本，為40、50年代台灣名著，大都曾改編電影。左起：陳子福、下村作次郎、王昶雄、黃英哲、蔡焜燦、吳漫沙。

一一年五月），《浪淘沙》共售出兩萬五千套，台灣大部頭文學作品要賣到如此數量，實屬鳳毛鱗角。不僅台灣，海外的同鄉團體也大力支持，廣為流傳。《浪淘沙》可說是林文欽最用心經營的文學作品之一，他認為，如此的經典，一定要用最高的編輯技術、最高水準的裝幀印刷，是以《浪淘沙》，前後共推出五種版本，其中一版，還用法國進口的絨布精裝、燙金封面、附翡翠皮書盒，這是台灣文學出版史上前所未有的創舉。

以大部頭套書為招牌

林文欽笑著說，其個性愛毀棄舊東西、追求新事物，血液中流著試驗的精神。在前衛叢刊出版到約七、八十號時，他感覺台灣作家的好作品出版得差不多了，作品量也銳減，也不認為新作家的新作品會超越前輩，於是回過頭，整理過去台灣文學的珠玉，企畫「台灣作家全集」，要讓讀者完整認識台灣文學的發展與好作品。

當初的構想十分龐大，分「長篇小說卷」、「短篇小說卷」、「散文卷」、「詩卷」四項，短篇小說作家篇數雖多，但一個作家一本的形式，較好入手，於是請鍾肇政當總召集人，組織編輯小組，由委員選出各時代重要作家的代表作品，一套五十本。林文欽說：「台灣作家全集．短篇小說卷」上市的時機不錯，搭上台灣熱潮，讀者渴望了解台灣作家全貌，加上林文欽那時接辦《台灣文藝》，在雜誌做行銷，廣邀贊助，還附贈史明的《台灣人四百年史》，想不到，五百人踴躍贊助，出乎意料。

出版「台灣作家全集．短篇小說卷」的同時，已請林明德教授等人選好散文三十大家，但由於資金短絀而放棄；詩卷不以作家分，而是計畫選出十本詩選，也胎死腹中；長篇小說卷，最後歸為草根出版公司的「台灣文學名著」系列，細水長流一本本推出。

此外，「王育德全集」也是林文欽自豪的招牌套書。他認為，王育德是台獨理論大師、又是世界級的台灣語言學權威，代表作《苦悶的台灣》真是好書，可惜他一九八五年就過世了。林文欽心想，有能力，定要出版他的全集，於是申請文建會的補助，將他全部作品由日文翻譯出版，雖所費不貲，卻是千秋萬世的事業。一償宿願出版「王育德全集」，林文欽以閩南語借自日語的說法，真是「起毛十撲零樣」（心情真爽快）。

除了文史政治社會，做為一個標榜台灣本土的出版社，自然生態當然不能少。林文欽相當推崇陳玉峰教授，不僅學有專精，更有大師級的學者風範，做一件事，就要做得周全完備，「台灣植被誌」這套書，寫台灣的自然生態，從高山調查到海岸平原，是非常有系統的學術著作，林文欽開玩笑說，雖傾家蕩產的出，每一本用銅版紙全彩印刷，還是值得。

此外，還有「賴和全集」、陳主顯《台灣俗諺語典》、姚嘉文的《台灣七色記》、邱家洪《台灣大風雲》等，林文欽說，這些大部頭作品，是前衛的業績、更是全台灣人的共同文化財。

屢仆屢起的雜誌志業

一九八六年，有鑒於當時政論雜誌雖多，但要討論政治社會問題，歸根究柢，文化才是根本。於是，林文欽與利錦祥、宋澤萊、林雙不、高天生、王世勛六人，創辦文化批判型雜誌——《台灣新文化》，集合台灣新銳作家，提出「徹底覺悟反省批判創造再生的文化先鋒」的口號，《台灣新文化》雜誌，印行二十期，被查禁十六期，第六、第十期甚至印了三次，後因階段性任務完成而結束。

至於吳濁流創辦的《台灣文藝》，第一〇五至一二〇期由台灣筆會接辦，那時，林文欽是台灣筆會的理事，筆會辦公室就設在前衛出版社，社長由林文欽擔任，但《台灣文藝》辦到第一二〇期，資金用罄，林文欽不忍《台灣文藝》在他手上結束，會「臭名萬世」，那時前衛出版社的營運不錯，遂接辦了三年二十期。

再接再厲，二〇〇〇年以後，宋澤萊與王世勛，用台中市議員競選經費結餘款，辦《台灣新文學》，這名字是延用

只出版三期的《前衛文學叢刊》，是林文欽發想出版社名稱的由來。

楊逵在日治時代創辦《台灣新文學》的名稱與精神，持續二十多期後結束，宋澤萊很不甘願，就再辦《台灣e文藝》，「e」有「電子化」與「新潮」的意義，要讓新一代的作家到此園地發表，惜四期就無以為繼。

異數的存在．存在的異數

談到暢銷書，林文欽自嘲，經營近三十年的出版，卻要靠外國人賺錢。小林善紀《台灣論》狂賣，是因極右團體放火燒書，加上媒體煽風點火，新聞一小時播一次，如同免費的廣告，賣了十三萬本。再如喬治．柯爾《被出賣的台灣》，是戰後台灣歷史的經典名著，之前已有地下流通的版本，被列為禁書，前衛重新整理再出版，賣得也不錯，一年維持一版的銷量，沒想到，二〇〇七年因政論節目連續討論兩星期，辦公室電話接不完，三個月賣了四萬

前衛出版的文史叢書與政經文庫。

本。林文欽說，靠外力塑造，書才能大賣，這都是非常態，他還是希望能回歸基本面，以扎實的內容吸引讀者，這才是出版之福。

因各種原因，前衛總共搬過七次家，第一處是忠孝東路五段、之後是晉江街、天母西路、金門街（先前是遠流出版社，後有天龍圖書租賃，才輪到前衛），和平東路一段二〇〇號（屋主是台大教授鄭欽仁先生）、信義路、關渡，到現在的農安街，自嘲是「貓徙岫」，流離的身世，似乎跟台灣的命運隱隱相連。

林文欽感嘆，一九九六年李登輝選上民選總統之前，仍有文化檢查制度，關於台灣的資料文獻還未公開普及，前衛走在前頭，搭順風車，知識分子有追求的熱情，營運不錯。但二〇〇〇年以後，台灣熱不再，出版市場萎縮，前衛風雨飄搖，曾在中山足球場，以「秤斤兩」的方式清倉大拍賣，讓讀者十分擔心。

林文欽批評，現在政府的文化政策就是「放煙火」，不肯好好做文化的基礎工程；電子網路普及，更是「ㄟ害」，大眾走在半空中，吸食飄浮的資訊，離智識與做學問越來越遠。政府不鼓勵、民間沒氣氛、個人不長進，不尊重知識傳統與經典，讓林文欽相當「腳瘓手軟」，幾年來，多次面臨營運難題……。

但林文欽挺了過來，因為他還有責任義務，還有夢。

回顧過去前衛的每個階段，常被外在力量與需求所左右，政治文化批判的寫手很多，書出不完；或是作者整天找他出書，讓他陷入無奈的循環。現在，林文欽要回頭追尋他從開社以來的出版大夢，推出「台灣經典寶庫」，計畫出版各時期對台灣的紀錄，從荷蘭時代末代台灣長官揆一的《被遺誤的台灣》，到清領時期如郁永河《裨海紀遊》、黃叔璥《台海使槎錄》，十九世紀外國人來台記述，日本人統治台灣時的研究等。林文欽取法台灣銀行經濟研究室「臺灣文獻叢刊」，但要用更親近好讀的語言呈現，加上完整的翻譯注釋，「台灣經典寶庫」，計畫十年出一種。他說，「台灣經典寶庫」若得以完成，則死而無憾矣。

率先上市的，是一八六〇年代、台灣開放通商口岸後，西方的探險家、學者、傳教士來台留下的紀錄，已出版甘為霖《素描福爾摩沙》、馬偕《福爾摩沙紀事》、史蒂瑞《福爾摩沙及其住民》、必麒麟《歷險福爾摩沙》等書，內容與裝幀扎實用心，前衛有了新氣象。林文欽表情認真，說出版社的責任，是作者給好的材料，就用專業、敬業的技術出版，為整個國家社會，留下好的文化財產。

三十年來，前衛不僅僅是個出版社，也反思、呼應且介入現實社會運動，三十年來，與台灣同其蹭蹬，可說是一九八〇年代以來，最具台灣精神的專業出版機構。前衛是異數的存在，也是存在的異數，能在媚俗的出版市場生存，雖風雨飄搖，林文欽還要堅持走下去，為台灣的文化與文學，盡更多的心力。

（原發表於二〇一一年七月《文訊》三〇九期）

貼近孩子　永續推動語文教育

國語日報

◎周行（文字工作者）

提起《國語日報》，首先躍入腦海的鮮明回憶便是刊頭胡適的題字，注音符號妥貼地伴隨在工整的楷體旁，「一份有注音的報紙」，這個開前人所未有的特色，正是《國語日報》的正字標記。

這樣的視覺印象，應當也開啟了眾多台灣民眾的童年記憶：無論是家中訂閱，或是上學後和班上同學輪番傳閱；無論是中規中矩地從頭版新聞看起，或是搶著打開副刊讀最新的小說故事、長篇連載，又或既興奮又期待地察看投稿版面有沒有自己的嘔心瀝血之作……對於喜歡閱讀的孩子來說，《國語日報》所扮演的每日精神食糧角色，在很長一段時間內，幾乎無其他報章刊物可抗衡，尤其是在彼時，影視傳播與數位資訊尚未發展到如今日緻密，更別說提供兒童更有趣而全面的閱讀內容。

洪炎秋

原名洪槱，字炎秋，後以字行。1899年生，1980年過世。北京大學教育系畢業，曾執教於多所大學。1946年返台，曾任台中師範學校校長、台灣省國語推行委員會副主委、國語日報社長、台大中文系教授、立法委員。畢生致力於國語教育。出版有《文學概論》、《閑話閑話》等二十餘種。

何容

本名何兆熊，1903年生，1990年過世。北京大學英文系畢業。曾任教育部國語統一籌備委員會駐會委員，主編《國語周刊》。1946年受命來台擔任首批「國語推行委員會」主任委員，後任台灣師範大學國文系教授、中國語文學會常任理事、《國語日報》董事長等。投注心力於研究及推動國語運動，主編《國語日報辭典》。出版有《中國文法論》、《何容文集》等。

何凡

本名夏承楹，1910年生，2002年過世。北平師範大學外語系畢業。曾任北平《世界日報》等報，來台後歷任台灣省國語推行委員會委員，《國語日報》總編輯、總主筆、社長、發行人等，《文星》雜誌主編，《聯合報》主筆。在《聯合報》副刊撰寫「玻璃墊上」專欄三十多年。曾獲國家文藝獎特別貢獻獎。著有《何凡文集》26卷、《何其平凡》等。

事實上，《國語日報》不只長期擔任「兒童平面媒體」的要角，從日報延展出去的出版和語文中心等部門，更為台灣的兒少出版與校外語文、才藝教育奠定發展的根基，可以說，成立已逾一甲子的《國語日報》從教育體制外參與、形塑了台灣兒童教育的形貌。

讀書人辦教育報，首重推廣語文教育

一九四八年十月二十五日，《國語日報》正式在台灣創刊。它的前身，是原先基於推廣國語教育而在北平發行的日報《國語小報》。不同於一般報紙意在傳遞資訊，這份起初由教育部訓令辦理的《國語日報》更多了推行國語、教育民眾的使命，也因此，創刊初期的《國語日報》和教育部台灣省國語推行委員會關係密切，除了發行人兼社長魏建功為當時國語推行委員會閩台辦事處主任外，省國語會主委何容為報刊的籌畫策辦主持人，而《國語日報》的社址更直接借用當時位於植物園內的國語推行委員會。

草創初期的《國語日報》營運說不上順利，戰後社會經濟仍處於動盪，辦日報更需耗費大量人力與成本，在這方面皆屬拮据的《國語日報》，在創刊一年（一九四九年）後便遭逢營運危機，為了穩固業務發展，報社成立了董事會，由傅斯年、杜聰明等社會賢達和學術人士出任董事，畢生致力於國語教育的洪炎秋則代替當時人還在北平的魏建功擔任社長，《國語日報》初期的關鍵人物——何容與洪炎秋從此領軍展開報社的拓疆闢土之路。

何容與洪炎秋二人皆為學養深厚的作家、教育者，也因此，《國語日報》創刊之初，

馮季眉

台灣師範大學國文系畢業。曾任雜誌、圖書、報紙主編，兒童廣播節目製作人，1983年進入《國語日報》服務，歷任副刊編輯、副刊組組長、副總編輯、總總編等職，現爲副社長兼總編輯。主編兒童文學相關讀物數十種，編務之餘，關心並投入兒童文學推廣工作。

林良

筆名子敏，1924年生。淡江文理學院英文系畢業。歷任《國語日報》經理、社長兼發行人、董事長等職，兼任台灣師範大學講師。曾主編《國語日報》兒童版，後又執筆「茶話」、「夜窗隨筆」專欄。曾獲聯合國兒童基金會兒童讀物金書獎、中山文藝創作獎、國家文藝獎特別貢獻獎、金鼎獎終身成就獎等。著有《小太陽》、《爸爸的十六封信》、《兔小弟遊台灣》等百餘種。

國語日報創刊時的社址設在植物園內。（國語日報社提供）

就註定了「讀書人辦教育報」的特殊體質。致力推廣國語教育的《國語日報》，從創刊的版面分配就可看出異於其他報紙，而其最為鮮明的特色——副刊，則自頭至尾扮演重要角色。雖然強調推廣國語，然而洪炎秋等人非常重視方言和台灣各地母語，因此早年《國語日報》也有相當分量的方言與鄉土民情介紹。另一方面，在此「植物園時代」（註：依林良所撰的「國語日報簡史」，將《國語日報》分為四個時期，分別為「植物園時代（一九四八～一九五四）」、「長沙街時代（一九五五～一九六二）」、「福州街十號時代（一九六三～一九八四）」、「福州街二號時代（一九八五年至今）」），《國語日報》的兒少版面也從原本副刊的七個領域之一，逐步增加版面與內容比例，為日後轉型為以兒童為主要對象的報紙奠下基礎。

這段期間，《國語日報》最著名也最長壽的漫畫和專欄——四格漫畫《小亨利》（由歷任總編輯、副社長、社長等職務的何凡引進並撰寫說明）、《古今文選》都已刊行；而為了增加收入，報社也承接書籍的印刷出版。由於《國語日報》印刷採用的是國字與注音連在一起的特製銅模鉛字，是當時的獨門工具，因此成為報社的「金雞母」，成為重要的收入來源，待這筆收入穩固後，方於六〇年代正式成立出版部門。

一九五五年，《國語日報》進一步組織股份有限公司，並遷至長沙街，進入「長沙街時代」，這個時代的報紙已將重心逐漸轉至兒童讀者，除了辦理兒少徵文比賽，也開始編印兒童讀物。一九五九年，《國語日報》正式改組為財團法人。進入一九六〇年代，由於報業蒸蒸日上，為擴大業務經營，買入福州街十號住宅遷入。這段時間堪稱《國語日報》的黃金起飛期，除了一九六四年成立出版部，由林良擔任出版部主任、總主筆夏承楹（何凡）督導業務，大量譯介世界兒童文學經典讀物，並創立《兒童文學周刊》，持續探討兒童文學的理論與相關研究、開拓台灣對兒童文學的認識，報紙增張（一九六五），且正式走向早報經營，報社也擴大成立了語文中心（一九七三）、函授學校（一九七四）。

一九八五年，《國語日報》遷入福州街二號，亦即今日社址所在。營運發展健全的報社，其間逐步成立文化中心、兒童圖書館、網站，甚至參與廣電節目的製播，也發行了提升兒童寫作能力的《小作家月刊》、分齡閱讀的《國語日報週刊》等期刊。此外，為了獎勵台灣兒童文學的創作風氣，自一九九五年開始舉辦「國語日報兒童文學牧笛獎」，直到今日仍行之不輟，成為培育國內兒童文學創作的重要搖籃。在語文推廣方面，從二〇〇七年起舉行的「讀報教育」（Newspaper In Education）也展現了相當成果，讓許多偏鄉學校的學生得以藉由閱讀《國語日報》，增進語文聽說讀寫的能力。

回首這段漫長的發展過程，《國語日報》之所以成就其作為人文教育報的特殊地位，實則仰賴創刊歷來多位重要人物參與內容籌畫和編務運作——

自一九四九年起擔任社長的洪炎秋（一八九九～一九八〇），曾於台灣大學中文系等院校執教，也曾任立法委員，是台灣推行國語教育的關鍵人物，尤其著力於保存方言母語、國字的讀音統一、標點符號的正確使用等，更重要的是以自身的自學經驗，創辦「國語日報函授學校」，具現了普及教育的目標。林良撰寫「國語日報簡史」時，以幽默的筆觸一語帶過：「社長洪炎秋先生每天搭公車上班。」事實上，一九七五年時洪炎秋在上班途中被公車撞傷，昏迷數日，日後則因腦溢血卒於任內，是報社「鞠躬盡瘁，死而後已」的表率。

原為台灣省國語推行委員會主任的何容，亦為台灣國語運動的主力推手，歷任《國語日報》副董事長、董事長等職務，其主編的《國語日報辭典》費時近五年方完成，發行後不僅締造銷售佳績，更獲得金鼎獎，與《國語日報破音字典》、《國語日報字典》等成為出版部的長銷書。

何容在一九九〇年過世前仍持續推動、參與國語文教育活動，對於國語教育的投入令人感佩。

筆名何凡的夏承楹是記者出身，自一九四八年起歷任報社編輯、副總編輯、總編輯兼採訪主任、總主筆、副社長、社長等職，和洪炎秋、何容是報社創刊時期合作無間的三人行。同時，他與夫人林海音女士在各自的編輯生涯成就卓著，是台灣文學史重量級的夫妻檔。夏承楹最為報社同仁稱道的，是不苟言笑的外表下令人驚豔的經營創意：他引進漫畫《小亨利》、《淘氣阿丹》，並為之編寫文字故事；舉辦徵文比賽；和洪炎秋、林良等人合寫「茶話」、「日日談」等專欄；設立出版社和語文中心，將報社帶進多廣化經營的黃金時代，也是台灣報業創舉；而他愛好桌球運動、熱心提倡運動的「業餘興趣」，則和他愛在假日上班、看稿、改稿精細的工作習性，一起成為《國語日報》後人津津樂道的「社史」之一。

被桂文亞在《見證：國語日報六十年》一書中喻為「不折不扣的國語日報人」、「兒童文學界共享的『文化資產』」的林良（筆名子敏），歷經編輯、主編、出版部經理、發行人兼社長、董事長等職，至二〇〇五年自董事長任內退休，是《國語日報》讀者們心中永遠的林良爺爺，更以其等身的文學著作、溫文儒雅的辦報風格以及提攜後進的無私精神，成為台灣兒童文學界的典範，報社也在他的經營下有了穩定、持續的業務成長。

桂文亞在文中指出，林良對從事兒童文學、教育、文化相關事業的後輩所給予的提攜，「正是國語日報六十年來辦報的一種人文精神的延續」，而這樣的精神，則是從何容、洪炎秋、何凡、林良以來「一脈相傳的薪火」。

如今，薪火仍在傳續，走過六二年歲月的《國語日報》，大樓外斗大的胡適題字依舊。這間老字號的媒體與出版社，固然堅守著創社以來三大核心精神——推動語文教育、為下一代服務、為文化服務；然而，如何站在巨大的傳統上打造出新貌，也考驗著目前的經營管理者。要擦亮歷史招牌，與其淘汰舊有、競逐新潮為務，將傳統翻轉出亮眼新意，才是累積大量前人資產的《國語日報》出奇制勝、推陳出新的關鍵。

從版面美感與新聞專題進行調整

座落於福州街二號的《國語日報》大樓，三樓是日報、期刊編輯部以及圖書出版部的據點，這個被現任出版部總編輯黃莉貞戲稱為「製作工廠」的所在，扮演著宛如《國語日報》大腦中樞般的關鍵角色。

二〇〇八年，由於組織精簡，出版部門被合併至編輯部，成為出版組，改組後績效表現突出，因此今年七月又再改制回出版部。編輯部負責日報與期刊編務，人員編制約六十人。出版部負責書籍出版與門市書店經營，人員編制約十多人。負責督導整體編務與業務的，則是在一九八三年進入報社，歷任「家庭版」等副刊編輯、副刊組組長、副總編輯、總編輯的馮季眉副社長。

馮季眉回顧自身在《國語日報》的工作

國語日報創刊號，1948年10月25日。

《國語日報》版面雖陸續進行調整，不變的是胡適的報頭題字。

經驗，報紙歷經不少遞進與變革：一九八七年開放報禁後，《國語日報》隨之增張，週三、週六亦有發行增刊，一九九四年起推出《小作家月刊》與《國語日報週刊》……目前的《國語日報》每日出刊四張，內有新聞一大張（四版）、副刊三大張（十二版），內容針對八至十五歲的兒少讀者、家長與教師設計規畫，舉凡文教新聞、少年法律、兒童文學、少年文藝、漫畫、科學／語文／藝術教室、生命教育等，都是這份定位為「兒童教育專業報」的版面內容。

《國語日報》予人最鮮明的印象，就是注音符號，從另一方面來說，這個特色卻也帶給編輯和報紙的視覺呈現不少限制。考量到讀者的閱讀習慣已有所改變，這幾年的版面陸續進行微調改版，包括將胡適的報頭題字微調比例、頭版標題從直排改為橫排，從兩行題改為一行題，同時調整各版文字與圖片的比例，具體要求各新聞版面每天的圖片數量，使文字更簡潔、圖像更豐富、編排更大方，增加整份報紙的易讀性。

在新聞內容方面，當多數報紙同業走向聳動、犀利、淺碟式的報導風格之際，秉持「教育專業報」方針的《國語日報》，則反其道而行，加強經營內容的深度與廣度。目前報紙每週固定有六個專題版面，如週一的「時事週報」、週日的「文化週報」、「國際兒童新聞」專版等，每季也會策畫系列專題，就教育和兒童議題呈現更多深入的報導剖析。也因此，這幾年報社培養了多位寫專題或調查採訪的優秀記者，幾年下來陸續獲得台北市新聞記者公會社會光明新聞獎、卓越新聞獎平面媒體類新聞評論獎、雲豹新聞獎、優良平面兒少新聞採訪報導獎等新聞獎項。

至於新聞選題原則，儘管眼下一般媒體呈現的兒童新聞，暴力霸凌和各項壓力等負面新聞不斷，《國語日報》站在教育本位和從兒童出發的角度上，並不會隨之起舞，而是偏重報導事件發生後學校等相關單位的因應方式和態度，請專家學者對此提供意見，更重要的，是將事件主體——孩子的意見呈現出來，讓孩童談自己面對新聞事件的看法和感受。

「我覺得，在跟孩子談很多事情時，不能只告訴他們新聞面向，還應該有一個思想、判斷、多元觀點的引導。我們選擇這樣的處理方式，做成新聞議題，採訪各方意見、觀點的呈現，讓孩子自己思考，也可以有自己的判斷」，馮季眉道。

此外，自辦報以來，副刊便是《國語日報》最具代表性的版面，從一九四八年的七種副刊（鄉土、語文甲／乙、家常、史地、週末、兒童），以兒少讀者為主要對象的版面逐漸增加，五〇年代更直接成為「兒童」、「少年」兩大副刊版面，進而細分為屬性不同的單元欄位。而長壽副刊「古今文選」、「書與人」也持續刊行，成為《國語日報》長年推動文學賞析、語文通識教育的表徵。

馮季眉以「兒童副刊」為例，這個允稱為國內兒童文學重要根據地的版面，隨著版面增刊而化身為不同的副刊，現在的兒童文學副刊，就下分為兒童文藝版、漫畫版、科學教室版等獨立版面。其中，兒童文藝版更是本土兒童文學創作的重要發表園地，歷來集結了大量兒文作家的童詩、童話、校園故事等各類型創作。

《國語日報》深知兒童文藝版擔負著重量級的責任，因此力求展現最好看的創作內容與培養本土寫作人才，成為版面兩大進稿方針。每年副刊會有一檔「名家童話大展」，邀請王文華、管家琪、林世仁等知名兒童文學作家提供精心之作，每兩年推出一次「大師說故事」系列，邀請林良、張曉風、鄭清文、司馬中原等資深文學大師為孩子寫故事；此外，也保留一定比例給新銳作者的創作曝光，「我們在這版面可以看到很多年輕的兒少作家在創作質量上的進步，從新銳變成知名作家。」

盱衡辦報之初，洪炎秋為文分析《國語日報》的編輯方針：

> 文字簡潔，完全口語，要達到「怎樣說，就怎麼寫」的目標。就是翻譯電訊稿，也是這樣改寫精編。

在新聞處理方面，以「教育意義重於新聞價值」作準則，凡是違反教育原則的新聞，不管他如

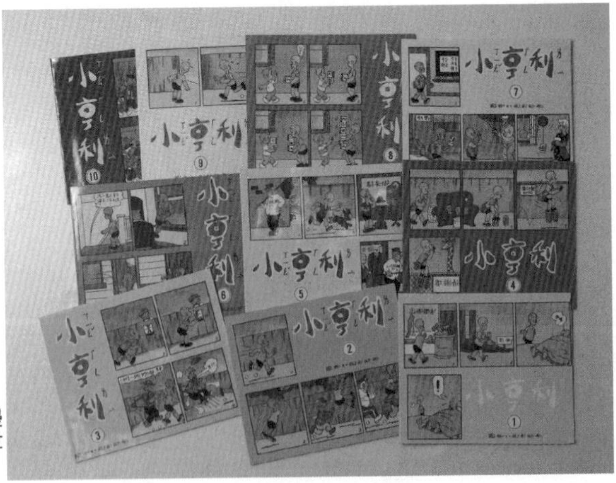

何凡引進的「小亨利」漫畫，幽默風趣，陪伴各世代小學生度過童年。

何轟動社會，也都一字不提。對文教新聞的報導，有獨到的地方。

副刊的編輯，大都適應學習國語和輔導教學的要求，深入淺出，篇篇適用。

對照之下，《國語日報》容或因照顧讀者需求，在視覺或單元細分化等方面與時俱進，然辦報精神和編輯原則，倒是一路走來，始終如一。

推動讀報教育

總的來說，在報社前人胼手胝足打下的厚實根基上，近年的《國語日報》雖陸續改版、調整，其著眼所在，多是更細膩的觀照：如何配合讀者的閱讀習慣，在視覺美感、版面配置上進行調整；在新聞報導方面，則戮力經營深度的專題系列報導；而最特別的，則是在編務之外，還發起推動一項對兒童教育深具影響性的社會運動——讀報教育。

馮季眉屢次提及《國語日報》真正的核心在於

國語日報持續推動讀報教育，小朋友讀報後變得很有自信。（諶淑婷攝影，國語日報社提供）

「教育」，用教育手法傳遞訊息，進而達到引導孩子的目的，是日報與其他媒體最大的不同之處。基於此，二〇〇六年起，《國語日報》正式推動「讀報教育」。讀報教育原為美國《紐約時報》於一九三〇年代在大學所推行的活用新聞行動，然而，當場景搬到台灣，更關鍵的是如何讓非城市的學童也能藉由報紙這項資源達到學習的效果。

「從前社會沒那麼富裕，國小班級裡都還會提供一份《國語日報》，精省後政府就沒再做這件事情，要讀報就得仰賴學校或家庭，但學校經費有限，城鄉落差又大，偏鄉學校和家庭都很難關照孩子的課外閱讀。當時注意到這問題，就希望至少能夠讓偏鄉的小朋友可以讀報……報紙是很好的教材，我們用這樣的態度編報紙，也想讓大家注意到這樣的事情。」

馮季眉進一步分析，報紙由於每天都有新資訊，可以補課本之不足，能扮演老師的教育幫手，補充教育需求。對學生來說，若老師能帶著學生讀報，讓他們知道

各種辭典、字典是國語日報的長銷書。

外界發生的事情，有助於開拓眼界，也能讓教室裡的學習與真實世界連結。在這些面向外，她也強調，「國語日報有個重要特色，就是重視文字的精簡正確，因此天天讀報，第一可養成閱讀習慣，其次學到更正確使用語文的方式，第三在於各方多元的學習」，「三個相加，對於孩子的學習就很有幫助了。」

在做法上，《國語日報》與民間基金會合作，透過認同理念的基金會挹注，每年公開徵求讀報教育實驗班，有意參與的老師撰寫教學計畫，最後評選出用心、可行性高的教案，提供一學年的報紙給班上所有學生。除了報紙外，報社也提供自行編撰的讀報相關教材和剪貼簿，讓實驗班的師生更能活用手中報紙。

為了瞭解讀報教育的具體成果，從九十七學年起，《國語日報》委託台北市立教育大學的課程發展研究所針對讀報實驗班做學術調查，結果發現孩童的閱讀習慣、語文能力、學習興趣、校外知識都有明顯提升，閱讀習慣和對標點符號、詞彙的使用也有大幅進步，「這

《世界兒童文學名著》引進之初，對推動台灣兒童閱讀具有啟蒙作用。

讓我們很確定這件事情對孩子很有幫助，也就持續做下去。」

目前，社會對此計畫贊助的公益單位多達十多個，每學年入選的實驗班學生逾萬人，當然，這個數字對想讓更多孩子享受閱讀的《國語日報》來說，還可以更多。

RENEW經典，賦予新生命

一九六四年成立的《國語日報》出版部，固然在原來的書籍印製發行上取得穩健業務發展才正式成立，卻也因著出版、譯介兒童文學作品與讀物，與日報雙管齊下，為台灣兒童文學的大步向前發出響亮的號角。

現任出版部總編輯黃莉貞分析，《國語日報》出版的書種共有一千三百多種，市場流通約五百五十多種，目前書系將以往的分類整合、重新歸納為「文學．故事」、「牧笛獎叢書」、「工具書」、「作文語文」、「親子」、「勵志」、「科學」、「讀報教育」等大項，下再依據類型細分。

在編輯室一隅的房間中，黃莉貞搬出從以前具代表性到目前最新的出版品，一一在桌上展示。其中，除了袖珍開本、造型小巧可愛的繪本和童話集，還有製作細膩超越一般宣傳品的《世界兒童文學名著》出版目錄，當時的編輯為這一百二十本書籍邀請不同老師撰寫導讀，「以直銷目錄來說，這真的非常精緻！」黃莉貞嘆道。

「因為在這麼有歷史感的出版社工作，會特別有『在做出版事業』的感覺」，也因此，近年出版部的選書、出版策略，傾向於將過去的經典重新蒐集、整理，以Renew的概念重出，黃莉貞看著手中的歷史讀物，還是驚嘆，「這些前輩的努力真是非常厲害、很精采，光是把它們的成果重新挖掘出來，就很不得了……」

回首過往，當年的《國語日報》原本以出版報紙刊行集結的《古今文選》為主。這個元老級的副刊單元，最早基於提供中學、大學程度的讀者合適的國語文補充學習教材而設置。規畫之初，羅家倫、臺靜農、鄭騫、謝冰瑩、許世瑛等專家學者與國語日報諸公會面商討編選原則，可見當時眾人對這樣的單元抱持著高度期待。《古今文選》選定文章的原則為古今所見及中學課本流行的文章、公認具代表性的文章，現代作家自選作品或現代人所選名家作品精選。歷任主編也是一時之選：齊鐵恨、梁容若、方祖燊、林文月、曾永義、黃啟方、王基倫、洪淑苓等。

《古今文選》的合訂本發行後，最高銷售紀錄達一個月四千冊。平裝合訂本八年內銷售量超過十萬冊，訂購者則涵括港澳、馬來西亞、新加坡、菲律賓、韓國、日本、美國等地，後更衍生出專門介紹作者傳記的「書和人」單元，與日後口碑銷量雙贏的《國語日報辭典》，堪稱報社早期的重量級出版品。

到了一九六四年，出版部正式成立、林良出任主任後，更是全面性地積極開拓書籍出版的業務，其中具代表性的出版紀錄如下（註）：

第一本出版讀物——三百字故事（王玉川編，定價一元五角）

第一本本土創作小說——小冬流浪記（謝冰瑩著，民國五十五年十一月出版）
第一本外國翻譯書——紅花俠（洪炎秋改寫，民國五十二年七月出版）
第一本辭典——國語日報辭典（何容主編，銷售六十萬本）
第一本字典——國語日報字典（何容主編，銷售六十五萬本）
第一本本土漫畫書——破棉襖（童叟繪著）
第一本外國漫畫書——淘氣的阿丹（夏承楹譯）
第一本得獎作品——國語日報辭典（金鼎獎，民國六十三年九月出版）
第一套暢銷書——世界兒童文學名著（民國五十年十二月出版，共十二套一二〇本）
第一套作文叢書——小作家（民國五十一年出版，共五套）
第一本兒童文學合訂本——兒童文學周刊（民國六十三年七月出版）
第一本精裝書——古今文選（齊鐵恨等主編，民國四十二年八月出版，已出版十二集）

事實上，將《國語日報》出版品放在台灣的出版歷史中來看，會發現其幾乎是八〇年代前民間兒童讀物出版量最多、涵括領域最廣、也最具影響力和分量的。其中，又以前述的《世界兒童文學名著》被視為最大的貢獻——這套連知名作家張曉風都買給孩子閱讀的叢書，在台灣普遍對「給兒童看的圖畫書」缺乏認識之際引進，著實具有啟蒙的關鍵性。

此外，「我們的優勢是這些早年的出版品，都是大名家翻譯，譯筆優美，若能取得版權重出，讀者就能重溫閱讀的快樂」，馮季眉分析道。在這樣的信念下，近年《國語日報》便針對前人慧眼獨具的經典書重新詮釋、出版，近期代表當如「保母包萍」、「小熊派丁頓」、「柳林中的風聲」等系列。

重出經典，固然有對「好經典不過時」的篤定，再則是不陷入爭搶國外暢銷翻譯書的考量，黃莉貞以「保母包萍」系列為例，當初由出版社同事自行寫信與包萍基金會談版權，再與本地插畫家許書寧合作，重新繪製插圖，透過賦予經典新生命的方式，讓美好的書籍與當代孩子重新對話。

又如《柳林中的風聲》這本一九〇八年出版、被譽為英國兒童文學黃金時代的壓軸之作，當時由知名譯家張劍鳴，以優美譯筆將這部「英國散文體典範」的作品介紹給國

兒童文學牧笛獎培育國內的兒少創作者。圖為頒獎典禮。（國語日報社提供）

內小讀者，如今重新面世，考量到當時翻譯多有「兒化音」等令現在讀者感到隔閡的用語習慣，因此馮季眉親自將這本她非常喜愛的故事重做潤修，使全書在語境、語感以及部分翻譯方面，更臻理想，新版本取得英國Walker出版社的授權，採用Inga Moore的優美插畫，帶給讀者兼具藝術性與文學性的閱讀感受。

此外，《國語日報》自一九九五年舉行的兒童文學獎項「牧笛獎」，也是出版品的重點書系。今年邁入第十屆的牧笛獎，從原來兩年一次的「圖畫故事」與「童話」徵選，精實為一年一次，專注發掘、培育國內童話人才，十餘年來，如林世仁、賴曉珍、岑澎維、王文華、林哲璋等曾參與牧笛獎的新銳作家，都已成為備受矚目的兒少創作者。

然而，面對整體出版環境的日益艱困，和國內少子化帶來的市場衝擊，《國語日報》儘管一步一腳印的踏實繼續前進，卻不諱言，仍有相當多層面需要家長、教師等共同為兒童文學費心經營、用心以待的。

黃莉貞認為，台灣兒童文學市場最欠缺的，是「引導者」的角色，這個引導者可能是父母，可能是故事媽媽，也可能是創作者本身，擔負起帶領孩子走入文字閱讀世界的任務，「我們常遇到家長說，為什麼不出一些小孩自己就會主動看的，或是多出些親職品德教育的書？但我想的是，現在小孩誰不愛吃麥當勞？可是如果你天天只給他吃麥當勞，他就會被限制在一個範圍內；加上孩子從小習慣電腦互動光碟這類主動出擊的東西引導，就無從讓文字帶著他的想像力有所延伸，也會造成胃口偏食。而家長若自己都不愛閱讀了，跳過自己引導孩子的階段，又怎能幫孩子選書？親子共讀的經驗也就更少了。」

至於少子化和市場窄化的必然現象，因應之道唯有秉持出版原則，持續推出好作品。「兒童文學的出版原則，就是『貼近孩子』。你看這些五〇、六〇年代的前輩做兒童文學，引進經典，就是從這方面去想。在細節的掌握上如何更具親和力，讓孩子感覺親切，這是做兒童文學隨時受用的基礎」，黃莉貞道。

永續經營「國語日報精神」

《國語日報》自創社以來，歷經何容、洪炎秋、何凡、林良等前輩努力，有了今天枝繁葉茂的壯闊風景。如今的《國語日報》，在編輯部和出版部之外，尚有自七〇年代便以前瞻視野陸續成立的語文中心和文化中心，從校園外為孩童帶來多元、鮮活的不同領域學習經驗。

馮季眉回憶早年與前輩共事的經驗，語帶緬懷地表示，何容、何凡、林良等前輩豐富的文化學養、嚴謹和高度自我要求的工作態度，都為《國語日報》留下了重要且永續的典範。她回憶主編「家庭版」時期，家庭版專欄「茶話」和「夜窗隨筆」的作者林良（子敏），不僅平素與下屬相處毫無長官身段，面對撰稿工作總是非常有紀律，永遠準時交稿，即使出差或出國，也必定預先備好存稿。前輩的編輯態度之嚴謹，「看稿子沒改個三、五遍是不會發稿的……一字一句都不苟且」，然而，從編者轉換為作者，不但寫得一手簡練的白話文，還展現常人不及的輕鬆幽默；外表嚴肅、不苟言笑的何凡，卻能為沒有對白的漫畫「小亨利」編出幽默的對白。馮季眉笑道，當時身為編輯，最大的快樂就是像讀者一樣期待他們的稿件。

置身於「歷史」中從事出版與媒體工作，承襲前人傳統之餘也得面對創新和與時俱進的挑戰，馮季眉坦言，如何擦亮老字號招牌，是同仁經常討論的問題，「第一，把現有的照顧好、做得更好，例如報紙還是要追求精緻化與影響力，最近我們就在討論印刷改革和視覺呈現如何更好。在〈語文／文化中心〉課程部分，除了原本很成功的作文班、科學班，也積極思考還能提供孩子哪些市場欠缺的學習領域。至於出版部分，報紙和出版都在醞釀數位產品的研發。」

這座走過一甲子的大寶庫，看來仍將在編輯們的努力下，展現出寶石不同切面的煥新燦亮光芒，也令人期待《國語日報》在教育和兒童文學的路上，持續走得穩健，以嘉惠更多台灣的莘莘學子。

註：參考《國語日報》企畫部主任蔡惠光於一九九八年所整理之出版部歷史，資料引自國立台東大學兒童文學研究所林哲瑋碩士論文〈國語日報的歷史書寫〉，二〇〇六。

（原發表於二〇一一年十月《文訊》三一二期）

那些年，閱讀的重量

回顧「出版家」與《愛書人》

◎張耀仁（作家、大學講師）

書目型雜誌：從《出版家雜誌》談起

而今，老一輩的讀者大多將「出版家文化事業有限公司」（以下簡稱「出版家」）和《愛書人》作一聯想，以為「出版家」也就是《愛書人》，反之亦然。然而事實上，《愛書人》自一九七九年九月一日即從「出版家」獨立出來，創立了「愛書人文化事業有限公司」（以下簡稱「愛書人」），並於當天舉行「獨立誌慶酒會」，唯因總經理係由「出版家」董事長林賢儒出任，故「愛書人」仍屬「出版家」的關係企業，也難怪兩者經常被混為一談。

「所謂《出版家雜誌》，當初的命名，乃是翻譯自國外同類型的雜誌名稱而來。」曾經共同參與創辦《出版家雜誌》，現任台灣師範大學台灣史研究所副教授蔡錦堂說，當

《愛書人》舉辦讀者活動，請來導演梁修身抽獎。右一王國華，右二林賢儒。（陳銘磻提供）

林賢儒

海洋學院畢業，與王希平、王國華、蔡錦堂等人創辦《出版家雜誌》與《愛書人》。現任《愛書人》雜誌發行人、知識關懷協會祕書長。

王國華

海洋學院畢業，與王希平、林賢儒、蔡錦堂等人創辦《出版家雜誌》、《愛書人》與出版家文化公司。

《生命之歌》曾創下200萬本銷售量。（國家圖書館提供）

年他與王國華、王希平以及林賢儒等乃是海洋學院（現改制為海洋大學）前後期學長、學弟，因為對於美術設計深感興趣，逢年過節總會由王國華發起，製作一些小卡片販售給同學，「『業績』還算不錯，於是大家就開始有了更多的想法，其中，林賢儒的點子最多，所以他就提議也許可以來辦一本雜誌。」於是，《出版家雜誌》就在這樣的因緣際會之下創刊了。

「事實上，早於高中畢業前一年時，我就已經開始創辦文學雜誌《鳳凰》了。」林賢儒說，當時為了學習編輯流程，他特別去印刷廠學檢字、印刷技術等，「當時候美國新聞處圖書館有一兩百種外國雜誌，我經常在那裡翻閱，等於是自學編輯雜誌的概念。」倡議創辦《出版家雜誌》的核心人物林賢儒說，他自高中起就對出版產業很有興趣，可惜的是，當時國內並無相關科系能夠讓他就讀。於是高中畢業後，他並未繼續升學，而是直到接獲兵單，這才參加大學聯考，「當時台大錄取分數是三百九十分，我考了三百九十一分，但我還是苦無科系可讀。」林賢儒說，他後來選擇海洋學院就讀，是因為聽別人說「不用上課」，也由於選讀海洋學院，他認識了學長王希平、王國華，「當時我們想辦的是《出版情報》，不過因為第四個字是報紙的『報』，所以相關單位不肯讓我們登記，於是臨時改成《出版家雜誌》。」林賢儒說：「無論是後來的《愛書人》雜誌或《出版家雜誌》，這些名詞在當時都是沒有人使用的，是由我們所創。」

初期，《出版家雜誌》是十七．五公分乘九．八公分、僅有四十頁左右的「輕薄」開本，蔡錦堂說，一九七三年三月二十九日試刊的第零期封面上有一顆「蛋」，「是摘自國外的某個雜誌或廣告，主要是因為當時還沒有著作權概念，所以就借用了國外的圖檔。」事實上，這樣的情形在台灣早年尚未頒訂智慧財產權法時，比比皆是。蔡錦堂說，初始《出版家雜誌》係一書目型雜誌，反觀同時期赫赫有名的《書評書目》[1]則兼顧了書評與書目兩者。「我當時並不看好《出版家雜誌》，是因為讀者購買書目的動機未必強烈，反而書評較有人閱讀。」蔡錦堂提到，當年為了編纂書目，曾聘請中央圖書館台灣分館的館員薛茂松（按：後來自國立台中圖書館館長退休）、張錦郎（按：國內著名圖書學專家，自國家圖書館編纂退休）提供訊息。

對此，林賢儒表示：「《出版家雜誌》的創刊，其實是為了想要替出版界服務，亦即將出版訊息傳播出去，但我們太過於理想化了，企圖將任何一種新出版的書目收錄進來，於是花了很多時間去跟出版社溝通、索取書目。」林賢儒說，當年向出版社接洽書目耗時費力，而今看來都是無彩青春，雖然創刊沒多久就意識到此一問題，但卻不知從何改起，直到日後創辦《愛書人》雜誌，這才擇一介紹，不再是全面的收錄。在試刊號裡，《出版家雜誌》發表〈致出版界的公開信〉指出：「基於年輕人服務之熱忱，我們創辦《出版家雜誌》，就是為了協助改善這種不景氣的現象，一方面鼓勵多買好書，一方面期待多出好書，共同為出版界的繁榮盡一份最大的心力。」

林賢儒說，當年出刊份數曾達一萬二千多份，影響力頗驚人，而《愛書人》雜誌更曾高達十四餘萬份（按：另一說高達二十萬份），其中由兩本雜誌所發起的「書獃子俱樂部」，很快就匯聚了五千餘人會員，顯見兩本雜誌的傳播效力是受到肯定的。之後，林賢儒必須上船出海實習，在臨去前，他將《出版家雜誌》授權給王國華全權管理，由其掛名總經理兼社長。在王氏手中，《出版家雜誌》變厚，使得印製的成本增加，最終成為了難以承受的負擔，對此，王國華表示：「頁數之所以增加，起因於主編陳中雄將之『膨脹』。」於是，《出版家雜誌》在財力不支下，於一九七七年六月停刊，共發行五十八期。

「從創辦雜誌起家，進而創設出版社，這是當年有志於從事此行業者的慣用模式。」現為遠流出版公司發行人王榮文表示，《出版家雜誌》在他當年看來，「有一種特別的抱負。是年輕人在當時那一出版草創時期，所懷抱的年輕夢想。」王榮文說，由於他與王國華等人年紀相近，又都從事出版業，故經常往來密切，「那是一個美好的閱讀年代。」同是《出版家雜誌》核心人物之一的王國華也認為，當年從事出版工作以《出版家雜誌》時期最值得懷念，「事實上，我們後來出版書籍等等作為，都是為了支撐《出版家雜誌》能夠繼續運作下去」。

儘管蔡錦堂提及《出版家雜誌》創刊伊始，並非從文史收藏的角度出發，而是更接近廣告促銷的性質；但綜觀自第四二期起，《出版家雜誌》頁數增加，製作專題諸如「台灣本土文學的抬頭」、「大眾傳播對出版業的影響」、「封面設計面面觀」等，皆可看出

《出版家雜誌》除了介紹書目之外，也留下不少迄今仍具參考價值的出版史料與文獻。

生命之歌：成立出版家公司

出版家文化事業有限公司的成立，約莫始於一九七六年初，出版家叢書已開始推出。林賢儒表示，當時由於拉廣告不易，為了雜誌的生存，在他跑船的那段期間，王國華正式推出出版項目，亦即從雜誌出刊邁入出版領域。提到出版品中最暢銷的作品，林賢儒、王國華及蔡錦堂三人不約而同提及：一九七九年由綠君主編的《生命之歌》。「那本書賣了二百萬本！」林賢儒說，《生命之歌》符合了行銷學裡的市場原則，因而獲得閱聽眾共鳴與肯定。「雖然當時是由我主編，但每個人都在裡頭付出了心力。」王國華說，當時他在每一頁加上網底，由於是新形式，引起很大的共鳴。《生命之歌》這本書並非我們所熟知的杏林子之書，「是改寫自日本勵志書籍，以及其他雜誌而來的作品集。」蔡錦堂回憶道。由於太過於風行，導致日後不少書籍都借用了此名，也讓「出版家」得以在市場生存下去。因而遠流發行人王榮文特別稱許「出版家」的行銷能力，尤其是林賢儒因為叔叔從事廣告業，因此很早就具備了行銷概念，「我還曾經找過他來擔任出版顧問。」王榮文說。

《生命之歌》獲得閱聽眾青睞後，「出版家」再推出食譜，包括波多野須美《中國菜》（一九八〇）以及顧中正《中國點心》（一九八〇），銷售業績甚佳。時任副總經理的蔡錦堂說，「因為我們沒有豐厚的資金，所以出版取向多以『能賣得動』為主，通常是外面的翻譯社譯好稿件送過來，經評估後，再由我們加以編輯、潤飾。」其中，從目前可搜尋到的資料顯示，自一九七六年迄一九八三年間，「出版家」共出版了一百三十餘冊書，唯多數皆屬軟性作品，諸如《美容的指壓法》、《檸檬美容健康法》等，有關人文或嚴肅的作品可謂少之又少，而其出版品種類繁雜，或有勵志書籍、或有食譜以及民間傳說等，顯示「出版家」並無強力促銷的主要書系。

「回想起來，我們其實並沒有在文化上做出什麼貢獻，出版的書籍有的帶有投機性質，有的又太枯燥，並無明確的出版方針。」王國華說。此一說法與

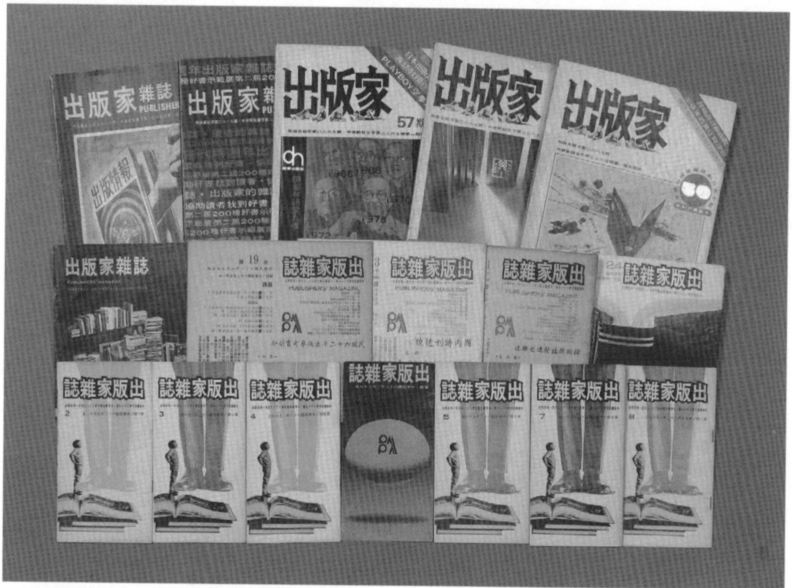

《出版家雜誌》創刊宗旨是為了替出版界服務。

蔡錦堂的觀察「如出一轍」，在求「生存」都不那麼容易的情況下，「出版家」並無具體規畫可言，更無所謂的出版策略，「沒有什麼值得重視的書籍，也許是因為我們訴求的客群多以一般讀者為主吧。」蔡錦堂指出許多出版社當年只求「活下來」，所以哪裡有市場就往哪裡去，如果依照銷售量來看，當時銷路最好的出版社乃是遠景，而純文學出版社則最具有理想性。

對於「出版家」的行銷方針出力甚多的林賢儒，指出一個出版品要能獲得成功，起碼必須具備產品（product）、價格（price）、通路（place）、推廣（promotion）、定位（positioning）的五P行銷力。儘管

出版家堅持購買原版版權出版的20冊「世界博物館全集」。（國家圖書館提供）

出版家靠著翻譯日本的出版品而獲得不少利潤，但他以及蔡錦堂皆談到當年「出版家」結束營業的狀況，「主因其實也不只是套書賣量不佳，而是許多因素匯集在一起所致。」林賢儒說，當時由日本講談社所授權的「世界博物館全集」共二十冊，在當時大多數的翻譯書皆屬盜版之作的情況下，「出版家」卻堅持購買原版版權，除了高額版權費外，又因為原版購買，必須額外聘請日文翻譯與中文潤飾，等到翻譯完成後，又聘請大專院校教授進行編審，「但實際上作用有限，主要的功能反而只是讓那些教授掛名背書而已。」蔡錦堂說，再加上聘請行銷人員促銷此書，終究在耗費了太多資金之後，「出版家」於一九八四年結束營業，走入歷史。

理想中的愛書人：從《愛書人》雜誌到愛書人公司

在第一〇〇期的《愛書人》雜誌裡，時年三十八歲的主編陳銘磻面對記者提問指出：「理想中的《愛書人》……它是無所不包，舉凡文學、藝術、新聞、讀書等都是它能呈現的，我願意它成為一個有『礦山』之深奧的刊物……」由此，可知《愛書人》雜誌當初創刊的宗旨在於：「囊括所有愛書的有關者，包括作者、出書的人、讀者等，」陳銘磻回憶道：「這個刊名一如它的母公司『出版家』，都不是經過算命來的，純粹是從愛書、讀書、寫書的角度出發。」

基本上，一九七五年一月創刊的《愛書人》，其出刊時間與《出版家雜誌》有其重疊之處。對此，王國華指出，當初創辦《愛書人》雜誌係為了聯繫讀者之用，「因為寄一封信需要一塊錢，但如果是印刷品的話，只要一毛錢，所以《愛書人》雜誌的功能其實是為了方便聯繫。」儘管王國華認為《愛書人》雜誌的意義不大，且蔡錦堂也直指該刊不過是「出版家」的一份「DM」（direct mail advertising，即郵寄宣傳品之意），但自一九七七年六月封德屏接任《愛書人》雜誌第三、四版編輯，以及一九七七年九月陳銘磻接任主編後，該刊的內容與先前已不可同日而語，尤其當年兩大報（中國時報、聯合報）副刊競爭白熱化，副刊主編可謂「王不見王」，陳銘磻竟能將兩人對於副刊的看法並列，編輯成近乎座談形式的對話，除了當時傳為美談之外，該資料迄今於探析副刊研究上仍有其重要參考價值[2]。

自創刊以來，《愛書人》雜誌所秉持的精神，即是《出版家雜誌》封面上所標示：「讀者的雜誌。作者的雜誌。出版家的雜誌。雜誌中的雜誌。」《愛書人》雜誌固然只是一份報紙型刊物，但藉由陳銘磻與封德屏的編輯長才，《愛書人》雜誌不單網羅了諸多學者、作家撰稿，也規畫了數種專題，包括提倡報導文學、發掘日本殖民時期作家、票選十大好書、探討出版法規等，不少資料迄今仍具參考價值，使其擺脫純粹作為廣告效用的「機關刊物」，增添其存在的意義。

也因為《愛書人》早期係「出版家」旗下的刊物，故與《出版家雜誌》有部分內容性質相似，例如「書獃子俱樂部」、「美國十大暢銷小說」等專題，唯獨開本不同，《出版家雜誌》後期自第二十一期起，係十六開本，每期約三十頁；自第四十二期起，每期從六十餘頁擴增至一百餘頁。而《愛書人》則以報紙的形式出刊，每期一大張，共四個版。在出刊時程上，《出版家雜誌》由半月刊改為月刊；《愛書人》雜誌由半月刊改為旬刊，最終改為月刊。創刊初期，《愛書人》與《出版家雜誌》在出版日期上有所交集，待後者停刊後，「出版家」即全力發展《愛書人》雜誌，尤其在陳銘磻、封德屏的企畫下，使得該刊於一九七〇年代頗受注目，不少出版社起而效尤，例如成文出版社於一九七七年七月創辦《出版與研究》半月刊，初始也是採二大張的報紙形式出刊，迄一九七八年八月遂改成16開本發行。

曾任職《愛書人》雜誌編輯的游淑靜在報導〈愛書人文化事業公司〉一文寫道：「除了報導出版、藝文、讀書的消息外，主要是作為『出版家』的一份宣傳媒介，發行量非常大，十萬、五萬不等……」[3]對此，陳銘磻表示當時最高發行量曾達一期二十萬份，數量甚為驚人，即使置於現今的出版環境，仍難與之相比擬。因而游淑靜認為該刊與《書評書目》、《出版與研究》三強鼎立，成為當年溝通出版界與讀者之間的重要橋樑。

唯現任《文訊》雜誌總編輯封德屏表示，「《愛書人》並沒有打算與《書評書目》競爭，自創設伊始，即朝『小而美』的編輯方向進行。」目前一面教授作文一面寫作的陳銘磻則分析指出：「《書評書目》走的是學術、嚴肅的路，《出版與研究》則是走探討出版、學術研究的路，《愛書人》一直願意走無所不包的路，因為愛書人單以字面看，

陳銘磻在《愛書人》將兩大報副刊主編瘂弦與高信疆的看法編輯成紙上對談。

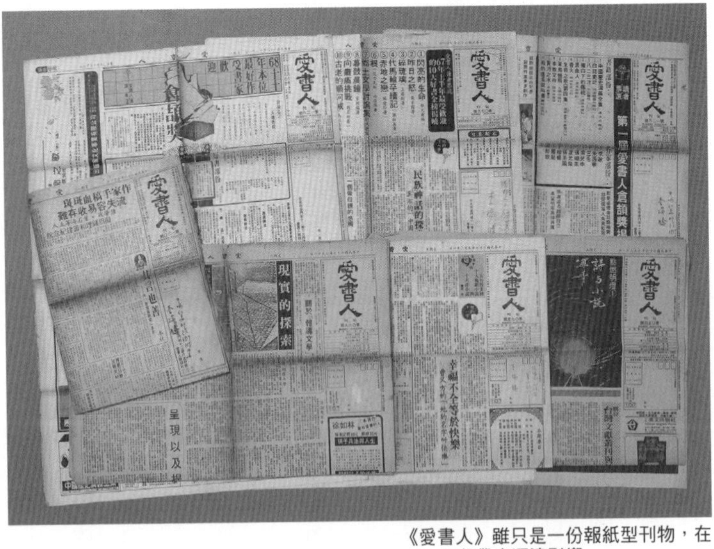

《愛書人》雖只是一份報紙型刊物，在1970年代帶來深遠影響。

它應當是『愛書』、『書』、『愛書的人』皆可包容。」而曾經主編《書評書目》五年（一九七二至一九七七年）的隱地表示，《書評書目》認為良性批評能夠帶來良性的文化，勇於挑戰主流作家，故在書評部分用力忒深，用字遣詞難免較為尖銳，而《愛書人》則採取「循循善誘」的方式，無論大小出版社皆納入介紹的範疇之中，讓讀者能夠獲知出版社的消息，言語上因而較為溫和。

對照《愛書人》的版面規畫，第一版多報導時下出版新聞，第二版則製作專題，第三版則為書介與專欄，第四版以書評為主，其中，第一、二版由陳銘磻負責，第三、四版則由封德屏主編，兩人的合作使得《愛書人》確實「愛書」、「寫書」也「讀書」。此外，該刊更於一九七七年十一月一日第五十五期舉辦「愛書人文藝創作獎」，旨在鼓勵年輕朋友讀書之餘亦能提筆創作，分成創作類與讀書類，創作類再區分為小說、散文、報導文學三組，讀書類則有讀書心得一組，日後並且將得獎作品收錄出版，雖作品規模不若兩大報文學獎，但就一媒體而言，《愛書人》此舉已透露其重視人文的態度。

此外，一九七九年十二月十一日舉辦票選十大好書、十大最受歡迎的作家，名之為「倉頡獎」，計有《八二三注》、《傳統下的獨白》、《賣血人》等書獲選，另有作家李敖、朱西甯、余光中等人獲選最受歡迎作家。此舉在當時媒體仍不時興票選十大好書的運作下，近乎「先知」，也讓陳銘磻格外興奮，「那時候還由主編吳梅嵩親自雕刻獎座贈予得獎者，頒獎當天就好像一年一度的作家朋友聚會。」陳銘磻回憶起這一令自己印象深刻的事，眼瞳閃著青春的悸動，好似重返那美好的閱讀年代。

而比陳銘磻更早進入《愛書人》參與編務的封德屏，認為《愛書人》對她最大的影響，在於使她開始與作家、文壇有較深的接觸，且建立起對文學史料的認知：「那幾年的編輯經驗，其實是在為往後的編輯工作打底，尤其是專訪技巧的養成。」封德屏說，她最早認識的幾位作者，包括心岱、桂文亞、吳念真、李瑞騰、陳信元、龔鵬程、渡也等，都是從《愛書人》開設專欄而來的，特別是她採訪吳念真時，「聽了他的成長故事，眼淚流個不停……」此事迄今仍令陳銘磻印象深刻，也是封德屏早年難忘的一次訪談經驗。

封德屏說，當時很認真、很投入《愛書人》，像是介紹台北市重要的圖書館、文學界裡資深或新秀編輯及作家等，經此一過程，她與大量的作家有了往來，也更留心相關的文學資訊，凡此成為她日後轉任《文訊》的「資產」，讓她得以在短時間內很快就上手。封德屏說，當時《愛書人》人手有限，只有一個美工負責打字並貼版，她與陳銘磻各負責二個版，「那個時候負責中文打字的同事，常常會跟我們聊哪一篇作品寫得好，哪一篇讓她最有共鳴，」她說：「那真是一個閱讀的時代啊。」

封德屏回憶因為《愛書人》的訓練，使得她的第一篇訪談張秀亞的作品刊登於《幼獅文藝》上，之後又以「施琴琴」為筆名，在《書評書目》訪談新聞學者王洪鈞談兩大報副刊，凡此，她認為，《愛書人》是她當年投身出版業的「基地」，本身的商業氣息其實是很單薄的。「王國華、林賢儒他們幾位都不是生意人，和他們共事，感覺又像朋友又像上司下屬的關係，現在已經很難再找到那樣的情誼了。」

閱讀的重量：告別《愛書人》與「出版家」

報紙型的雜誌《愛書人》，由於最初隸屬於「出版家」，即使日後獨立改組為「愛書人」旗下的出版刊物，卻因為「出版家」的管理階層仍任職其中，故經常被讀者聯想為「出版家」的相關企業。「但其實後來《愛書人》根本就是自己發行，甚至自己出書，不再依賴『出版家』了。」陳銘磻說，《愛書人》與「出版家」的關係，是早期許多出版社慣用的運作模式，即出版社底下設有雜誌刊物，而後雜誌刊物壯大再「獨立」運作，故雖名之為「獨立」，但以《愛書人》為例，改組前僅設有編輯部，並無發行與經銷管道，舉凡雜誌寄發、出刊等事宜皆需經由「出版家」之手，直到一九七九年九月改組後，發行與經銷才由自己接手，「說穿了，也就是讓你自生自滅！」陳銘磻苦笑道。

最終，在受到「出版家」太多外力干涉的情況下，陳銘磻決定將發行權交還給「出版家」，於一九八二年十一月十五日第一七九期宣布停刊。後《愛書人》改由林賢儒經營，對此，林賢儒表示，他自一九八三年離開「出版家」，隔年「出版家」結束營業，「我跟陳銘磻說，我現在什麼都沒有了，《愛書人》由我來經營好吧？」林賢儒說，目前他將《愛書人》雜誌改成公司，按照他的理想繼續執行，「我會讓它成為業界共同的東西。」

正因為如此，《愛書人》的問世與結束，恰表徵了一個「閱讀時代」的高峰與下坡，也暗示從關注現實、強調鄉土的七〇年代過渡至講求商業、著眼都會的八〇年代之文學思潮，即楊照所言：「七〇年代的文學……一方面熱烈辯談追索新意義，另一方面建立自己菁英的高蹈地位……等到八〇年代現實超越了舊意義架構，找到真正相應的資本及官僚論述，知識分子也就被拋擲進了不再受到重視的冷宮裡了。」[4]七〇年代的知識狂飆是對時局的反動，七〇年代的出版繁興也說明了知識分子與民間期待改革的渴望。迄八〇年代後，菁英逐漸退位，自然也就漸漸不再那麼需要書目或書評類型的雜誌了。

誠然，以《出版家雜誌》、《愛書人》的停刊，來比喻當時的閱讀起伏未免有失偏頗，但從《出版與研究》於一九七九年停刊、《書評書目》於一九八一年停刊，皆可從中窺見閱讀的年代不再，在七〇年代歷經鄉土文學

羅蘭（右二）手抱「倉頡獎」與丹扉（左二）攝於頒獎會場耕莘文教院。（陳銘磻提供）

論戰、美麗島事件之後，台灣社會及經濟如何回應文化此一命題，也指出八〇年代走入解嚴前，搖擺於商業與人文的左支右絀，其截然不同於《出版家雜誌》與《愛書人》雜誌彼一時期風起雲湧的出版盛況，這或許是解嚴前夕島國的不確定與認同的再確立。

林賢儒提到，當年他進入出版這個行業時，曾懇請他的叔叔擔任發行人，他叔叔點頭答應，但要求他應允一件事：「你要承諾終生不能辜負你的夥伴。」林賢儒說，當年大家都是一起往前走的同學、朋友以及夥伴，他由衷地感謝和他一同走過彼時的共事者，無論成果是美好或苦澀，那艱辛的仗他們已經打過，儘管他仍然不放棄要說服任何一個人，出版對於一個國家是何其重要的事。

至於《愛書人》雜誌，游淑靜在當年的報導中，指出該刊自一九八〇年十月從旬刊改為

陳銘磻（二排坐左一）與《愛書人》雜誌同仁和吳念真（前排中）到台中拜訪洪醒夫（二排坐右一），這是洪醒夫生前最後一張相片。（陳銘磻提供）

月刊，在雜誌的內容上並無增加，但每兩個月出版一本別冊，以及每年出版一本《愛書人年鑑手冊》贈送給讀者，「等於把愛書人的內容轉化為手冊與別冊，變成獨立主題的小書……內容非常充實，不僅是每個愛書人必備的工具書，也易於流傳與保存……」游淑靜寫道：「在這個繁忙的時代，消遣刊物一枝獨秀的情況下，《愛書人》仍擇善固執，一本溝通讀者、書籍的初衷，為文化而努力，雖然很艱苦，卻充滿朝氣與活力，昂揚邁進。」[5]

陳銘磻提及，後來在許多場合，經常有年輕的讀者跑來對他說：「我從小就是看《愛書人》長大的。」那興奮的語氣，令他彷彿又回到從前的年歲裡，在那些日子裡，無人知曉日後將會走向哪一人生際遇，唯獨能夠確定的是「文學靜好」。誠如那麼多年以後，訪談的同時，彷彿又看見了當年「額頭都是透明放光的」（鍾阿城語）他們，在歷史的現場，幾位年輕人懷著各自的理想，在「出版家」共事，他們目睹了一場文學的盛宴，在那其中，有快樂、有悲傷也有奮起，無論如何，最終留下這一落一落的《出版家雜誌》與《愛書人》，它們斑駁泛黃，曾經被數十幾萬雙手觸摸，而今靜靜安置於角落裡，等待有心人的探究與挖掘，一如封德屏所言：「希望它們可以長久留在《文訊》這裡，畢竟，它們擁有我們共同的回憶。」

其實一直一直以來，它們都深深留在我們共同的心底——愛書、讀書，以及寫書。

註釋

1.《書評書目》於一九七二年九月一日創刊，由洪建全教育文化基金會發行，標榜「將以三分之二的篇幅刊載書評，其餘的刊登書目」，參見本社，〈發刊詞〉，《書評書目》第一期（一九七二年九月），頁四。楊照稱其為七〇年代「批評界的龍頭」，參見楊照，《霧與畫：戰後台灣文學史散論》（台北：麥田出版，二〇一〇年初版），頁五五六。《書評書目》創刊初期為雙月刊，自一九七四年一月第九期起改為月刊，迄一九八一年九月第一〇〇期停刊。其間，一九七七年曾獲第一屆國家文藝基金會「優良文藝雜誌甲等獎」、一九七九年獲行政院新聞局「雜誌金鼎獎」，參見顏國民，〈編後語：新校再版二三事〉，收於徐月娟、孫麗娟、吳素秋主編，《書評書目分類總目作者索引》（台北：財團法人洪建全教育文化基金會，一九八六年初版），頁三六。相關學位論文參見黃盈雰，〈《書評書目》雜誌之研究〉（台北市立師範學院應用語言文學研究所碩士論文，二〇〇一年六月）。

2.陳銘磻、吳梅嵩、游淑靜、林麗貞、羅緗綸，〈一個概念的兩面觀：概念——副刊編輯；兩面觀——人間副刊主編高上秦，聯合副刊主編瘂弦〉，《愛書人》第一二七期（一九七九年十二月十一日），專輯／專題、學術／書介版（第二—三版）。

3.游淑靜，〈愛書人文化事業公司〉，收於游淑靜等著，《出版社傳奇》（台北：爾雅出版社，一九八一年初版），頁七一。

4.楊照，〈發現「中國」〉，《中國時報》（一九九三年七月二十日），第二七版。

5.同註三，頁七三。

（原發表於二〇一二年一月《文訊》三一五期）

百年老招牌，照亮人間路

瑞成書局的故事

◎顧敏耀（台灣文學館副研究員）

一九一二年，歐洲發生此起彼落的罷工潮，巴爾幹同盟與奧斯曼土耳其帝國戰得天昏地暗，全球最大的豪華客輪鐵達尼號在大西洋撞擊冰山而沉沒；滿清帝國末代皇帝退位，袁世凱就任中華民國首任總統；日本明治天皇病逝，大正天皇繼位[1]；台灣總督佐久間左馬太則如火如荼的對山地原住民部落進行討伐，林圯埔（今南投竹山）與大埤頭（今雲林大埤）更先後發生抗官民變[2]。

就在這一年，中國的上海有陸費逵等創辦了知名的「中華書局」，台灣的台中也有許克綏創立了「瑞成書局」。兩者迄今都屹立不搖，枝繁葉茂，踏入第一百零一個年頭。

散播漢文的種子

許克綏（一八九二～一九八三）出身於今彰化線西的農家。父許守智，母謝碟。因為

許克綏

祖籍福建泉州，1892年生於彰化縣線西鄉，1983年過世，享年91歲。1912年於台中創辦瑞成書局。（瑞成書局提供）

1928年，許克綏承租成功路市營店舖，將綠川東街的書局搬遷至此；綠川東街店面出租給別人當旅社。左方可看到掛著瑞成書局招牌。（瑞成書局提供）

家境貧寒，斷斷續續的在傳統書房（台語稱「漢學仔」）讀了幾年的書，後來就返家幫忙耕種，從小養成吃苦耐勞、樸實勤儉的習慣。

一九〇九年與蕭玉結婚，繼而前往中寮糖廠做工，再到牧場割草、除牛糞、送牛乳，當時每個月的工資四元，悉數拿給父母貼補家用。接著先後到台中第一市場的種子店當學徒、到雜貨店工作，學會了關於種子販售以及商業經營等多方面的專業技能。

一九一二年許克綏準備自行創業，回想四年來的工作經歷：牧場要有大片土地、大量人力，資金沒有很雄厚不行；雜貨店也需要一間店面，以及批進形形色色的商品，資本同樣要不少。因為當時手中只有四十元的本錢，所以最後決定在第一市場裡擺個小攤位賣種子就好，於是創立了「瑞成種子店」。

當時台中沒有種子批發商，需要前往今之彰化市批貨。由於搭乘火車來回就要票價六．六角，為了省下這筆費用，許克綏在下午收攤之後，自己用扁擔挑著籮筐，步行往來彰化市批貨。此外，因為種子店需配合耕種季節，一年只有秋冬兩季有生意，所以也兼做建築小工以維持生計，又兼賣瓷器、五金與各種通俗的漢文書籍。同年，在種子店旁創立了「瑞成書局」。

夫妻二人胼手胝足，認真奮鬥，而且誠懇待人，童叟無欺，把商店經營得有聲有色。期間因為生意太好，還遭到某家種子店妒忌，冒其名向日本訂購大批冷門的菜籽，後來由仲裁機構核對筆跡，才沒有蒙受損失[3]。

關於台灣當時所販售的漢文書籍，連橫曾做以下描述：「台灣僻處海上，書坊極小，所售之書，不過《四子書》、《千家詩》及二三舊小說，即如屈子《楚詞》、龍門《史記》為讀書家不可少之故籍，而走遍全台，無處可買，又何論《七略》所載、《四部》所收也哉？然則欲購書者，須向上海或他處求之，郵匯往來，諸多費事，入關之時又須檢閱，每多紛失，且不知書之美惡，版之精粗，而為坊賈所欺者不少。」

連橫因此自己在一九二七年開設「雅堂書局」，廣泛的向中國首屈一指的出版社如商務印書館、掃葉山房、中華書局、千頃堂等購買各種古籍，「『經』則自皇清經解、十三經注疏以下，『史』則由廿四史、資治通鑑以下，『子』則百子全書以下，『集』則各代都有，『類書』則佩文韻府、淵鑑類函以下，『帖』則漢碑晉帖以下，雖不敢說應有盡有，但大體已略備。」[4] 結果，因為曲高和寡，顧客大多只是翻閱而沒有購買，在一九二九年就結束營業了。

台中的中央書局同樣在一九二七年創辦，雖然一直維持到戰後，不過，曾任總經理的莊垂勝曾表示，當時店內由著名詩人林幼春挑選的古籍也是很難銷出去，黃春成評論說：「對這點中央書局和雅堂書局是同病相憐的！都患著學者病，雅堂先生與幼春先生在當時台灣舊學界裡頭，均有特殊的地位，他以為好的書，可惜普通人多讀不懂的，營商與學問是兩途，現實和理想有時也不會一致，論學問講理想最好離開營利和現實，反句話說：若謀營利與現實，少談理想和學問為宜」[5]。

高度的大眾取向

許克綏在採買書籍的時候，從來沒有這種理想過高而與大部分讀者脫節的現象，反而採取了完全的大眾取向與商業取向。他似乎天生就具有靈敏的市場嗅覺，知道怎樣的書才能賣得最好。黃春成描述日治時期台北漢文書店之販售情況是：「他們除批發演義體的章回小說，和閩南一帶所流行的陳三五娘、雪文思君……『歌仔冊』及山醫命卜相和曆書（原註：曆書是祕密出售的，銷路廣，利潤厚，日人禁止發售），其次就是售于書塾用的三字經、千家詩、千字文、千金譜、百家姓、昔時賢文、朱子家訓、唐詩三百首、古唐詩合解、幼學群芳和瓊林、四書、五經、古文釋義、指南尺牘、秋水軒、隨園尺牘、曾國藩的家書、香草箋、綱鑑易知錄……不外三五十種。」瑞成書局當時販售之品目大致與此相似。

或云許克綏因為具有所謂「民族氣節」，所以才不賣日文書而專賣漢文書。其實，背後真正的原因應該是以下兩點：第一，許克綏未曾就讀於公學校，只有讀過傳統書房，對於日文甚感陌生，遑論挑選日文書籍、與日本當地出版商洽談進貨事宜、與來店購買的日籍讀者對談等，因此才選擇其較為熟悉之漢文書籍來販售。第二，當時已有許多日本書商來台開設日文書店，其中規模最大者要屬村崎長昶（一八七〇～一九五〇）在一八九五年於台北設立的「新高堂書店」[6]，迄一九〇〇年之際，「內地商人開設書店於本島者，統

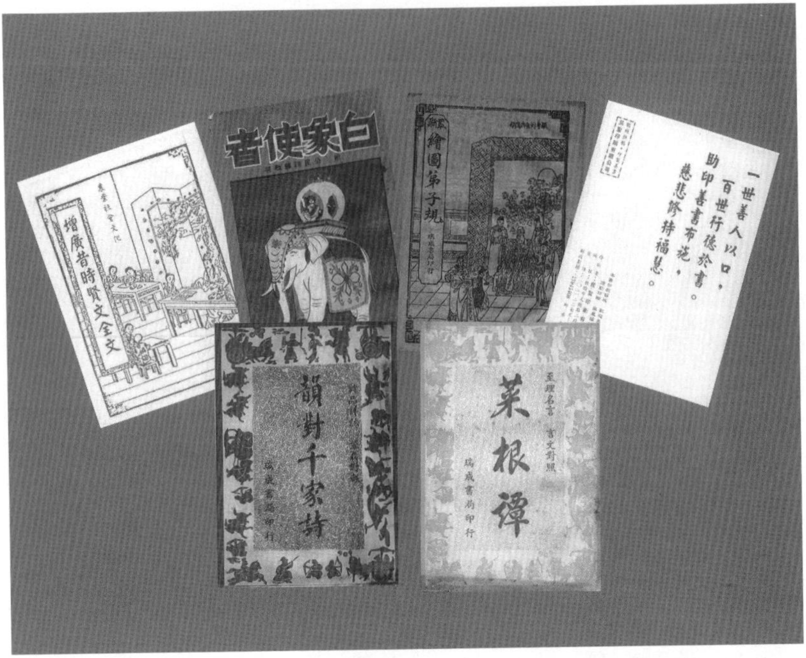

瑞成書局早年出版的歌仔冊。
（瑞成書局提供）

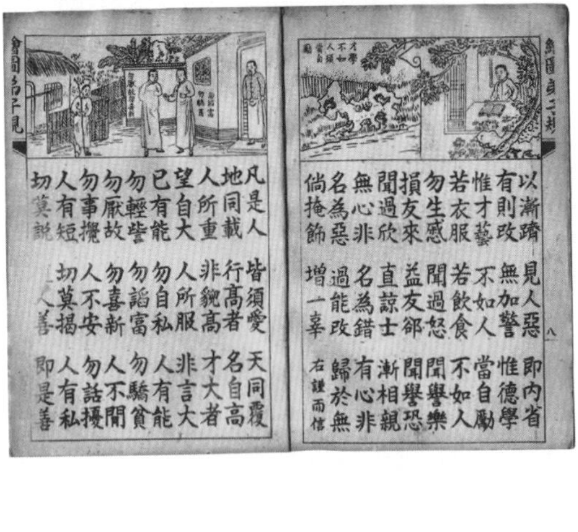

凡是人 皆須愛 天同覆
地同載 行高者 名自高
人所重 非貌高 才大者
望自大 人所服 非言大
已有能 勿自私 人有能
勿輕訾 勿諂富 勿驕貧
勿厭故 勿喜新 人不閒
勿事攪 人不安 勿話擾
人有短 切莫揭 人有私
切莫說 道人善 即是善

以漸躋 見人惡 即內省
有則改 無加警 惟德學
惟才藝 不如人 當自勵
若衣服 若飲食 不如人
勿生慼 聞過怒 聞譽樂
損友來 益友卻 聞譽恐
聞過欣 直諒士 漸相親
無心非 名為錯 有心非
名為惡 過能改 歸於無
倘掩飾 增一辜 右謹而信

八

計諒不下十數處」。爾後日籍書商更共同創立「台灣書籍商組合」[7]，制訂一致的販售規則與價錢，團結一致對外，台中市內在一九三五年時加入該組合的書店就有棚邊書店（全市最大的書店）、大石丸善堂、善光堂、榮山堂書店、育英堂書店等[8]，瑞成書局若要與其競爭，實在是頗有困難。

此外，瑞成書局曾屢次受到日本巡查的搜索與拘留。當時瑞成書局之所以會被取締，可能是販售擇日所用的所謂「通書」之緣故，因為日本當局認為那屬於迷信思想，有礙社會進步，故予以取締。事實上，日警不只查禁有關擇日之書，如《擇日通書》、《萬年曆》、《斷易天機》等，又如小說《大明忠義傳》、《台灣外誌》等有喚起民族意識的書刊亦查禁，政治類如《三民主義》、《建國方略》、《建國大綱》等更在查禁之列。

琳瑯滿目的歌仔冊

許克綏原先是向彰化批發書籍，後來門路熟了，就直接向台北批貨。繼而得知其貨源來自中國的上海，為了降低進貨成本，從一九二一年開始便親自前往這個中國當時的出版中心批發書籍，包括私塾用書、佛經、章回小說等。後來也到福建廈門批購四書五經與佛經。

接著，他也以手工印製描紅簿、《三字經》、《百家姓》等，自印自售，業務遍及全台灣。一九二八年承租成功路的公營店鋪，書店越具規模。一九二九年前後，開始發行歌仔冊，委託「博文社」活字排版印刷。一九三五年許克綏的長子許金波獨自前往中國上海批貨，期間前往杭州遊玩，被中國的警察誤認為是日本奸細，遭受嚴厲的盤查，導致精神有點失常。貨輪停靠福州時，旅客皆下船遊玩，許金波因為言行舉止異常而被船上的服務生阻擋，次日清晨竟然就自行跳入海裡，想要游泳到岸上，結果中途體力不支而溺斃。

一九三二年，許克綏創設了擁有新式配備的「瑞成印刷廠」，從此可以印製自己書店的書，不必再海峽兩岸奔波，也能承印同業間的書，出版事業之堅實基礎就此奠定。

瑞成書局在日治時期先後發行的書籍以「歌仔冊」占大宗，包括一九二九年的《鄭元和三嬌會新歌》等，一九三二年的《最新大舜耕田歌》、《盡忠報國三勇士新歌》、《最新探娘歌》、《最新十二更鼓拾盆牡丹合歌》、《南洋遊歷新歌》、《最新居家必用惜錢歌》等。

一九三三年則出版了《龍頭寶劍新歌》、《最新劉廷英賣身歌》、《最新為夫伸冤歌》、《最新白賊七歌》、《買臣妻迫寫離婚書新歌》、《守己安份新歌》、《最新三十勸娘歌》、《勸改酒色新歌》等。一九三四年繼續出版《專勸少年好子歌》、《愛某賣大燈新歌》、《台灣故事風俗歌》、《三伯探英台新歌》、《先喜後悲勸世新歌》、《國語白話新歌》、《最新人之初歌》等。

從這些歌仔冊的書名可以看得出來，其內容大多從民間傳說、戲曲劇目、歷史故事、社會時事、各地風俗等各方面取材，非常具有多元化的特色，有的勸人為善，有的情節曲折，有的淒婉動人，有的幽默風趣。連橫《雅言》稱此為「彈詞」：「〈孔雀東南飛〉為述事詩，猶今之『彈詞』也。台南有盲女者，挾一月琴，沿街賣唱，其所唱者，為『昭君和番』、『英台留學』、『五娘投荔』，大都男女悲歡離合之事。又有采拾台灣故事，編為歌辭者，如『戴萬生』、『陳守娘』及『民主國』，則西洋之史詩也。今之文學家，如能將此盲詞而擴充之，引導思潮、宣通民意，以普及大眾；其於社會之教育，豈偶然哉！」[9]片岡巖則稱之為「雜念」：「所謂雜念，就是指通常流行的俗謠和情歌而言，因取隨口『哼念』之意，故名『雜念』」[10]，這在當時的台灣非常流行，除了瑞成書局之外，嘉義的玉珍書局、新竹的竹林書局也都曾經大量印行[11]，現今都已成為收藏家視若拱璧之珍寶，亦為台灣民間文學的重要參考文獻。

「心靈、保健、宗教、五術、人文」的專業書店

戰後，許克綏的兒子們開始積極協助瑞成書局的事業。一九五一年，次男許炎墩由日本引進鑄字之設備。一九六五年，五男許炎稜前往日本學習平版印刷技術，獲得專業證照。一九六九年「瑞成鑄字印刷廠」搬入新的廠房，繼而引進海德堡雙色印刷機、四色印刷機等，業績蒸蒸日上，後因許炎稜舉家移民才結束印刷廠的業務。

此外，由於擔任「大成至聖先師奉祀官」孔德成主任祕書的李炳南（一八九一～一九八六）在一九四九年隨著國民黨政權流亡來台，定居台中，在法華寺宣揚其融合佛教

淨土宗與儒教之信仰內容[12]，許克綏在友人朱炎煌介紹下，前往聽講，深感認同，予以大力支持，對於李炳南創辦之「佛教蓮社」、「慈光圖書館」、「慈光育幼院」皆出錢出力，不落人後，一九六〇年獲得蔣介石頒贈「熱心公益」匾額。

瑞成書局由於跟李炳南的這段因緣，前後出版了不少佛教經典，包括《佛說無量壽佛經》、《妙法蓮華經》、《地藏菩薩本願經》、夏蓮居輯《佛說大乘無量壽莊嚴清靜平等覺經會集本》、釋斌宗撰《般若波羅密多心經要釋》、周安士編著《西歸直指》、李炳南編《佛學常識課本》等。

此外，亦能海納百川，兼容並蓄，同時出版了許多道教、一貫道、儒宗神

瑞成書局內部陳設。（顧敏耀攝影）

教以及民間宗教之典籍，包括《地母尊經》、《普度收圓經》、《大聖末劫真經》、《北斗延壽妙經》、《關聖帝君濟世救急文》等。

一九七八年第一市場發生火災，倉庫庫存書籍焚燒一空，各方親友紛紛解囊相助，當時書店負責人許鑽源也以堅強的意志力，度過難關，東山再起。一九八三年瑞成書局創辦人許克綏以九十一歲高齡過世，備極哀榮。一九八七年第一廣場拆除改建成現今的「第一廣場」，書局轉而承租綠川西街店面繼續營業。一九九三年與祥普建設合建於中山公園旁的「環球企業大樓」竣工，隨之喬遷至此，擴大營業迄今。

面對金石堂、敦煌、誠品等大型連鎖書店紛紛成立，瑞成書局先是結合中

瑞成書局現由第三代四兄弟經營，左起許欽熏、許欽鐘、許欽靜、許欽福。（瑞成書局提供）

部二十餘家文具業者在一九九二年成立一家大型批發公司「高得公司」，各種配送業務都採用電腦化處理，管理成本大幅降低，在文具販售這方面的競爭力提昇甚多。其次，則是將本身定位為一家主題書店，專賣「心靈、保健、宗教、五術、人文」五大類書籍與相關用品，包括各種佛教、道教、民間宗教的相關書籍與文物，從神像、字畫、香燭、羅盤、通書、蒲團到居士服等，一應俱全，並且在大樓裡面設置講堂，時常舉辦演講、展覽、禪修班等活動，在全國佛道界享有極高知名度，輒有僧尼以及信徒們前來購買。目前每年的營業額高達八千萬元。

二〇〇五年由台中市長胡志強在書店門口舉行「台灣最老書店」掛牌儀式，賀客盈門。二〇〇七年於高雄左營創立第一家分店，極受南部民眾歡迎。二〇一二年適逢創

瑞成書局門口掛著「台灣最老書店」招牌。
（顧敏耀攝影）

立一百週年，特別斥資百萬聘請陳正勳導演拍攝紀錄片《瑞成書局：種子照亮人間路》，在台中一中康樂館舉行放映會，並捐贈十個公益團體各十萬元，延續一脈相承的熱心公益之企業特色。同時除了台中雙十路的總店，在高雄左營也開設了分店。

目前書店由第三代四兄弟經營，老大許欽鐘擔任董事長，老二許欽熏擔任執行長，老三許欽福擔任總經理，老四許欽靜為主任。許欽福雖然本身的專長是機電製造，先前擔任的是「大門精機公司」創辦人兼董事長，但是作為瑞成書局的第三代，從小耳濡目染，他對於書店經營也有獨到的眼光與心得，具有極高的人文素養，非常有信心讓「瑞成書局」永續經營，使這塊老招牌永遠發光發亮。

註釋

1.沈堅主編《世界文明史年表》（上海：上海古籍出版社，二〇〇〇），頁一二八八—一二九三。

2.張之傑總纂《台灣全記錄》（台北：錦繡出版社，一九九〇），頁一八三—一八五；曹銘宗《台灣史新聞》（台北：貓頭鷹出版公司，二〇一三），頁一六〇—一六一。

3.于凌波〈台灣彰化縣許克綏居士傳〉，《民國佛教居士傳．下冊》（台中：慈光圖書館，二〇〇四），頁六六—七七。

4.春丞〈日據時期之中文書〉，《連雅堂先生相關論著選集》（南投：台灣省文獻委員會，一九九二），頁二二三—五三。

5.同前註，頁三四。

6. 河原功著，莫素微譯《台灣新文學運動的展開：與日本文學的接點》（台北：全華圖書公司，二〇〇四）。
7. 〈翻譯書籍〉，《台灣日日新報》，一九〇〇年一月二十五日，第三版。
8. 金高佐平《大台北民間職業別職員錄》（台北：台北民間職員錄發行所，一九三五），頁七五—七六。
9. 連橫《雅言》（台北：大通書局，一九八七），頁三六。
10. 片岡巖著，陳金田譯《台灣風俗誌》（台北：眾文圖書公司，一九八七），頁二五七。
11. 黃文車〈淺談嘉義老書局〉，《記憶裡的幽香——嘉義蘭記書局史料論文集》（台北：文訊雜誌社，二〇〇七），頁一四二—一四四。
12. 顧敏耀《臺灣古典文學系譜的多元考掘與脈絡重構》（桃園：中央大學中文研究所博士論文，二〇一〇），頁一七七—一七九。

（原發表於二〇一三年九月《文訊》三三五期）

夢想和理想的堅持
第一出版社

◎蔡明原（成功大學台文系博士生）

《新英文法》是許多年輕學子的英語學習良伴，「柯旗化」這三個字也就成為了四五六年級生最為熟悉的名字。他曾經以莫須有的罪名被羅織監禁在火燒島的這段歷史卻是在許久以後才逐漸為人所知，而柯蔡阿李女士、也就是眾人口中親切的「柯媽媽」，在「第一出版社」創立初期所擔負起艱辛又沉重的社務工作並且頂住外人難以想像的壓力，只為了讓出版社可以順利營運直到柯旗化出獄的這段感人故事，讓我們更清楚白色恐怖年代中多少支離破碎家庭無法言喻的痛。

其實柯旗化在一九五一年第一次入獄，某部分原因跟他愛買書愛看書有關係，「有一位好朋友被誣陷是共產黨而被抓走了，經過刑求之後他還是堅持自己的清白。軍法人員就問說有沒有人可以證明你的無辜？結果柯旗化的名字就被說出來了，因為他的品學兼優才足以取信於情治人員。」因此當柯旗化的《唯物辯證法》、《世界大思想全集》等這些被

1976年6月19日柯旗化被釋放，分隔十餘年的夫妻，在高雄火車站前合影。（柯蔡阿李提供，以下同）

柯旗化

筆名明哲，籍貫高雄市，1929年生，2002年過世。師範學院（今台灣師範大學）英語科畢業。曾任中學英語教師、台美文化基金會董事。1958年創辦第一出版社，1986年創辦《台灣文化季刊》。所編寫《新英文法》，銷售超過百萬冊，嘉惠無數學子。文學創作則以詩爲主，兼及小說。著有詩集《鄉土的呼喚》、《母親的悲願》，小說《南國故鄉》，回憶錄《台灣監獄島》，以及《獄中家書——柯旗化坐監書信集》等。（照片由第一出版社提供）

第一出版社成立於1958年。

認為有左傾思想的書籍被搜查出來的時候，等於就給了當時的黨國政府一個可以姿意妄為的理由。第一出版社在一九五八年成立後不到兩三年，柯旗化於一九六一年再次被「請」到派出所協助調查，緊接著被判刑並送往台東、綠島等地拘禁。在這段長達十五年的時間幾乎是柯蔡阿李一人負責所有的事情，她說：「那個時候我要扮演好多角色，要當媽媽也要當爸爸，是出版社的發行人然後又是國小老師。」因為柯旗化被抓走後伴隨而來的恐懼與不確定感，讓柯媽媽不敢貿然辭掉教職專心照顧家庭與出版社，所以即使是蠟燭多頭燒的狀況下仍得咬牙撐住，畢竟如果哪一天出版社被勒令停業，就會失去維持家計的經濟來源了。

不管做什麼事情都要求第一

曾任初中英語教師的柯旗化覺得台灣學生的英文程度普遍不佳，主要原因在於教師的良莠不齊以及教本內容的落伍。所以柯旗化課餘時都在加強、補充最新的英語教學知識，這樣的治學態度讓他得以在三十歲、一般人事業才剛起步的年歲就寫出英文法教材經典、權威的《新英文法》（一九六〇）一書。柯蔡阿李說柯老師曾為人作保而背負了巨額債務，不得已的情況下在家中開設了補習班以期能增加收入趕緊將欠款還清，「補習班學生很多，因為柯老師教出來的學生成績表現都很好，結果欠的錢不久後就還掉了。但是他很辛苦，白天晚上都要上課之外還要自己編寫英語測驗卷，然後再刻鋼板用油印機印出來。」這種日夜辛勞的生活長期下來，柯旗化得了氣管炎。柯蔡阿李說看著他下班後就一刻不得閒地繼續看書刻寫教材，於是建議他不如寫成書出版，這樣也比較輕鬆，柯旗化的回答是寫書哪那麼簡單，得要有相當的功力才行。

但後來總算有了要將英語教學內容撰寫成書的準備，但因出版社尚未成立，所以得先委託其他書局代為出版發行。柯蔡阿李說也許是那時候柯老師太年輕了，一開始合作的書局並沒有照著當初簽訂的契約走，想要更換其他書局卻發現版稅會被壓縮得非常低廉，最後終於決定成立自己的出版社。柯旗化開設的「第一補習班」可以說是「第一出版社」的前身，至於為什麼要以「第一」作為名號呢？柯媽媽說：「柯老師是一個很自信的人，他覺得不管要做什麼事情都要求第一。所以從補習班到後來的出版社就都以『第一』來命名。」原本風評就頗佳的英語學習教材編寫成書出版後果然造成轟動，從創社第一本《初中英語手冊》（一九五八）、《投考高中英文指導》（一九五九）以及在一九六〇年短短一年期間就出版了《初中英文法要訣》、《活頁英文法測驗卷》、《英文單字成語手冊》和《新英文法》共四本書。這些教材相當受到讀者學子的歡迎，結果書的印刷還趕不上銷售的速度。柯媽媽說有些書賣到都絕版了，自己也不知道要保留或是影印幾本起來作為紀念，「像是測驗卷，賣到連一張都不剩。還有讀者專程跑來要買絕版書，我說沒有了，他說想要自己找找看。竟然還真的讓他在書櫃與書櫃的隔縫間找到了好幾本，然後一次全部買走。」柯媽媽所謂的絕版書是柯旗化覺得可以寫出更新版本或者是銷售數字不到一萬本的就應該自我淘汰。可是這些被淘汰的書一年至少都有三千本的銷售數字，也可以算是銷路不錯的了。五〇、六〇年代社會對於著作版權權利的認知不算普及，第一出版社亮眼的銷售成績因此面臨到了層出不窮的盜版事件。這些盜版者有的本身就是從事教職，有幾位竟然還反過來威脅柯旗化。面對這些竊取他人苦心的創作成果的文化賊，柯媽媽說他多半都只是警告罷了，沒有真的訴諸法律去追究。

柯旗化對語言一直保有高度的學習熱誠，學生時代還會自己研究發明出背誦單字的方法跟同學們分享，成績表現在同儕間當然是最為突出的，她說：「柯老師的英語、日語都很好，對英文則是特別有興趣。不過家庭經濟狀況不好、兄弟姊妹又多，所以爸爸打算不讓他繼續升學，好多個人手賺錢養家。只是那幾天柯老師的媽媽半夜起來巡視孩子睡得好不好時，發現他眼睛睜得大大的，而且是連續一個禮拜都這樣。」後來柯旗化的父母親就想說，這個孩子如果不讓他升學會糟糕。剛好那時候國立師範大學（師範學院）剛好在招考英語專修班，在公費就讀不用花錢的考量下就讓他去應考。師大在學期間柯旗化差不多把圖書館裡的不管是英國、美國或日本的英文法書籍都翻遍了，為日後的英語文的教與寫奠定了穩固基礎。

獄中仍編著不輟

很多人都問柯媽媽經歷過、度過柯旗化不在身邊的那段日子，怎麼沒有得憂鬱症？

因為不管是當事人或是家屬，有過白色恐怖經驗的人在精神方面多少都會出些狀況。柯媽媽說可能是自己忙到沒時間憂鬱，畢竟所有的心力都放在三個孩子和第一出版社上了。其實柯媽媽最煩心的是到底要怎樣告訴孩子爸爸為什麼不在身邊？那時候她都說爸爸到美國留學去了，一直到大兒子讀國中後才說明真實狀況。而堅持守住出版社的理由則是：「政治犯出獄後，醫師、律師、教師等工作都不能做，這樣一來柯老師就失業了。所以我一定要把出版社照顧好，讓柯老師回來可以有事情做。我相信他一定很快就回來。」雖然曾經收過一紙勒令《新英文法》停賣的公文，那時候她心裡很直接的想法就是：「糟糕了，一切都完蛋了。」不過後來念頭一轉：「不能賣柯旗化的書就乾脆把這三個字拿掉，替換成『第一出版社編輯部』這幾個字，果然一陣子過後就沒再來找麻煩了。」「我沒有得著憂鬱症，不過『恐懼症』卻是到現在都是有的，偶爾睡醒之後還會感到害怕。」柯媽媽提及那段時間的遭遇，恐懼的是會不會又有情治人員來到家中，尤其是以前的房子都是木造的，門開闔久了其實都無法密合，因此就會看到情報局和警備司令部的人從縫中窺視家裡的動態。後來出版社搬了新家、變成開放式店面，雖然情治人員從此光明正大的進到屋內假意看書或是乾脆就坐了下來，但至少他們會被當成是顧客一樣，不會讓小孩感到害怕。

身陷囹圄的柯旗化仍然是穩定第一出版社發展的力量。他在獄中首先將《新英文法》改訂編著為《新英文法改訂本》，於一九六四年六月出版。同年十一月並出版了《活頁標準英文法測驗卷上、下冊》。《新英文法改訂本》出版後柯旗化仍然覺得有所不足，更費了三年時間參考日本、英國、美國文法書達一百本以上並重新改寫過數次。柯旗化盡量要求內容充實，為讓讀者容易理解，他想辦法把文法規則公式化，在例句上應用句型活用表幫助讀者記憶，透過練習題設法讓讀者能有系統地複習，他以平均五個小時一頁的緩慢速度寫這本書。這本《新英文法．增補改訂版》在一九六七年十二月出版，成為長／暢銷書，暢銷了五十餘年，銷售了兩百多萬本，堪稱是台灣出版界的奇蹟。在一九六八、一九六九年間，《新英文法》的年銷售量突破十萬冊，被譽為中學生人手一冊。接著一九六八年六月《投考大專英語單字發音總整理》出版，一九六九年七月柯旗化第一部小說集《南國故鄉》出版。

細數柯旗化在獄中編著的書籍共有六、七本之多，每一本都是依靠著不厭其煩的信件往返完成的。此外讀者如果有問題來函，柯旗化都會回覆，還公開徵求若能找出新英文法系列書籍的錯字、錯誤就會贈與賞金。每份書稿的校對通常都有四、五次之多。每本書的宣傳稿都是由柯旗化親筆撰寫再寄回出版社處理刊登事宜。除了英語文教材外，柯旗化還規畫了以中高學生、青年為目標族群的「真理文庫」，並且在一九六八年出版《真善美》一書，此外也著眼於醫學、健康知識的重要性策畫了「家庭生活叢書」。

即使是在獄中而且事務如此繁忙的情況下，柯旗化仍然難以忘懷文學夢，他在寫給柯媽媽的信中這樣說：「最近我寫了一部闡述愛與人生真諦的小說《故鄉之歌》，打算整理好後下個月投稿《新生報》。此篇內容我覺得很滿意，不過因為共有二萬字左右，稍嫌長一些，不知道《新生報》要不要。」後來小說確定以〈南國故鄉〉之名刊出。這篇小說的進行與完稿對柯旗化來說是件非常重要的事情，主要有幾個原因：首先是覺得現有的某些小說作品品質良莠不齊，再來也希望可以藉此「讓我們的三個孩子來了解我」，最後是一直想知道「自己究竟能不能成為作家」，因此寫作的過程中柯旗化有著把自己重新找了回來的感覺。《南國故鄉》在一九六九年出版，等於也確立了柯旗化的作家身分以及在文壇的地位。曾有許多讀者向柯媽媽傾訴說看完小說都會掉淚，也有朋友說這故事就跟電影《海角七號》一樣感動人心。

柯媽媽說第一出版社和柯旗化非常尊重作者的權益，版稅都是以書的實際印量為準在出版後即刻全額支付，而不是實銷實付。楊碧川就曾經對柯媽媽說自己的書出了好幾本，其中和你們合作讓他最為放心。不僅是版稅往來清楚乾脆，更是因為第一出版社非常支持並且熱誠推介台灣史相關的書籍。

《新英文法》的長銷及其驚人的銷售量，使第一出版社成為台灣出版界中，少數營運超過半世紀的出版社。

為台灣文化盡心力

柯旗化一九七六年出獄後立即著手國民中學英語叢書的編纂，出版了《國中英語總整理》（一九七七）、《國中新英文法》（一九七八）、《國中英語手冊》（一九七八）、《高級英文翻譯句型總整理》上、下冊（一九八二）等教學書籍。接著投入的工作便是編輯《台灣文化圖書目錄》。這是一件非常繁瑣且沉重的事情，柯旗化首先找來了全台灣各個書店的圖書目錄，然後一一過目，只要是跟台灣有關的就都買過來。接著他開始一本一本的閱讀，唯有這樣才能知道哪一本書值得推薦，因為在那個年代有些書其實都摻雜了國民黨的思想在裡面，「那些被動過手腳染過色的書看了反而沒幫助」。柯媽媽說他那陣子幾乎都沒有在睡覺，連六、日也不休息，「有時候我說假日我們去郊區走走散散心，換個心情調劑一下，不然這樣太辛苦了。但柯老師說不行、時間不夠，我已經失去十幾年了，要更努力才可

柯旗化一直關心台灣歷史與文化，1986年創刊《台灣文化季刊》。

以。」就這樣日日晚睡早起。柯旗化在一九八四年完成了《台灣文化圖書目錄》的編輯，並且印了一萬本發送給出版社的讀者、全省的老師和學生等，更在社內設立了一個「台灣文化圖書服務部」專區。這個專區架上限定跟台灣有關的文化、政治、藝術、音樂、語言風俗等書籍，甚至連禁書都擺放出來，目的是為了宣揚台灣文化，也讓來出版社買英語教材的人，能看看這些柯旗化費盡心思挑選的書。柯媽媽說做這些事情賠了不少的錢，因為出版社並不是大量進書而是一兩本地購買，所以不會有同業價。如果有人劃撥買書，出版社還得先跟其他書局訂購，收到書還以折扣價、承擔運費寄送到讀者手上。柯媽媽說

第一出版社在2004年被公告為歷史建築，二、三樓原為柯旗化創作場域，後成立柯旗化故居，2013年2月18日揭幕。一樓則仍經營出版社。

戒嚴時期把禁書如彭敏明的《自由的滋味》擺出來賣風險當然很高，但柯老師認為如果大家都不做這件事情，那麼這些自由、開化的智識、思想永遠沒有機會和大眾接觸，而他也一直甘之如飴從事這些外人看來感到不可思議的行為。柯媽媽說曾經有便衣情治人員來出版社挑選了兩大疊的書然後出示身分證明，一大堆書就這樣被沒收了。

即便是已經再次被政府「特別關心」，柯旗化仍覺得「不夠氣」，所以在一九八六年六月在第一出版社附設台灣文化雜誌社創辦發行了《台灣文化季刊》（創刊號），努力宣揚台灣文化，鼓吹台灣意識。稿件來源除了柯老師自己撰寫外，台美文化基金會會有稿件寄來免費刊登，此外島內熱愛台灣人士、學者也會提供文章。柯媽媽說他辦這份雜誌沒有向任何人、單位募款，一次都印三千本。《台灣文化季刊》在一九八七年第四期發行時被查禁過一次後仍繼續出刊，最後在一九八八年發行第十期時被冠上「鼓吹中國和台灣的『分離意識』」的帽子遭到了停刊處分。之後柯旗化和台灣人權促進會與立法委員上街遊行，並且在公共空間舉行演講活動批評黨國政府的文化政策。早在一九八四年起柯旗化便開始在雜誌和報紙寫專題文章，更愛寫鄉土意識強烈的政治批判詩、抵抗詩。他的處女詩作〈母親的悲願〉是為紀念二二八事件被槍斃的高雄中學學長余仁德先生、站在他的母親的立場寫的。以二二八事件為題材的文字，一直是國民黨政權的禁忌。一九八六年詩集《鄉土的呼喚》出版，一九九〇年中、英、日、台多語對照詩集《母親的悲願》出版。

柯媽媽說這般不畏強權的柯老師仍是留有獄中不堪的陰影在心中，晚上睡覺時會做噩夢突然跳了起來嚇到旁人，「也許柯老師睡覺夢到了在監獄裡面受到非人的虐待吧，有幾次我還被打到。雖然如此，柯旗化仍堅持做他認為對的事，一直到離開人世。是一位令人欽佩的勇者。」一忙碌不已的柯旗化其實已經不太注意英語教學專書的出版狀況，教材內需要追加新單字詞都沒時間修訂處理。柯媽媽說她曾經想要拜託其他的英文老師幫忙處理這些事情，但他們都說是看《新英文法》長大的，怎麼敢修改柯老師的書。

柯旗化創辦的「第一出版社」造福了許多莘莘學子，也為台灣文化延續了香火。這些事業都是在一種極為不自由、壓抑與恐懼的狀態下完成的。柯媽媽說如果柯老師不曾不分青紅皂白地被國民黨政府逮捕入獄，也許他能為這塊土地奉獻更多的心力。柯旗化不拿政治冤獄的經歷作為籌碼求得一官半職，反倒是認為自己當作家有著不用退休的好處，活到幾歲就寫到幾歲。如果說柯旗化是「第一出版社」的靈魂人物，柯蔡阿李便是最重要的支柱了。柯媽媽以無比的勇氣與毅力帶領家庭與出版社度過風雨波折，至今仍屹立不搖，柯旗化不以賺錢為唯一目的、幾乎將全部心力都投入建構台灣主體性的活動當中，兩人的努力讓「第一出版社」在台灣出版史、民主運動史上留下了無法忽視的成績。柯旗化和柯蔡阿李相互扶持、彼此依賴，為了理想與夢想同甘共苦的點點滴滴，則是「第一出版社」最為美麗、溫暖的圖像。

（原發表於二〇一三年十月《文訊》三三六期）

歷史的開創者

仙人掌出版社

◎陳逸華（出版社編輯）

1

當白先勇的《謫仙記》、王文興的《龍天樓》、歐陽子的《那長頭髮的女孩》問世後，文星書店的出版事務已近尾聲。根據白先勇的回憶，「『文星叢刊』最後一批書是歐陽子、王文興及我自己的三本小說集。我們初次結集出版，剛興沖沖接到『文星』的書，接著『文星』便關門了，那是一九六七年。」一九六八年四月，文星書店結束營業，而最末批的文星叢刊，有許多作者和白先勇等人一樣，是當代的年輕創作者，也是文壇的生力軍，這還得歸功於文星書店負責人蕭孟能的浪漫性格以及遠見。

而這即是仙人掌出版社最初的創辦理念與動力了。

林秉欽是印尼僑生，原為文星書店的門市部經理，當文星書店歇業，他的壯志不減，

郭震唐

1968年與林秉欽等創辦仙人掌出版社，後曾任錦繡出版社總編輯。

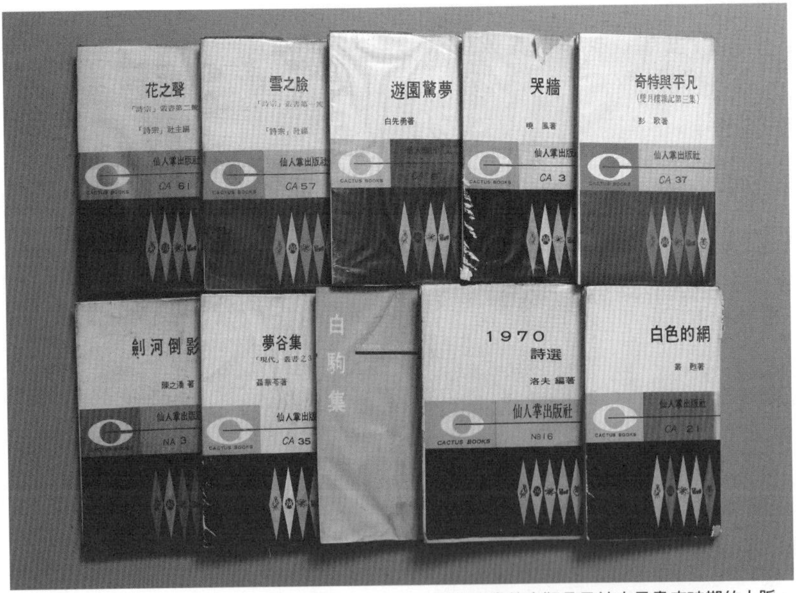

仙人掌的出版品承接文星書店時期的人脈，也不遺餘力地推廣年輕人的文學創作。

四處奔走下找來過去同在文星的同事郭震唐，並拉了郭震唐的舅舅林漢洲等兩位股東合夥，於文星結束的同一年，風風火火地成立了仙人掌出版社。林秉欽也聯繫白先勇，說服他把下一本小說稿交給仙人掌出版，同時攬下經營發行《現代文學》雜誌的擔子。那時候《現代文學》的創辦人與編輯幾乎都不在台灣，雜誌營運接近停擺，白先勇回憶：「我正苦於《現文》發行不良，雜誌堆積在台大外文系辦公室，只好任學生隨手拿去看。有出版社一手包辦，我求之不得，什麼都答應了，於是拿出幾萬塊錢也就入了股。」當時的出版風氣不若現在開放，相對的出版物也沒有今天精采豐富，尤其文星殞落，給出版界帶來不小的震撼。仙人掌是能夠適應沙漠那嚴峻環境的植物，將出版社取名為「仙人掌」，有著在艱難中奮鬥，並且開花結果的期許。受到蕭孟能的影響，出版社裡最主要的兩位大將，擔任發行人的林秉欽與總編輯郭震唐，很快就達成出版方向的共識：是純粹的文學，要讓年輕人的力量展現出來，同時多方引進新的思潮。該年八月，便規劃了「仙人掌文庫（CA）」與「仙人掌學術叢書（CB）」兩個書系，並出版了創社的第一批書籍。

因此，承接著文星時期的人脈，文庫部分有短篇小說如張曉風的《哭牆》、康芸薇的《兩記耳光》、白先勇的《遊園驚夢》、於梨華的《白駒集》、隱地編的《十一個短篇》等；散文如蔣芸的《遲鴿小築》、張健的《春風與寒泉》等；繪畫評論如楊蔚的《為現代畫搖旗的》。這些當年的年輕作者們，如今都成為台灣文壇裡不被忘記的名字。此外還有許常惠的音樂綜述《尋找中國音樂的泉源》、彭歌的隨筆《書香》與《新聞圈》、彭歌翻譯雷馬克（Erich Maria Remarque）的小說《奈何天》、葉笛翻譯芥川龍之介的短篇小說《羅生門》、陳紹鵬翻譯理查・亞摩（Richard Armour）的傳記《都是夏娃惹的禍》、何欣翻譯梅加利・葛林（Marjorie Glicksman Grene）的哲學思想《存在主義導論》等。學術叢書則由黎東方的歷史研究《細說史前中國》打前鋒。如此多采多姿的出版種類，大張旗鼓地展示這個新興的出版社，比其他出版社有著更為包容也更為前衛的明顯區別。

這些最初的出版品，在版型和設計、編排上，幾乎完全襲用文星時代的模樣：四十開本，封面素淨，平裝發行。後來發現一個問題，由於開本太小，雖然便於攜帶，但在閱讀時不太容易讓書本翻開攤平，間接造成閱讀上的不便，再加上想擺脫過去文星的影響，走出仙人掌自己的風格，遂全面更換裝幀方式，改平裝為精裝，並附上書套。內文標點則比文字小一級數，且標於文句的右下方。已經出版的平裝本，售完之後不再發印平裝，而以精裝印製。精裝的書衣封面為郭震唐親自設計，大方的書名與著者在最上面，以白底輔佐黑體字來呈現，既搶眼又直接。中間則是左右兩個色塊，左邊將「仙人掌」英文「CATCUS」的「C」字化為圓形，並從中延伸一條分隔的黑線到右邊的色塊。右邊上下二分的色塊，上為出版社名稱，下為書系與書號的編目。最下方的黑底部分，靠右有五個菱形，其間的圖案分別是繆思的豎琴、春秋戰國時期的馬車、原子的結構圖、京戲臉譜、畫筆與調色盤，分別代表了文學、歷史、科學、戲劇、藝術。這五個類型說明了仙人掌出版品的豐富樣貌，也象徵了只要是好書，在仙人掌出版社就不會寂寞。

於是，郭震唐負責書稿編務，林秉欽管理財務與發行，兩個人一內一外相互支援，撐起了直到今天仍讓人津津樂道的諸多出版品。書稿來源不僅緊抓住了文星時期的作者，支持《現代文學》也讓仙人掌的稿源無虞。前述的何欣、白先勇、張健等，都是《現代文學》的一員，尤其已經出版的王文興編《新刻的石像》，就是《現代文學》小說選。而列在仙人掌文庫中，封面卻另外標示「『現代』叢書」的林以亮《前言與後語》、徐訏《懷璧集》、聶華苓《夢谷集》、李輝英《鄉土集》等也是最好的例子。郭震唐說：「以當時我們的年齡與閱歷，不足以熟識這些前輩作家，有些是早期《現代文學》的作者或催生者，例如聶華苓，由她引薦新書就源源不斷。尤其她在美國愛荷華大學創立的國際寫作計畫，造就了台灣許多年輕作家。還有林以亮是香港中文大學宋淇教授的筆名，透過夏志清教授的介紹，

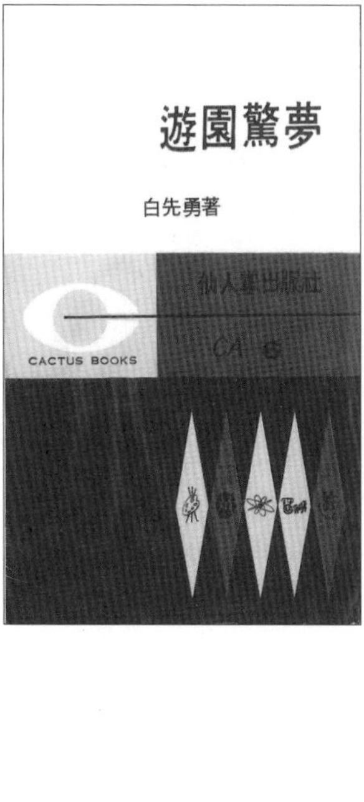

仙人掌出版品的封面由郭震唐設計，色塊和符號皆有意涵。

這些當然和白先勇脫離不了關係。」

2

看到《現代文學》在仙人掌的協助下，雜誌的能見度變高，作者的著作也有立時的出路，尉天驄主編的《文學》季刊，洛夫、瘂弦、張默編輯的《創世紀》詩刊，紛紛找上仙人掌，希望能夠一併代為發行。意氣風發的仙人掌出版社遂成為國內幾種重量級文學刊物的主要推手，整個出版聲勢益發強大起來。加上純文學出版社的林海音提供自己於《聯合報》副刊累積的人脈，《國語日報》副刊的林良也鼎力相助，一時之間，希望能在仙人掌出書的作者絡繹不絕。光從出版的書目即可知悉，從年輕一輩的楊牧、林懷民、葉維廉、黃春明、施叔青、邵僩等，到中壯年的蔡文甫、朱西甯，仙人掌一直不遺餘力地推廣年輕人的文學創作，也持續引進優良的世界文學作品，如愛爾蘭的貝克特（Samuel Beckett）、美國的亨利．詹姆斯（Henry James）、英國的勞倫斯（D. H. Lawrence）、俄國的杜斯朵也夫斯基（Fyodor Dostoevsky）等，

仙人掌出版品的發行範圍不只在台灣，也拓展到香港。過去和文星書店關係密切的港僑王敬羲，返港之後開設文藝書屋，賡續出版台灣已經停止了的文星叢刊。仙人掌的香港總經銷，即由文藝書屋負責。與此同時，仙人掌出版社還派發書訊，這個服務，是當年許多出版社沒有想過或是無法做到的。然而，因為出版版圖擴張過快，如日中天的風光

背後，仙人掌在財務上隱隱出現了捉襟見肘的情況。當時出版的普遍做法，是利用紙廠、印刷廠不需即時付款的時間差，即將發行的書本一旦透過讀者或圖書單位的預約，就能有小部分金額回籠。當書本鋪貨到各個大小通路，又會有一部分資金進來，出了第一批書的回收款再印第二批，周轉的空間相對自由得多。雖說自由，若出現款項的到位情形不如預期，便可能造成出版社的危機。一九六九年，為了使仙人掌能夠順利運作，林秉欽再邀黃海和甫退役的隱地、朱清南等人，成立了另一個出版單位：金字塔出版社。

出版社取名為「仙人掌」，有自期能在沙漠裡頑強努力的意味；取名為「金字塔」，除了可以和仙人掌有直接的聯想之外，更希望能在殘酷的沙漠中發展成聳峙

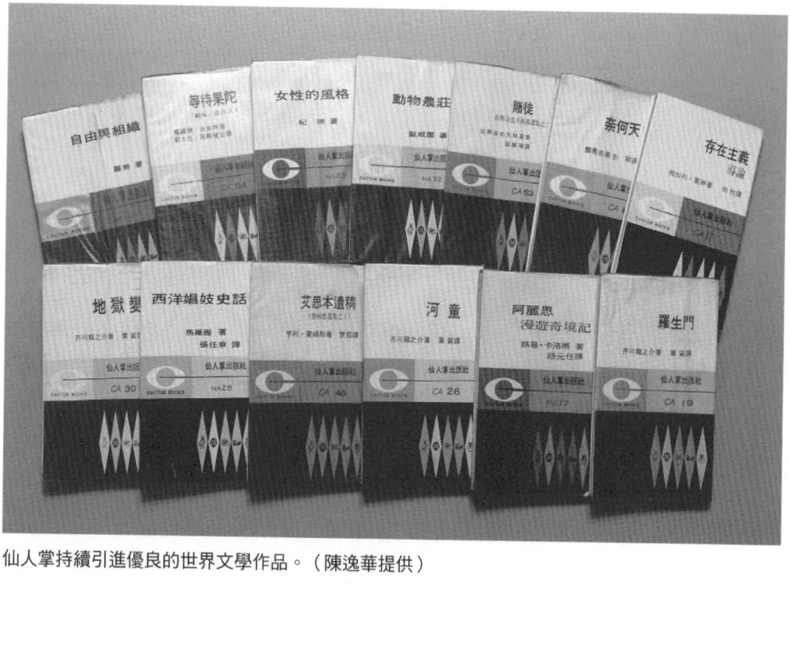

仙人掌持續引進優良的世界文學作品。（陳逸華提供）

的高塔。此時《文學》季刊已經由仙人掌發行，加上先前已經張羅打點的作家文稿，金字塔的首批出版品共有五本，分別是蕭白的《絮語》、舒暢的《軌迹之外》、王禎和的《嫁粧一牛車》、尉天驄主編的《孤寂的聲音》，以及王令嫻的《球》。這五本書的書系編號分別是金字塔文庫一、二、四、五、六，據鄭樹森的回憶，「七等生先生也有一本，但未送稿。」或許這份沒趕上的稿件，就是金字塔文庫三。蕭白在《絮語》出版之前才剛獲得中山文藝獎散文獎，而舒暢是極受矚目的軍中作家。《嫁粧一牛車》收錄王禎和發表在《現代文學》與《文學》季刊上的六篇短篇小說，是他的第一部著作。《孤寂的聲音》則為《文學》季刊的選集，輯選了劉大任、雷驤、施叔青、七等生……的文章。《球》是隱地推薦的作品。此五書搭上當時流行的文庫風，與仙人

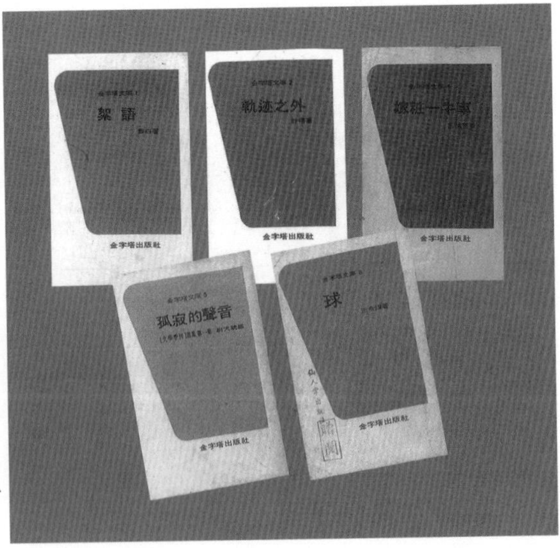

曇花一現的金字塔出版社只出版了五本書便銷聲匿跡。（陳逸華提供）

掌的出版物一樣包覆書套，開本比瘦長的四十開本還要更短小些。封面樣式一致，乃「奔雨畫會」的陳文藏設計，簡約的倒梯形色塊，乾淨又聚焦，封底則附有作者相片和簡介。金字塔文庫精巧討喜的版式，即便由今日的眼光看待，在書稿的選擇以及設計上仍然相當突出。

金字塔文庫的出版，稍舒緩了仙人掌財務的燃眉之急，因此仙人掌繼續摩拳擦掌地推出佳作。在仙人掌一肩代理的三種文學雜誌當中，《現代文學》和《文學》季刊先後都有刊物之外的獨立選集，《創世紀》因為詩社自身的社務與人事關係，暫時另成立了新的詩社「詩宗社」，仙人掌順水推舟，由詩宗社自己主編的「詩宗」叢書第一號《雪之臉》、第二號《花之聲》就直接列為仙人掌文庫的行伍。但不知道是否在發行策略上，金字塔僅被定位於輔佐仙人掌而沒有全力宣傳，五本書在銷售狀況上並不十分理想，僅《球》一書的反應比較熱絡，遂於金字塔出版的半年之後，增訂一篇隱地寫的〈關於王令嫻〉，重新納入仙人掌文庫出版。至於金字塔出版社，在出版這第一批書籍以後，便不知不覺地消聲匿跡了。

3

一九七〇年二月，和文星書店淵源深厚的李敖，出手為老朋友林秉欽寫了〈「仙人掌叢刊」出版緣起〉。李敖回憶說：「林秉欽先生是一個最勤勉的、最了不起的在出版界的一個工作者，他對出版業非常有熱情，他跟我說啊，他這個書打開，他聞到書的這個油墨就感到很興奮，他對出版業是這麼有熱情的一個人。」文章先從歷史上的事件寫起，舉出漢朝有「大收篇籍」，北魏有「群書大集」，五代有「募民獻書」，宋朝有「下詔募亡書」，明朝有「下詔訪求遺書」……等例子，「先民辛苦累積的知識，便是在這種辛苦護持下，得以薪盡火傳，得以光揚異代。」還說：

「求遺書於天下」的時候已經到來。「仙人掌叢刊」的出版，就是在這一傳統和認識底下，開始籌劃的，我們盼望這一推陳出新的舉動，能為憂患的中國知識界，提供一點星光。

「仙人掌叢刊」所採取的，是叢書方式，在書荒的困境中，我們辛苦訪求絕版珍本，按照各科和著譯比例，增補的增補，校訂的校訂，這一過程，也正是清朝史學家所謂「中有苦心而不能顯」、「中有調劑而人不知」的過程。不能顯或人不知並不重要，重要的是知識的流傳和讀者的獲益。如果因「仙人掌叢刊」而多少有這些效果，我們也就滿足了！

「仙人掌叢刊（CR）」在最初的兩個書系之外，由這篇出版緣起可以看出，仙人掌試圖開發出不一樣的出版方向。於是很多坊間比較不易見到的書，譬如早期大陸作者的作品或是未曾翻譯的世界名著，在「知識的流傳和讀者的獲益」之前提下，經過重新編譯、校訂、修飾，便煥然一新上市了。曾於一九二〇年由晨報社出版胡適翻譯的杜威（John Dewey）《杜威五大講演》、一九三二年由商務印書館出版的張少微《法國六大社會思想家》（仙人掌改其名為《法國六大社會思想學》）、一九四九年由世界書局印行出版的朱洗《由迷信中抽科學》，以及一九四九年由晨光出版公司出版馬彥祥翻譯的海明威（Ernest Miller Hemingway）《在我們的時代裡》等，便是這時候的出版品。會有這樣的轉變，其實還是因為仙人掌的經濟狀況沒有獲得根本的改善，每月仍在調頭寸的窘境中度過。同年夏天，白先勇由美返台，協助處理仙人掌出版社的財務問題，入股金字塔的隱地遂委託白先勇索回股東資本。最後隱地的股份拿回來了，仙人掌卻無力支付當初因為代理發行《現代文學》而出資支持出版社的白先勇，只得以仙人掌文庫的書本版權與存書做為補償。白先勇面對大批書本也不知所措，乾脆與胞弟白先敬將錯就錯，於當年的秋天開辦了晨鐘出版社，同時將部分書籍的版權轉給水牛出版社、大林出版社、進學書局、阿波羅出版社等，郭震唐也分神支援晨鐘，秉持原始本心，繼續致力讓好書不會湮沒在出版線上。

而仙人掌叢刊的概念於不久之後，在李敖執筆的〈仙人掌出版社兩週年新面目〉中有了正式的規劃：

仙人掌出版社創業兩年了！兩年來，仙人掌出書六十多種，為中國出版業樹立了新的里程碑。但仙人掌並不以此自足，它要更新、要進步，要在兩週年紀念的大日子裡，以大手筆、大氣魄，來推出兩套完整的出版計劃——

一、「仙人掌文庫」第一輯一百種。

二、「仙人掌叢刊」第一輯一百種。

兩者每月按十五本進度，也就是平均每兩天出一本的速度，月月出書。

廣告詞一開始即讓人感到氣勢磅礴，兩年出版六十多種書的情況下，林秉欽與郭震唐每個月要負責兩到三本書，而擬定的兩週年出版計劃，則是每個月十五本書，這在工作量上無疑增加了龐大的負擔。不過兩人還是咬著牙，決心以一番新氣象從頭出發。舊有的文庫與學術叢書兩個書系，更換為「仙人掌文庫　新（NA）」和「仙人掌叢刊　新（NB）」，選書方向也有了調整，郭震唐認為不應該為了賣書而出書，還是希望能著眼當代，接收及推廣新思潮，不要過於世俗。林秉欽則以為，傳統思想亦可，前輩文人自有前代學養，仍然有值得學習的地方。斟酌討論之後有了定論，「仙人掌文庫　新」所推出的第一本書，是梁實秋的《實秋雜文》，而後依序是徐鍾珮《靜靜的倫敦》、陳之藩《劍河倒影》、陳香梅《茶花怨》、錢穆《歷史與時代》、陳紹鵬翻譯柯皮（Will Cuppy）《可以說是人人的盛衰史》、黎東方《細說文史》、高克毅《謀殺英文》、蔣芸《香島隨筆》、居浩然《十論》。新文庫的前十本書當中，只有一本蔣芸是比較年輕的作者，書種類型則囊括散文、隨筆、文化評論等。在「仙人掌叢刊 新」方面，一改創社以來的四十開本，每本書皆以三十二開本面世。該書系由陳漢年翻譯赫爾耶（V. M. Hillyer）的《世界歷史故事》打頭陣，隨後有潘光旦譯注靄理士（Henry Havelock Ellis）的《性心理學》、傅統先的《哲學與人生》、焦菊隱翻譯愛倫坡（Edgar Allan Poe）的《愛倫坡故事集》、趙蘿蕤翻譯西隆尼（Ignazio Silone）的《死了的山村》、米星如翻譯湯姆生（John Arthur Thomson）的《近代科學家的宗教觀》、朱洗的《重女輕男》、孫貴定和劉季伯合譯弗留葛爾（John Carl Flugel）的《服裝心理學》、陳和山的《世界文化史講話》、陳瘦石與陳瘦竹兄弟合譯羅素的《自由與組織》，這些書均為舊書新刊，著者來自英、美、義、中等不同國家，譯者也都屬現代的一時之選。李敖不僅撰寫廣告文案來義助仙人掌出版社，就連上述書稿亦有部分是李敖的提議，從書本的屬性來看，與過去不同的出版方針，確實改變了仙人掌的原來面貌。

新文庫又陸續推出董顯光的《日笑錄》、趙元任翻譯路易・卡洛爾（Lewis Carroll）的《阿麗思漫遊奇境記》、金滿成翻譯紀德（André Paul Guillaume Gide）的《女性的風格》、張任章翻譯馬爾鏗（Leo Markun）的《西洋娼妓史話》、任穉羽翻譯歐威爾（George Owell）的《動物農莊》、褚冠等著的《書痴的樂園》等。新叢刊則有王書奴的《中國娼妓史話》、洛夫編著的《一九七〇詩選》等。只是兩天一本書的出版速度，先不論工作壓力，書稿的來源即便再多，也很快就耗盡了。再加上那時候關於著作權法的觀念並不普遍，出版法也不盡完善，稿子成書之後，在版權所有上便引發了一些爭議。這個問題為仙人掌帶來難以補救的劇變，也是日後出版社不得不結束的原因之一。

4

仙人掌兩週年以後的出版物，有不少都屬於絕版舊書重新出版，所謂絕版舊書，即一九四九年以前在大陸的出版品。這一部分天高皇帝遠，相關著者、譯者若非不在台灣，便是已然仙逝，也許根本無從得知自己的作品已經在台灣編印過，本著知識流傳的初衷，也未遭遇太大的問題。然而有些書是集結散落在各報章雜誌而沒有成冊的文章，這就造成作者與出版社之間的矛盾了。

吳魯芹等十六人著的《文人與無行》即是一個例子。吳魯芹對書中收錄了他的文章卻未被告知，感到有些不滿，遂和仙人掌出版社鬧不愉快。但此書被警備總部列為禁書，書本無法販售，最後便不了了之。同樣的情形在吳大猷《從嬉皮學潮到「反科學」》一書卻沒這麼簡單，吳大猷於不同地方寫了些談科學的文章，林秉欽細細蒐羅，其中也經過李敖的幫忙，最後將文章集結，並略改其中一篇文章的題目成為書名。這個做法沒有經過原作者的同意，吳大猷一氣之下告上法院，導致仙人掌出版社官司纏身。而書市的大環境需求也讓林秉欽身心交瘁，販書的通路希望出版社能持續發行新書，種類愈多愈好，間接影響了仙人掌出版社兩週年後的出版規劃。一邊訴訟一邊處理龐大的出版業務，內外夾擊的壓力下，又在此時遇上中盤書報商倒帳，付給紙廠和印刷廠的支票連連遭退，債台高築的仙人掌出版社一夕之間崩垮。屋漏偏逢連夜雨，由於財務糾紛，林秉欽遭人檢舉已經久未返回僑居地，亦未入伍服役，結果一紙兵單發出，林秉欽被派至金門的二膽島前線保家衛國去了。

事情演變至此，仙人掌出版社算真正消失了，那是一九七一年的夏秋之際。郭震唐想起這一段時，表示當初新書發行後，相關的推廣活動其實不夠周詳，歸根究柢還是四個字「經營不善」，倘若能有完備的企劃，讓優良的圖書能被更多人看到，興許還有轉圜的餘地吧。

退伍之後的林秉欽，與吳大猷的官司結果也出來了。案子打到最高法院，判決結果得服刑兩個半月，不許易科罰金。據一九七二年十二月二日的《聯合報》，有篇標題為「翻印他人著作　林秉義被判刑」的報導：

> 行政院國家科學委員會主任委員吳大猷，自訴台北市仙人掌出版社負責人林秉義翻印他的著作，頃經台灣高等法院判決，林秉義被處徒刑二個半月。
>
> 吳大猷博士係指控林秉義以新台幣五千元的代價，向案外人李敖買得他在報章上發表的文章四十一篇，於五十九年十一月廿日未徵得同意，擅取其中一篇作品「從嬉皮學

潮到反科學思潮的萌芽」，將該文題目中的「思潮的萌芽」五字刪除，以「從嬉皮學潮到『反科學』」為題，並載明「吳大猷著」出書，侵害他的著作權。

報導中將林秉欽寫成林秉義，不知道是否為了顧及文化人的顏面，或者根本只是誤植。然而林秉欽並沒有因此喪氣，一心要投入出版事業的豪情未減，待得坐完監，沉寂了幾年之後，輾轉聯絡在出版界已經有相當資歷的許長仁準備東山再起，這回不以出版社為目標，而是辦起著重在思想層面的《仙人掌》雜誌。

5

雜誌在創辦之初，許長仁攬下所有的經濟開支，為了要把刊物辦好，不惜標會籌措資金。林秉欽則負責企畫發行，他找來王健壯擔任主編，

許長仁與林秉欽於1977年創刊《仙人掌》雜誌，並擔任社長。（許長仁提供）

邀請陳映真撰寫雜誌發刊詞，並請吳耀忠繪製每一期封面人物的素描。據王健壯表示：「在『仙人掌』尚未出刊前，林秉欽就已經擬好一套出版策略，包括以書的開本出版雜誌，雜誌包膠膜不讓人翻閱，甚至還細到連標點符號要放在字的右下方，而不放在字的正下方，都要講究。」標點符號的擺放位置，顯然承襲過去仙人掌出版社的創舉。萬事皆備之後，一九七七年三月一日，「思想的、社會的、生活的、藝術的」《仙人掌》雜誌創刊，首期主題是「中國的出發」，封面人物為「不溺富貴，不畏權勢的傅斯年」，強韌的「仙人掌」再度還魂，編寫起台灣出版史的另一頁傳奇。

《仙人掌》雜誌甫一推出，即造成不小的波動。雜誌的走向以比較嚴肅的社會議題為主，核心則有著強烈的民族主義。從〈中國的出發——代發刊詞〉可以得知其中充滿了赤誠熱血：「這

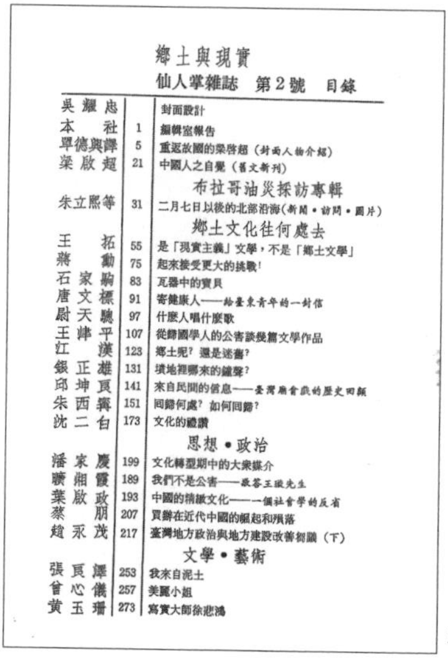
鄉土與現實

仙人掌雜誌　第2號　目錄

吳耀忠		封面設計
本社	1	編輯室報告
覃德興譯	5	重返故國的梁啓超（封面人物介紹）
梁啟超	21	中國人之自覺（舊文新刊）
		布拉哥油災採訪專輯
朱立熙等	31	二月七日以後的北部沿海（新聞・訪問・圖片）
		鄉土文化往何處去
王拓	55	是「現實主義」文學，不是「鄉土文學」
蔣勳	75	起來接受更大的挑戰！
石家駒	83	瓦器中的寶貝
唐文標	91	寄健康人——給臺東青年的一封信
尉天驄	97	什麼人唱什麼歌
王津平	107	從歸國學人的公害談幾篇文學作品
江漢	123	鄉土呢？還是迷書？
銀正雄	131	墳地裡哪來的鐘聲？
邱坤良	141	來自民間的信息——臺灣廟會戲的歷史回顧
朱西甯	151	回歸何處？如何回歸？
沈二白	173	文化的禮讚
		思想・政治
潘家慶	199	文化轉型期中的大衆媒介
曠湘霞	189	我們不是公害——敬答王鼎先生
葉啟政	193	中國的精緻文化——一個社會學的反省
蔡朋	207	買辦在近代中國的崛起和殞落
趙永茂	217	臺灣地方政治與地方建設改善芻議（下）
		文學・藝術
張良澤	253	我來自泥土
曾心儀	257	美麗小姐
黃玉珊	273	寫實大師徐悲鴻

《仙人掌》雜誌第二期以「鄉土與現實」為主題，不料卻激出了鄉土文學論戰。

一代的中國人該活得有大氣魄與大信心……他不應是趨炎附勢的過客，更不該是苟安老邁的歸人，他是生氣勃勃的起跑者。」「不做狂狷之語，不做夸夸空論；不虛偽地互相標榜，不惡意地黨同伐異……形成一個謙虛而誠實的新興的文化力量。」而在編輯原則上，「以平凡、真實而健康的態度和方法，去從事思想的、社會的、生活的、藝術的各個領域裡的創作與研究。」「逐步進行科學、知識、文學、思想、生活、藝術的中國化。」「培養一股健康的、謙虛的、關心的、建設的創作和學習的作風。」「最後，也是最基本的，我們是愛國的。」這些宣告與表態，挾著雷霆萬鈞之姿，勢如破竹地搶進文學市場，讓雜誌創刊號在不到一個月的時間內三

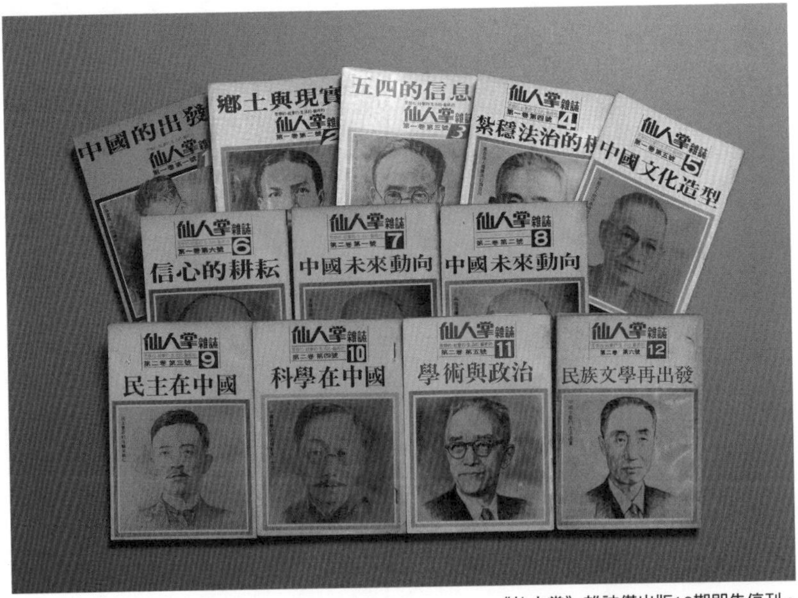

《仙人掌》雜誌僅出版12期即告停刊。

度加印，也展開後來如火如荼卻始料未及的發展。

雜誌的開放性，讓有意見有想法的人得以暢所欲言。第二期的封面人物是「近代中國的啟蒙者梁啟超」，主題則是「鄉土與現實」。原來收於書中的篇章，只是順應主題而闡述個人意見，沒想到王拓的〈是「現實主義」文學，不是「鄉土文學」〉、銀正雄的〈墳地裡哪來的鐘聲？〉、朱西甯的〈回歸何處？如何回歸？〉等不同角度的文章，竟引起社會上莫大的關注，進而愈演愈烈，激出了鄉土文學論戰。筆戰的戰場從雜誌延伸到報紙，參與論戰的人士眾多，情勢一發不可收拾，甚至引起官方側目。直到當時的總統嚴家淦出面疾呼，要作家們「堅持反共文學立場」，總政戰部主任王昇強調要團結鄉土，論戰才算告一段落。《仙人掌》雜誌提供公開的論述平台，並不因為偏袒哪一方的觀點而修飾雜誌面貌。曾參與刊物編輯的彭懷恩回憶說，《仙人掌》雜誌從第一期開始就討論「政治文學」的主題，「第二期即以『鄉土與現實』引發了大會戰，於是國內大報及雜誌紛紛捲入戰火，一時間百家爭鳴，好不熱鬧。林秉欽在台大總區附近成立編輯部，許多台大同學義務幫忙編輯與校對，包括了林火旺、朱雲漢、王克文、周陽山等，皆是校園中非常優秀的學生，因為他們的熱心參與，使《仙人掌》雜誌別樹一幟，鼓動風潮。」

由於鄉土文學論戰的關係，《仙人掌》雜誌開始被有關單位關切。不過雜誌的立場不變，繼王健壯之後，歷任主編還有金惟純、李利國、林任重，都秉持雜誌的編輯原則，並陸續出版封面人物為「中國現代化運動的先驅蔡元培」的第三期「五四的信息」；「為自由人權護法的陶百川」的第四期「紮穩法治的根」；「平易近人的改革者蔣夢麟」的第五期「中國文化造型」；「高風亮節的吳稚暉」的第六期「信心的耕耘」；「高瞻遠矚的革命家孫中山」的第七、八期「中國未來動向（一）、（二）」；「民主憲政的先驅宋教仁」的第九期「民主在中國」；「中國科學研究的推動者丁文江」的第十期「科學在中國」；「中國民主自由的闡揚者胡適之」的第十一期「學術與政治」；「中國文藝鬥士張道藩」的第十二期「民族文學再出發」。從各期的主題就能夠看出，《仙人掌》雜誌不僅專題深入，討論廣泛，設定的閱讀族群更是包羅萬象。但是官方的壓力畢竟有些綁手綁腳，經濟上也逐漸出現漏洞，在一九七八年二月雜誌辦到第十一期時，苦苦支撐的許長仁開始背債，甚至無法如期出版下一期。脫期六個月之後，第十二期終於出刊，卻也戛然而止無以為繼了。

後來，許長仁專心經營與《仙人掌》雜誌同時創辦的故鄉出版社，並在一九七九年三月二十九日青年節這天，出版兩本「仙人掌選集」——《民族文學的再出發》、《民族的鬪士》，二書的內容完全從十二期《仙人掌》雜誌中選出，「仙人掌」到這裡便徹底枯萎，再也無力回天。一九八〇年，林秉欽進入四季出版公司擔任執行經理，叱吒一時的仙人掌出版社與《仙人掌》雜誌，成為台灣出版史上極度耀眼鮮豔的一道光影，流光照耀迄今近半個世紀，論眼光、論膽識、論創新、論書種，都是難以超越的出版典範。儘管「仙人掌」已然不存，但留下的一百多種經典讀物，和果敢堅毅的精神永遠不會被忘記，如同雜誌發刊詞中說的：「能為現在的中國提出檢討、為未來的中國找出方向的，就是歷史的開創者，不然，就是歷史的尾巴！」

附註：感謝郭震唐先生、黃海先生、許長仁先生協助受訪。

參考資料

‧李敖，《李敖全集六》，四季出版公司，一九八〇年十月初版。

‧游淑靜等著，《出版社傳奇》，爾雅出版社，一九八一年七月初版。

‧白先勇著，《樹猶如此》，聯合文學出版社，二〇〇二年二月初版。

‧傅月庵著，《蠹魚頭的舊書店地圖》，遠流出版公司，二〇〇三年十月初版。

‧陳彧著，《連續劇——我的人生》，作者自印，二〇〇七年十二月初版。

‧隱地編，《白先勇書話》，爾雅出版社，二〇〇八年七月初版。

‧彭懷恩著，《台大知旅》，風雲論壇出版社，二〇〇八年十月初版。

‧王健壯著，《我叫他，爺爺》，九歌出版社，二〇一一年十二月初版。

‧鄭樹森著，《結緣兩地：台港文壇瑣憶》，洪範書店，二〇一三年一月初版。

‧聯合知識庫：http://udndata.com/

（原發表於二〇一三年十二月《文訊》三三八期）

像海一樣的包容

星光出版社

◎蔡明原（成功大學台文系博士生）

1

星光出版社的創辦人林紫耀曾經說過，出版界就如同寬闊無垠的大海一般，書的種類之繁複難有窮盡的一天，所以不必虛張聲勢也不需要看輕自己。因此「有多少能力出多少書」、「早期的出書策略是『隨遇而安』，只要是好書，就有發表的機會」一直是林紫耀奉行的宗旨，從這裡便可以看出他對於出版的洞見與定見。

早年因為家境關係，林紫耀很早就開始半工半讀，爾後進入文星書店擔任業務經理，並且負責推銷《古今圖書集成》這套光是印刷就花上四百萬、總冊數達一百零一冊的叢書。《古今圖書集成》的出版在當時造成相當大的轟動，林紫耀也因為到各大學校推銷而結識了許多教育界的好友。文星書店五年左右的工作經歷成為他經營星光出版社非常重要

林紫耀

1921年生，2009年過世。1964年成立星光書報社，1974年創辦星光出版社。（星光出版社提供）

星光出版社位於寧波西街的辦公室。

的資產，甚至連出版社的命名也都有所關係。

林紫耀離開文星之後在一九六四年成立了「星光書報社」，在百事待興的創社初期因為資金尚未充足的關係，主要業務是圖書與雜誌的經銷，「並與『世界文物供應社』、『雨辰』、『遠東』、『黎明』等書報社同為老招牌的中盤經銷商」。一九七〇年前後星光的經濟條件已經足夠支撐出版的業務，「星光出版社」便因此成立了。林紫耀曾經說過「星光」兩個字「意思就是要將『文星』的精神發揚光大」，這也說明了他念舊的個性。林紫耀雖然在二〇〇九年離世，不過在這之前星光以及旗下的輕舟、旗品等出版社的編務、經營與行銷，他都已經交棒給兒子林一波和女兒林小君。

星光創立初期的根據地是在台北市的漢口街附近，周遭則有日新與豪華兩間戲院。林一波回憶起在漢口街生活、工作的日子，用惡劣來形容似乎也不為過。他說每當有熱門電影上檔的時候，放映結束後出版社後方的停車場就會出現萬車齊動、轟隆隆的聲響，十分的嘈雜；而且因為巷道狹窄，貨車無法進入，每當有書要進出時他就得親自出馬上上下下的幫忙搬運。林小君也說父親真的是創業維艱，連放書的書架都是朋友資助的，而且是那種放太重或是用久了會凹陷的木頭材質架子。雖然工作、生活的環境不甚理想，但那樣胼手胝足跟隨著父親一起努力的日子仍是相當令他們回味的。

2

秉持著只要是好書就出版的出書策略，星光出版社的書系種類可說相當繁多，包括「雙子星叢書」、「日本經典名著」、「星月書系」、「銀河書系」、「智謀叢書」、「軍事叢書」、「圖解戰史」、「勵志書」、「巧聯妙對」、「傳世經典」、「神話」、「音響」、「生活」等，林林總總不下二三十種，各個書系所出版的圖書類別都有一定程度的區隔。主要書系「雙子星」總共出版過五百多本書，品項繁雜，從文學作品到翻譯小說，由星座神話到民俗宗教，包羅萬象，其中有一部分是從立志出版社（結束營業）轉讓而來的。這個書系在七〇、八〇年

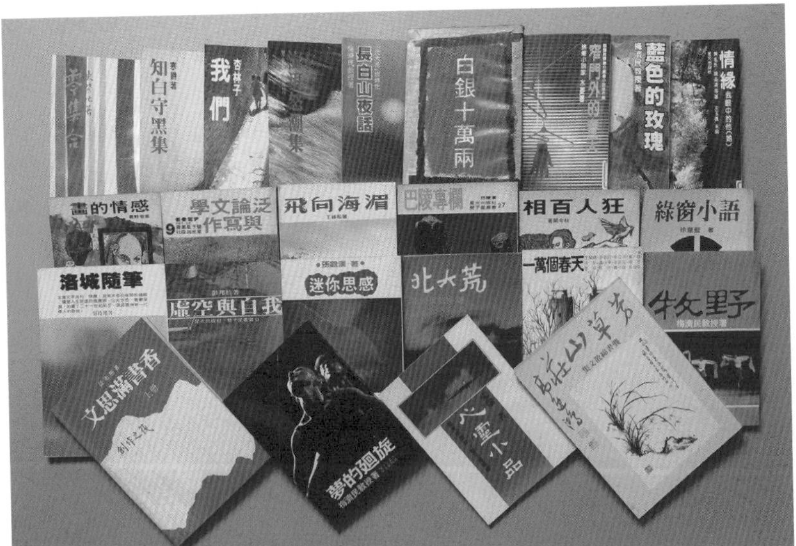

「雙子星叢書」秉持出版好書的原則，在70、80年代出版不少台灣作家作品。

代涵括不少台灣作家早年的作品，如尹雪曼《泛論文學與寫作》（一九七五）、羊令野《感情的畫》（一九七五）、彭邦楨《虛空與自我》（一九七五）、梅濟民《藍色的玫瑰》（一九七七）、《北大荒》（一九七八）、《長白山夜話》（一九七八）、桑品載《白銀十萬兩》（一九七八）、史紫忱《文學人》（一九七八）、徐薏藍《綠窗小語》（一九七八）、杏林子《生命頌》（一九八一）、孫觀漢《菜園拾愛》（一九八一）、寒爵《知白守黑集》（一九八六）等。其中梅濟民描寫東北故鄉的散文集《北大荒》一書是這個書系的長銷書之一，當年出版後引起很大的迴響，兩個月內即出版續集《長白山夜話》。林一波說這些前輩作家們都很願意把稿件寄來，而出版社秉持的策略是盡量讓作品問世，所以作品被拒絕的機會並不大。此外，這個書系也曾經出版日本許多著名小說家的作品，如松本清張《砂之器》（一九八四）、森鷗外《舞姬》（一九八四）、三島由紀夫《潮騷》（一九八四）、《午後曳航》（一九八五）、《太陽與鐵》（一九八六）、芥川龍之介《河童，某阿呆的一生》（一九八六）、川端康成《淺草紅團》（一九八五）、宮澤賢治《銀河鐵道之夜》（一九八六）、志賀直哉《暗夜行路》（一九八六）、夏目漱石《心鏡》（一九九〇）等，為台灣讀者開啟了一扇認識日本經典文學的窗戶。

談到星光早年出版的書，不能不提柏楊的系列作品。星光一開始主要是代銷柏楊創辦的平原出版社的書籍，林一波說柏楊事件發生後，曾經有警備總部的情治人員來到社內收走了兩三輛卡車的柏楊的書，只有《異域》一書因為是以另一個筆名「鄧克保」署名，所以沒有被沒收。後來星光再收到書店的退書，便主動到台北車站附近警備總部的一個辦公室報繳書籍，此後再也沒有警總的人員來過。所以林一波認為雖然柏楊的書曾被查禁沒收，但星光本身沒有被打壓。柏楊出獄後，將自己的作品版權交給林紫耀，陸續由星光出版，包括「郭衣洞小說全集」（一九七七年八月出版第一集《秘密》，這系列原先預計出版十集，後來只出版了八集）、「柏楊專欄」（一九七八年一月～一九八二年七月，共五本）、《柏楊選集》（一九七九年六月～一九八〇年七月，共十本）、「柏楊隨筆」（一九八〇年八月～一九八一年十一月，共十本）；以及「柏楊歷史研究叢書」（一九七七年十二月～一九八二年二月），為柏楊在獄中整理中國歷史史料所

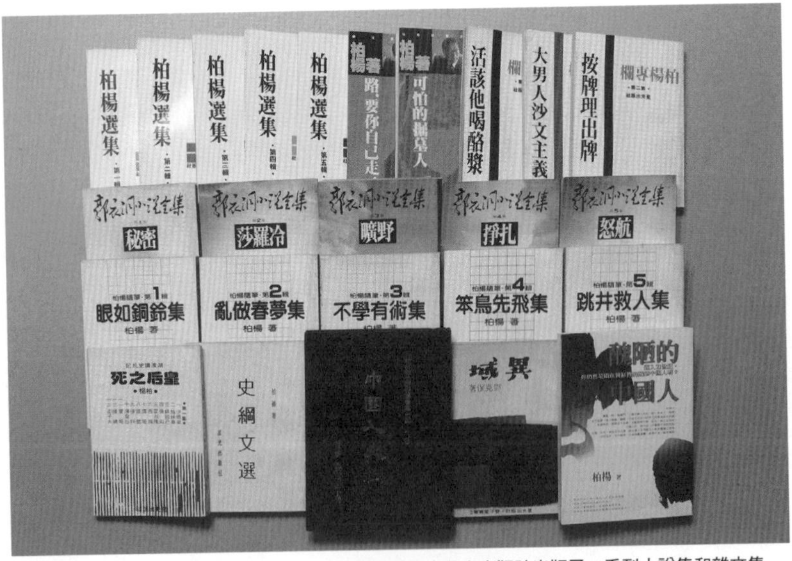

柏楊出獄後由星光出版社出版了一系列小說集和雜文集。

完成的書稿，共三部：《中國人史綱》、《中國帝王皇后親王公主世系表》、《中國歷史年表》；此外還有《史綱文選》（一九七九年九月）、《皇后之死》（一九八〇年一月～一九八二年一月，共三集）。而前面提到的《異域》，亦於一九七七年十一月由星光重排出版，作者仍署名鄧克保。

柏楊夫人張香華女士談及柏楊出獄之後其實沒有出版社敢出版他的書，只有星光出版社冒著得罪當權者的風險讓這些作品陸續問世，這都是基於柏楊和林紫耀兩人深厚的情誼。而張香華自己也在柏楊的鼓勵下，將詩作整理交由星光出版了她的第一本詩集《不眠的青青草》（一九七八年）。

3

早期台灣社會尚未有著作權的概念，許多翻譯書籍的出版其實都沒有經過作者或原出版社授權。林一波說星光早期翻譯出版的許多外文書，一開始都是譯者主動送譯稿來社內，經過編輯部審稿、潤飾再出版。後來台灣進入版權時代，那個時候只有一間大蘋果版權代理公司，而星光大概就是台灣第一個跟大蘋果簽約的出版社。林小君說外版書的「版權」概念即將開始落實的時候，推展初期並不算順利，因為這樣一來書籍成本會變高，讀者買書也會變貴，因此大家都在觀望，但星光認為取得作者的合法授權是必然趨勢，也是台灣要走向「閱讀世界」不可或缺的先決條件，不可能因為成本考量而讓自己自外於這個世界。

版權時代來臨的同時，星光就簽了美國知名軍事小說家湯姆．克蘭西（Tom Clancy）的五本小說，也因此讓出版社在台灣幾乎成為了軍事小說的代名詞，只要談起各種跟戰爭有關的作品，不管是小說或是知識科普類型的書籍，讀者第一時間想到的幾乎都是星光出版社。然而在尚未和湯姆．克蘭西簽約之前，其實星光就已經出版了《紅色十月搜尋記》，只是譯者並非軍事專家，所以譯文並不是很到位，但因為故事本身實在是太精彩了，也就出版了，銷路很不錯。在這同時，英語能力絕佳並且有著海軍軍事背景的陳潮州也翻譯了同一本小說，他向星光詢問可否改換出版他的譯本？林小君說他的文筆的確

1991年湯姆．克蘭西《恐懼的總和》美國新書發表會，特別邀請林紫耀（右）出席。（星光出版社提供）

非常好，就決定更換版本，這就是後來的《獵殺紅色十月號》（一九九一年），而陳潮州也因此書獲得當年中國文藝協會的翻譯文學文藝獎章。

林小君說這是一種堅持，如果要出版就一定得是最好的版本。當初父親找她進入星光，就決定要在出版社編輯這一塊下工夫，個性力求完美的林小君在編輯事務上每個細節都要顧慮、了解，以軍事小說為例，首先譯者是最重要的，因為軍事其實是相當專業且冷門的知識領域，要找到兼具外語能力與軍事背景的譯者不是一件容易的事情，書出版前還得找專家審稿，往往要花費相當大的心力。林小君說：「我本身沒有軍事背景，雖然不懂，但可以整合各個領域的人才來一起合作。像是湯姆．克蘭西有一本講核子潛艦的書《核子潛艦之旅》，要出版之前我們還找到兩位艦長審稿。」這麼專業的東西編輯起來是很費工夫的，況且也不保證能賺錢，但正是因為專業所以在編輯事務上要用更嚴謹的態度去面對。林小君說自己是很對得起讀者的，在父親的鼓勵下放手去做，先不考慮賺錢賠錢的問題，每一本書的每一項環節都親身參與。而這樣的用心所得到的回饋是很直接的，以湯姆．克蘭西的作品為例，每次作品甫問世讀者都搶著買。

4

輕舟和旗品是林紫耀在星光之後另外開設的兩間出版社，主要是由林小君負責。一九九二年成立輕舟，第一本出版的書籍是市場反應度不錯、麥克．克萊頓（Michael

Crichton）寫的《旭日東昇》，之後再接再厲出版了轟動一時的《侏羅紀公園》。林小君說雖然這兩本書都賣得很好，但不代表這位作家的所有作品都有同等水準。她認為麥克．克萊頓的《侏羅紀公園2》就差了點，此後跟這位作家簽的書就少了，林小君認為：「主要原因是要對讀者負責，因為年輕學子大都是跟父母要零用錢來買書，如果這些書不好看的話會覺得對不起他們。作家有名氣不是唯一考量，寫得好不好才是最重要的。」

輕舟的醫療養生系列也廣受讀者大眾好評，林小君說這些都是來自日本醫學權威醫師的授權書籍，如鶴居信昭《糖尿病預防與治療》（二〇〇四）、佐藤博司《腎臟病預防與治

星光出版的軍事小說、翻譯小說相當膾炙人口。
（星光出版社提供）

療》（二〇〇四）、石突正文《骨質疏鬆症預防與治療》（二〇〇五）、田澤潤一《肝臟病預防與治療》（二〇〇五）、太田怜《高脂血症預防與治療》（二〇〇七）等。出版之前為了顧及到台灣與日本兩個國家之間在國情、醫療體制、文化以及社會結構上的差異，會依照科別的不同邀請台灣素有名望的醫師如江守山、羅仕雋、楊國傾、王建民、程俊傑等進行審稿、修訂。正是因為編輯工作的用心與謹慎，這套兼具專業性與實用性的書籍時至今日仍是許多家庭在醫療知識上的常備參考用書。

至於一九九九年成立的旗品，主要是以兒童為對象，出版了許多日本廣受好評的繪本童話，如《星空下的

1983年，星光出版社舉辦電影小說座談會，邀請動物醫生作家杜白（右）擔任代言人。（星光出版社提供）

小貓》（二〇〇一）、《那是什麼東西？》（二〇〇一）、《氣球，別跑！》（二〇〇一）等。另外像是引介歐美國家的少年小說，如保羅．佛萊許曼（Paul Fleischman）的《風車少年》（二〇〇一）、傑瑞．史賓納利（Jerry Spinelli）的《星星女孩》（二〇〇二）、瑪格麗特．彼德森．哈迪克絲（Margaret Peterson Haddix）的《灰姑娘逃婚記》（二〇〇二）等，這些青少年適讀的翻譯小說除了獲得入選「好書大家讀」的肯定之外，也常被選為國高中生課外閱讀討論的讀本之一。

但有一個比較特別的例子是出版了兩位日本作家堤幸子和上田佳代子共同創作並以「桐生操」這個筆名發表的系列書籍，《令人戰慄的格林童話》（二〇〇七）和《令人戰慄的格林童話二》（二〇〇七）分別是由輕舟和旗品文化出版，但後來連同先前刊行的《美麗城堡的禁忌傳說》（二〇〇〇）一書則是都交由旗品文化發行。桐生操的這個書系大力翻轉了讀者對於格林童話的刻板印象，林小君說拿到書後其實無法第一時間就決定要不要出版。雖然這套書有趣中又帶點色情和暴力，但是它之所以會讓人愛不釋手的原因在於其顛覆性，反覆考慮之後她決定簽約：「這本書雖然引起了很大的爭議，但是我認為它有一個好處是，一般人都知道王子與公主的故事是美好、圓滿的，可是這本書寫出了人生真正的黑暗面和真實面，這對我們從小就接受凡事都是光明的教育觀有另一種的啟示作用。」書籍上市後，曾經發生某家書店的工作人員沒有注意到這是未成年不得翻閱的書就直接擺放到童書區的烏龍事件，結果有家長發現後氣得向市議員投訴並且召開記者會。旗品出版社處理的方式是回收所有的書，然後一一用透明膠膜包裹，貼上大大的「十八禁」貼紙再重新上架。之後更有研究生的碩士論文以〈令人戰慄的格林童話接受現象研究〉為題目，討論格林童話各種不同版本的變異、改寫以及讀者的接受等現象。

5

星光、輕舟和旗品三間出版社雖然負責人相同，但各自有不同的經銷商。林一波說這是為了分散風險，不然經銷商倒閉的狀況時有所聞，書的經銷管道太集中發生問題的話是很難解決的。星光出版社營運初期，出版和行銷業務都是自行處理，日後才轉交由經銷商負責。掌理星光出版社行銷大任的林一波說過這兩種方式其實都要負擔一定的風險，出版社如果要自營自銷，首先就必須要有專職人員或部門來控管、掌握整個閱讀市場的生態，也就是說得要有一定的人力、財力來支持。把書鋪給經銷商雖然免去了做書、賣書兩頭燒的問題，但仍得非常注意自家書籍的鋪貨狀態。關於現在出版業榮景不再的情形，林一波說出版還是一門可以努力的事業，重點在於要找到一個獨門、網路無法取代且切合讀者需求的主題盡全力做到最好，機會也就會隨之出現。

星光、輕舟和旗品文化三家出版社所出版的圖書至今已逾上千冊之譜，除了類型多元、品質優良外，受讀者喜愛的程度也可以說是等量齊觀的。這反映出的是星光等三家出版社高水準的編輯能力和總是能切中社會脈動的銳利出版眼光。例如「星光」和「台灣軍事小說的領導品牌」這兩者幾乎可以畫上等號，或是引介桐生操的作品並成功的吸引了大眾的目光等，都說明了星光出版社歷經四、五十年的時光仍屹立不搖的原因。林小君回憶父親當初從事出版業只有一個準則，就是做出年輕人都可以看的書。後來她和哥哥林一波接手社務，分別在編輯與行銷方面齊心努力，讓這三間出版社在不同類型領域不斷地推出叫好又叫座的書，讓讀者有機會接觸到世界級的文學作品與各式各樣令人耳目一新的書籍，可以說並未辜負林紫耀當年對出版的期許：像海一樣的包容「有多少能力出多少書」。

（原發表於二〇一三年十二月《文訊》三三八期）

【附錄】

如何建構台灣人文出版史？

從「台灣人文出版史料調查與研究」談起

◎廖宏霖紀錄整理
（東華大學數位文化中心專案助理）

時　間：二〇一三年十二月二日（一）下午二時～四時
地　點：紀州庵文學森林
主持人：封德屏（文訊雜誌社總編輯）
與談人：陳信元（佛光大學中文系副教授）
　　　　陳素芳（九歌出版社總編輯）
　　　　傅月庵（茉莉二手書店執行總監）
　　　　廖志峰（允晨文化公司總編輯）

封德屏（以下簡稱封）：「如何建構台灣人文出版史」這個題目有點大，不過我想我們不怕時間長，慢慢地去累積。當然，一開始我是受到中國大陸辛廣偉《台灣出版史》的刺激，想由台灣文化人共同努力來完成我們自己的出版史。其實《文訊》從民國七十三年，就有一個「出版史話」專欄，那時候做了半月文藝、文獎會、文藝創作出版社，也做了重光文藝、蕭孟能的文星書店、陳暉的大業書店、劉守宜的明華書局、柏楊的平原出版社、梅遜的大江出版社、辛鬱的十月出版社、水芙蓉出版社、德馨室，這個專欄後來應鳳凰教授結集為《五〇年代文學出版顯影》一書。而後從二〇〇五年開始到二〇〇八年，《文訊》持續做了三十家資深人文出版社的介紹，之後又結集為《台灣人文出版社30家》專書，厚達五百頁。

此外，我也想進一步解釋一下，為什麼我們用「人文出版社」為題，我們知道，所謂的「文學出版社」、「文化出版社」、「文藝出版社」，是早期台灣重要出版社的主流，就像光復初期，各種文化、文學相關的平面刊物不一而足。我們一直在尋求資源，想要長期地進行這項工作。不過這之間我們遭遇到了許多困難，其中最大的困難就是尋找那些重要的關係人，尤其是已經停業的出版社，有的時候當我們千辛萬苦，輾轉地尋找到關係人，才發現有些重要的關係人又已經不在了，這是問題之一；另一個問題則是他們願不願意講。比如我以前曾經待過的出版家雜誌社，我們採訪社長王國華時，他就是插著管接受我們的採訪。即便是第二次向國藝會申請補助時，被打了回票，我們還是堅持這樣的工作，畢竟這是《文訊》該做的事，更是《文訊》想做的事。因此，到目前為止，就算是第二階段已經告一段落，我們清楚地認知到，還是有一些出版社還沒被好好地記錄下來，還有一些重要的文學現象，還沒有被好好釐清。譬如說，文學雜誌及其出版，在整個出版史的定位，有待這些最基礎的研究素材一一到位，才有可能看見它的全貌。所以，今天的座談會就是希望能夠擬定一份還需要繼續向下挖掘的名單，而這樣的名單，一方面牽涉到的是縱的歷史軸線，另一方面，則是橫的主題連結。譬如黃勁連的大漢出版社，它不是規模很大，不過也出了很多很不錯的書。我覺得為了這些還沒被發現的出版史上的遺珠，再花三年、五年我們都願意。接下來就請陳信元老師以一個研究出版的學者角度，先談談從戰後初期到目前，有哪些值得被記錄下來的出版社，為我們先勾畫出一個討論的輪廓。

陳信元（以下簡稱陳）：以人文出版社為例，大陸第一批遷台的出版社，應該算是最早具有所謂人文特色的出版社，這一批《文訊》還沒有做到台灣開明書店。開明書店在大家印象中已經結束營業了，但其實沒有，我事後曾經調查，它之後是由台灣東華書局買下來，所以實際上還在再版書籍，它有一個位於中山南路的空間就是在儲存原來開明出版的書。我去查詢國圖的紀錄，國圖收藏大概到二〇〇一年之前，所以其實即便台灣開明現在不出書了，但是只要有合適的人去經營，它還是可以繼續出版書籍。另外還有啟明書局，也是出版文學類書籍。不過大陸遷台這一批出版社，如果還要包括出版兒童類書籍的出版社，那會是一個相當龐大的工程。

接下來的一批大概是與文化出版公司相同時代的多家出版公司，也就是現在重慶南路許多出版社和書局的前身。在一九四九年創辦的書店，像新陸書局、敦煌書局、新中國出版社、中央文物供應社、台南大眾書局，這些出版社並非只出版文學領域的書籍，不過它們基本上都是出版文化相關的書籍；一九五一年則有復興書局，出版過繆天華的《成語典》，之後全台灣的成語典相關書籍，都會參考這本書。一九五二年有大中國圖書公司、中國文化事業委員會，此外，一九五三年尹雪曼在高雄辦的新創作出版社，接下來一九五六年的童年書店，則是偏向兒童書籍的出版，一九五九年有一個協志工業叢書出版社，是大同公司的子公司，也出了不少書，其中包括梁實秋、余光中這些大家的書，目前都還在市面上流通。一九六〇年，則有由王雲五、程滄波創辦的華國出版社、五洲出版社，一九六二年的光復書局、傳記文學出版社，一九六四年開始，台灣省政府教育廳的兒童讀物出版處，也出了很多書；一九六六年則有嘉義的明山書局；一九六七年有百成書局、雲林的藍燈出版社、驚聲文物供應社、宏業書局等出版社，它們有些是以出版翻譯書籍為主，有些則是出版勘輿類的民俗文化相關書籍；也有比較學術性的出版社，例如一九六八年的學海出版社、蘭開書局、水晶出版社、立志出版社，都出版了很多與文學相關的書籍；一九六九年的林白出版社、金字塔出版社、世界文物出版社、十月出版社、晚蟬出版社、田園出版社等，其中田園出版社出版杜國清翻譯的艾略特論文集，可以算是經典。

再來就是一九七〇年代楊青矗的文皇出版社、陳冠學的三信出版社、大西洋圖書公司、雲天出版社，以及現在還在營運的文津出版社，接著還有阿波羅出版社、晨鐘出版社、巨人出版社、鼎文書局、楊逵的香草山出版社、華欣文化公司、中華文藝出版社、牧童、新竹的楓城、台中的普天出版社、台南的新風出版社、新文豐出版社、巨流、國家、先知、希代、桂冠、智燕、世一、益群書店、文豪、號角、大中國、眾文圖書公司、長歌、浩瀚、武陵、佛光、知音、遠行、聯亞、拓荒者、源成、故鄉、長橋、大漢、長河、慧龍、四季、信誼基金、天華、德華、名人、愛智圖書公司、敦理、書林、漢京、錦繡；一九八〇年以後有精美、文經、漢光、三三書坊、蓬萊出版社，以及天下文化、采風、蘭亭、唐山、台南的鳳凰城、王家出版社，到了一九八四年之後的圖文出版公司、圓神、業強、漢藝色研、新地、天衛、出版音樂相關書籍的大呂，一九八六、一九八七年還有地球出版社、出很多工具書的旺文社、新雨出版社、躍昇文化公司，一九八八年以後有自立晚報文化部、風雲時代、龍文、五四、稻田、稻鄉、鄧維楨的鹿橋、出過梁實秋詩歌論的貫雅、簡媜等人創辦的大雁書店、劉還月的台原，其他的如久大、富春、人間、派色文化、雲龍、揚智、尚書、台明、南方、慈濟文化等。總體而言，一九七〇至一九八〇年代的人文出版社種類相當多，如要細數家珍難免有遺漏之處，我先大概略述至此。

陳素芳（以下簡稱芳）：陳老師都已經大致上把當時整個人文出版社的輪廓勾勒出來了，那我就用補述的方式，談我所認識的當時的出版界現象。我覺得台灣人文出版社有一個特殊現象，就是很多都是作家自己出來開設出版社，帶有極高的理想性。作家跟編輯的關係一向非常微妙，我記得很多作家出來開出版社，都是因為當時他們覺得自己的書沒有被好好照顧。早年像是王藍從大陸來台灣的時候，他就帶著《藍與黑》的排版模型，自己開了紅藍出版社，還有就是剛剛提到陳紀瀅的重光文藝出版社。我還聽過琦君的第一本書

《菁姐》，是她自己出版的，由她先生拿去重慶南路的書攤賣。那個時候，還有郭良蕙的新亞出版社，也是作家自己的出版社。還有眾所周知的文學「五小」：純文學的林海音，大地的姚宜瑛，爾雅的隱地，洪範的瘂弦和楊牧等，以及九歌的蔡文甫。還有一家天視出版社，在當時也出版了許多像是當代中國新文學大系這一類的書籍。

這些人文出版社有幾個關鍵點，首先就是跟文學副刊的關係非常密切，不管是創辦者或編輯，都與作家保持相當深厚的友誼，人文色彩非常濃厚，那個時候報紙少、文章難登，是人文出版社的黃金時代。我記得一個例子，王鼎鈞在寫「人生三書」的時候，當時的《中華日報》副刊主編蔡文甫用一天一篇的方塊文章登在副刊版面上，刊登後反應熱烈，「人生三書」也成了台灣出版史上暢銷且長銷的名著。在那個年代，作家跟編輯彼此信任，使得他們可以共同為相似的理想努力。而且當時的副刊影響力大，甚至在副刊邊欄登廣告都具有相當的效益。台灣的人文出版社，跟作家與副刊的關係一直很密切，可是隨著時代的改變，副刊的角色式微，各種形式媒體冒出來之後，閱讀習慣改變，它的力量就分散了。

此外，連鎖書店的出現、翻譯書的大量引進等因素，都改變了整個出版社的生態。具體而言，像連鎖書店金石堂帶來了所謂的排行榜，一九八九年誠品的進駐引發對於書文化的觀念革新，一九九五年博客來則進一步營造新的消費模式，這樣全面性的關於書籍從生產到消費的革命，相當程度地影響了這些人文出版社的通路行銷，傳統書店一間間停業，連鎖實體與網路書店成了最大的賣書管道。不過最近，我倒覺得有一點點物極必反的氛圍存在，就是各式各樣的獨立書店、一人出版社應運而生，這些在以往都是非常困難的事，我想這些都跟整個出版環境與生態的變遷有相當大的關係，也就是說，一方面環境變得艱困，但是「出版書籍」這件事的門檻在某些層面上卻也相對低了一些。相對於連鎖實體與網路書店的「大眾」，特色鮮明的「小眾」開始興起，而且日漸引人注意。

傅月庵（以下簡稱傅）：我先補上幾間出版社，因為有些書店我覺得還是蠻重要的。像是嘉義的蘭記，它從日據時代一直到光復後，在當地都有很大的影響力。再來就是新竹的竹林、高雄的大舞台。另外還有兩個書店跟台灣關係很密切，可是不在台灣，一個是今日世界，也就是香港亞洲出版社，另外一個則是文星，文星在台灣已經逐漸沒落，不過香港的文星還持續維持出版的熱度。另外我覺得有一個主題值得深入探討，那就是開本的演變。因為最早的時候是三十二開，大概到了一九九〇年代的時候，二十五開就出來了。文星書店之後，有所謂的四十開本，它是一種特殊的開本，基本上只有台灣有。這些開本有時候常常都是跟出版社有關的，比如說四十開本是跟文星書店有關，而現在看到的新二十五開或特十六開則是跟遠流有關，一直到了一九九〇年代才開始有了所謂的標準本。另一個角度來說，這些開本能夠在市場上存活，其實是跟連鎖書店的書架尺寸有關，也就是說，與書店的行銷策略息息相關，這也是很有趣的一個切入點。

封：我想進一步討論一下剛剛提到的一些現象，這個現象就是當我們的閱讀習慣改變，通路也改變，傳統的書店變成網路書店，這對應到剛剛素芳提到的一個所謂物極必反的觀點，九〇年代連鎖書店剛出來的時候，有一段時間幾乎所有的獨立書店都無法生存，反觀現在，這些特色書店、二手書店卻是一個接著一個冒出頭來……

傅：我覺得兩個時代的狀況不一樣，基本上現在這種獨立書店跟以前的經營方式完全不同，以前那種書店是在賣文具，現在獨立書店不是那個樣子。其實剛剛素芳講的另一件事情，我更同意，那就是在台灣不管是一般出版或者是人文出版，基本上是從閉鎖走向開放，最早的閉鎖是閉鎖在國營，後來到了七〇年代，戰後第一代的嬰兒潮成長，帶動了整個經濟發達的同時，更重要的是創造了許多需求，出版界也因此相對就開放一點。另外就是，現在出版的門檻變低了，出版法之外，最大的影響因素還是電腦，讓每個人都能夠很方便地利用個人電腦進行排版，更遑論之後的數位出版。

另外一點就是行銷方式的改變，以往出版社只要掌握副刊的資源和經營副刊的人脈，幾乎不用做行銷。以前王榮文曾跟我說，他開出版社只看兩個指標，一個是彭歌的「三三草」專欄，「三三草」有介紹，那本書就能賣；第二要看一家「博士書店」，站在店裡看一個下午，看那本書有沒有人去碰它，有碰的話那就沒有問題。整個巨大的變化我覺得到了「城邦」是一個關鍵點，它促使整個台灣的出版走向企業化，另外一個是ERP的引進。ERP原來是製造業在用的，一些大的出版社，像是時報、遠流、城邦引進這種管理模式之後，編輯不再只是編書，一張桌子都要算成本的，什麼通通都成本化。因為ERP的引進、企業的層級化，整個環境其實就又閉鎖了，它閉鎖在一個企業裡面。一直到了二〇〇八年的時候，才出現了真正的反彈，那個反動的思維是：我只是一個編輯，為什麼我要為成敗負責？賺的錢又沒到我的口袋，我做的事情跟老闆一樣，那我自己出去開店做老闆就好了。編輯們於是自己跑出來開了一家又一家的小出版社。不過這些小出版社通通都是磨練過的，對於行銷、對於出版書的所有細節，他們都非常非常的清楚，於是就成為了一種出版的主流。

此外，還有舊書店的興盛，它發生的主要原因是連鎖書店跟獨立書店中間的矛盾，大家對於連鎖書店起了反彈，因為所有的連鎖書店都根據排行榜在賣書，賣的書都差不多，所以很多獨立書店就兼賣二手書，二手書的利潤好，「新舊不分櫃」正是現在獨立書店的特色。舊書店也幾乎是在同時開始用新書店的方式賣舊書，如果逛新書店跟舊書店差不多，舊書的市場則更增大了一些。

最後，我想談的是，台灣出版社都說要減量，可是基本上很難辦到，這種供過於求的情形，讓書的壽命變短。二〇〇八年我剛剛去舊書店任職的時候，大概半年之後新書才會進入舊書市場，現在可能三個月新書就變舊書了。獨立書店確實有存在的必要，它一方面可以制衡連鎖書店，一方面可以經營自己的特色。就我所知，文化部補助獨立書店有兩種形式，一種是補助回鄉開書店，另外一種是補助店內的複合式經營，譬如說讀書會、座談、各種展演等，每年申請一次，有點像寫作年金的形式。以上這些因素讓我們的獨立書店領先整個華人區域，相較於中國，台灣的獨立書店呈現出更大的活力。

封：謝謝傅月庵精采的分析。那我們再來請在座最年輕的志峰，談談你對於出版界的觀察，以及我們剛才所提到的一些現象，有沒有想要補充的地方。

廖志峰（以下簡稱廖）：其實剛剛講到人文出版社，我就想到對我影響最大的時候是大學時期，我在念大學以前，高中的時候就很喜歡新潮文庫一系列的書，到了大學以後得知有一間出版社叫做「南方」，那個時候它出的書很讓人驚豔。那時候的台灣看不到馬克思主義的書籍，雖然這家的翻譯不是很好，但對學生來說是一個很好的養分。一直到現在，有時候如果我到茉莉書店，都會特別留意有沒有南方的書，如果有當初沒有買的，我會盡可能補齊。另外，我覺得出版社經歷了這麼多年，其實人文的氛圍越來越單薄了。解嚴以後，因為商業機制的考驗，慢慢大家都朝向比較通俗的面向發展，一些關於思想的書籍出版，反而沒有像解嚴前那麼精采。回到出版的本身來說，我想問的是我們現在在做的東西到底有沒有比以前的東西更純粹，比如說以前的詩刊，像是《創世紀》、《藍星》，背後都有很深厚的社會關懷，這種關懷跟文學作品產生互動，同時也跟作者產生互動，久而久之當然就會形成一個互相取暖也好、互相激勵也好的網絡。文學雜誌或刊物，對我來說，其實就是把思想藉各種文藝活動凝結在一起，然後可以引起一些人做思想上的活化與交換。

芳：我覺得現在出版文學雜誌有一個問題，以前的文學雜誌或刊物，可以有一個凝聚作家的力量，然後這一整代的作家又可以形成對整個社會的影響。不過現在的文學雜誌，企畫的主題有時候需要配合關係企業出版社的行銷需求，這就像是現在的副刊，都已經無法承載那麼多文學上、社會上的責任或功能，每天要面臨的就是生存的問題。所以會有很多置入性行銷、配合的活動，當然還是會有好看的東西，只是說對於它的期許會降低。畢竟知識是需要藉由群聚進而被刺激，現在的情況是，在文學雜誌上沒有組成一個社群，產生出更深入的討論、更能引發震盪的思想交換……也許可以請傅老師談一下之前《短篇小說》的情況。

傅：《短篇小說》的問題不在於銷路，至少我編的那四期，銷路都在五千本以上。《短篇小說》一開始成立的動機，其中有一部分是在反文學獎，避免一種揣摩式的文藝風氣；另外一部分其實就是在提供足夠的空間，讓小說能夠被刊載，因為剛剛提到的文學雜誌，版面都一再縮小，小說這種需要長篇幅的文類越來越難在一般的文學雜誌中存活。所以《短篇小說》沒有任何圖片、複雜的版型，完全就是將版面留給文字，盡量地單純化。此外，《短篇小說》其實一開始與「臉書」息息相關，藉由臉書當作一個聚集讀者和相關討論的空間。沿著這個話題，我還想說的是我覺得我們都太低估了年輕人，就像我們的上一輩都太低估了我們，其實每一代的人都在做每一代必須要面對的事，每一代的年輕人自己會去找到他們生命的定位。我們剛剛討論的各種困境，很可能的一點是我們不瞭解這些年輕人，我們不清楚他們尋找知識的方式，他們絕對還在找，而且比我們那時候，眼界各方面都更深遠。那我們現在要做的事可能是，盡量去理解下一個世代的人怎麼樣看文學這件事，也許我們一時看不懂，可是如果真的想要去跟他們對話，必須要先有這樣的認識。

廖：現在這個世代的年輕人，我感覺他們對於影像的接收度是很強的。我有時候去看一些所謂的藝術電影，即使是在極為冷門的時段，我本來都以為應該沒有什麼人，沒想到電影院裡面都是年輕人，而我是裡面年紀最大的……

芳：像我們剛剛提到的一人出版社，比如說「逗點」，就是很年輕的一代在經營。過去的時代像八〇年代，做了就會看出結果，現在的時代則是事倍功半，而且還要做得有特色，這其實非常艱難，既要用心又要用力，心跟力一點都不能少。就我所知，他們出版的有些詩集起碼都可以賣八百本以上，這其實是一個很好的數字，他們都是用臉書或一些時下的傳播媒介，慢慢經營，找出讀者的存在。像我現在在九歌，也是要依循年輕人的腳步，年輕的作家就很懂得自己去尋找發聲的舞台。其實每一代的作家都有自己的一個時代特色，不過能夠成為暢銷作家是有道理的，從以前到現在都一樣，就是作家很懂得經營自己，也很關心自己的書，不管是企畫、製作到行銷，這些都是作者越來越在意的事。另外，我覺得現在有一個現象值得注意，就是真正好的東西，必須要有一個建立品牌的過程，一旦形象建立起來，讀者自然會來找你，可是這是一個艱辛的過程。像我們現在在做的就是把九歌的文學形象鞏固，例如年度文選持續做了三十年，現在已經比一般的文學書賣得好，當然我也知道這是口紅現象，但是經濟不好的時候擦擦口紅也很漂亮，況且就算是口紅，你也要確信不會中毒，這就是品牌。

封：剛剛提到了很多，包括副刊與出版社的關係、開本的改變、行銷策略等，是不是還有什麼角度，可以讓我們切入人文出版史的研究。

傅：「套書」可以做，還有就是「書廣告」，書的DM、封面、書腰、書訊等，其實都有一個流變的過程。

陳：還有一個話題是關於校園行銷，其實跟剛剛我們討論的一人出版社有某種很相近的情形，像以前我在故鄉、蓬萊、蘭亭，都是以行銷為主，因為書店開支票會有三個月的時差，所以出版社沒有現金流，用郵購也是同樣的道理，所以那時候我們是用校園直銷，找學校代訂，有時候一個業務一個月可以賣到二十萬本、三十萬本，以前還有一個總經銷，一個月就賣好幾百萬本。那個時候，是一個人從編書到排版、製版、賣書、送書、收帳統包，真的非常辛苦，所以我蠻可以體會新一代的一人出版社，它如果沒有規畫，大概出不了一年、兩年就會結束。

另外，我還想特別提出來的是電子化的數位閱讀。其實目前在台灣的數位閱讀還不成熟，所以紙本是還有空間的。我這五、六年來接觸很多數位出版的圖書計畫，我發現出版社現在做電子書，一般就是PDF檔再去加工，還沒有一種像是紙本書籍那樣的美學出現；另外一種則是加值式的數位閱讀，比如有作者的朗誦，或是一些多媒體配合。不過近幾年也出現一些讓我很驚豔的電子書，有幾個國外的雜誌，它會重新製作整個書的內容，比方說把採訪的影片整個嵌入閱讀文本裡，讓閱讀這件事變成動態的體驗。這些文本，我覺得都會慢慢改變大家的閱讀習慣，進而影響到整個出版業的發展方向。而這個改變，我覺得對傳統的紙本形式其實也不會有太大的傷害，比方說目前市場上賣得最好的書是《真原醫》，它的市場其實是面對整個亞洲的，也就是說，我們現在談的市場萎縮其實都只是就台灣而言。也許，如何做出一本能夠賣給全世界的書是我們現在值得思考的事，對於未來的出版，我們應該更加地「重質不重量」。

封：雖然《文訊》一直持續在做建構人文出版史相關的工作，但是我們知道這條路還很長，就像陳老師一開始為我們列出的那麼多出版社，我們要做一些篩選或是歸類，事前的準備功夫，發想起來都相當驚人。另外，《文訊》既然是一直以整理蒐集保存文學相關史料為己任，我覺得過去的經驗也是推動我們往前進的一個基礎，所以對於曾經存在或是現在還在經營的出版社的一些變化和紀錄，我們覺得有這個使命感，當然過程會有一些困難，畢竟《文訊》也是一九八三年才創辦的，所以很需要各位給予一些經驗和指引，今天在出版社名單的建立之外，還得到很多研究的建議與方向，我們希望未來能以專題方式就這些面向有更開闊、深入的討論。

文訊叢刊 36

台灣人文出版社18家及其出版環境

主　　編◆封德屏
執行編輯◆杜秀卿
校　　對◆王為萱・李文媛・林妏霜
攝　　影◆李昌元
封面設計◆翁翁・不倒翁視覺創意
出 版 者◆文訊雜誌社
地址：台北市中山南路11號6樓
電話：02-23433142　傳真：02-23946103
郵政劃撥：12106756文訊雜誌社
印　　刷◆鴻柏彩色印刷公司

2013年12月初版
定價480元
ISBN 978-986-6102-21-9

台北市文化局贊助出版

感謝傅月庵先生提供《文星》雜誌，陳衛平先生提供「文星叢刊」，陳達弘先生提供《大學雜誌》，以及水牛、里仁、雄獅、正中、麗文、春暉、遠東、大安、允晨、前衛、國語日報社、瑞成、第一、星光等出版社提供出版品拍攝圖片

國家圖書館出版品預行編目（CIP）資料

臺灣人文出版社18家及其出版環境 / 封德屏主編. -- 初版. -- 臺北市 : 文訊雜誌社, 2013.12
面； 公分. -- (文訊叢刊 ; 36)
ISBN 978-986-6102-21-9(平裝)

1.出版業 2.臺灣

487.7933 103000394